Übungsbuch zur Kommunikationspolitik

Basiswissen, Aufgaben und Lösungen

Selbstständiges Lerntraining für Studium und Beruf

von

Prof. Dr. Manfred Bruhn

Ordinarius für Betriebswirtschaftslehre,
insbesondere Marketing und Unternehmensführung,
an der Wirtschaftswissenschaftlichen Fakultät
der Universität Basel
und Honorarprofessor
an der Technischen Universität München

W0174727

Verlag Franz Vahlen München

Prof. Dr. Manfred Bruhn
Wirtschaftswissenschaftliche Fakultät der Universität Basel
Lehrstuhl für Marketing und Unternehmensführung
Peter Merian-Weg 6, CH-4002 Basel

Telefon   +41 (0) 61 267 32 22
Fax   +41 (0) 61 267 28 38
E-Mail   manfred.bruhn@unibas.ch
Internet   http://www.wwz.unibas.ch/marketing/

ISBN 978 3 8006 3582 5

© 2009 Verlag Franz Vahlen GmbH
Wilhelmstraße 9, 80801 München

Satz: Textservice Zink
Neue Steige 33, 74869 Schwarzach
Druck und Bindung: Druckhaus Nomos

In den Lissen 12, 76547 Sinzheim
Gedruckt auf säurefreiem, alterungsbeständigem Papier
(hergestellt aus chlorfrei gebleichtem Zellstoff)

Vorwort

Im Zuge der Entwicklung vom Produkt- hin zum Kommunikationswettbewerb in vielen Branchen und dem damit verbundenen Bedeutungszuwachs der Kommunikationspolitik als Wettbewerbs- und Profilierungsinstrument werden ein profundes Grundlagen- und Anwendungswissen zu Begriffen, Methoden und Instrumenten der Kommunikationspolitik immer wichtiger für die Marketingausbildung im Allgemeinen und das erfolgreiche Agieren von Kommunikationsverantwortlichen in der Praxis im Speziellen.

Vor diesem Hintergrund werden mit dem vorliegenden Übungsbuch zur Kommunikationspolitik zwei Ziele verfolgt: erstens wird angestrebt, die Inhalte des Lehrbuchs *„Kommunikationspolitik. Systematischer Einsatz der Kommunikation für Unternehmen"* anhand von praxisnahen Fragestellungen zu beleuchten sowie zu vertiefen und damit für die Berufspraxis leichter anwendbar zu machen; zweitens wird dem interessierten Leser die Möglichkeit geboten, anhand der Übungsaufgaben und dazugehörigen Lösungshinweise sein Wissen zur Kommunikationspolitik zu überprüfen und zu ergänzen.

Diesen Zielsetzungen entsprechend folgt der Aufbau des Übungsbuchs der Struktur des Lehrbuchs und kann somit ideal parallel zu diesem genutzt werden. In jeder Aufgabenlösung erfolgt zu Beginn ein Verweis auf die entsprechenden Abschnitte im Lehrbuch, in denen die zur Lösung der Aufgabe notwenigen Inhalte vermittelt werden. Der Leser hat somit die Möglichkeit, sich den Stoff eines Lehrbuchabschnitts anzueignen und danach sein Wissen auf die praxisnahen Aufgaben des Übungsbuchs anzuwenden und somit zu festigen. In zwölf Kapiteln werden Aufgaben und Lösungsskizzen zu begrifflichen Grundlagen, Theorien, integrierten Konzepten und den einzelnen Planungsphasen der Kommunikationspolitik vorgestellt. Jedes Kapitel ist in einen Aufgaben- und Lösungsteil unterteilt. Es wird empfohlen zunächst die Aufgaben selbständig zu lösen bzw. in Gruppen zu diskutieren und erst dann einen Abgleich mit der Lösungsskizze vorzunehmen. Alle Aufgaben sind prinzipiell unabhängig voneinander und in beliebiger Reihenfolge lösbar.

Das Übungsbuch richtet sich – analog zum Lehrbuch – an Studierende und Praktiker, die sich im Bereich Kommunikation spezialisieren. Für

Lehrende können die Übungsaufgaben auch als Beispiele im Rahmen von Vorlesungen und/oder als Übungsaufgaben in Tutoriaten/Übungen eingesetzt werden.

Mein ganz besonderer Dank gilt meinem Mitarbeiter Herrn Dr. Falko Eichen, der mich bei der Konzeption und Erstellung dieses Übungsbuchs in vielfältiger Weise intensiv unterstützt hat.

Es würde mich freuen, wenn das Übungsbuch Studierenden und Praktikern eine Unterstützung im Studium und in der Anwendung des „Erfolgsfaktors Kommunikation" bietet. Für Hinweise und Anregungen bin ich jederzeit dankbar.

Basel, im Frühjahr 2009   Professor Dr. Manfred Bruhn

Inhaltsverzeichnis

Kapitel 1
Gegenstandsbereich und Theorien der Kommunikationspolitik
(Aufgaben)

Aufgabe 1-1
Begriffliche Grundlagen der Kommunikationspolitik

Das Versicherungsunternehmen „Sicherlich" startet in diesem Jahr eine internationale Imagekampagne, die sich an Geschäfts- und Privatkunden richtet. Die Kampagne hat die Steigerung der Markenbekanntheit und die Positionierung der Marke auf dem globalen Versicherungsmarkt zum Ziel. Die Kampagne bringt zum Ausdruck, dass die Marke „Sicherlich" danach strebt, in einer sich ständig verändernden Welt die Bedürfnisse ihrer Kunden vorherzusehen und ihnen innovative, flexible und sichere Versicherungsleistungen zu bieten. Dieses Versprechen kommt in dem Claim „Wir versichern Ihnen Ihre Zukunft" zum Ausdruck.

Den Auftakt der Kampagne bilden Anzeigen in Zeitschriften und Zeitungen (z. B. *Business Week, FAZ*), Plakate sowie Fernseh- und Kinowerbespots. Die Spots und Anzeigenmotive entführen den Zuseher in die unmittelbare Zukunft und beleuchten, wie die Welt sich verändert und wie sich diese Veränderungen auf die Nachfrage von Versicherungen auswirken könnten. Beispielsweise wird gezeigt, wie Flüge ins Weltall als neue Touristikdestination angeboten werden und Senioren noch im hohen Alter Risikosportarten (z. B. Fallschirmspringen) nachgehen. Unterstützt wird die Werbekampagne durch Maßnahmen der Onlinekommunikation (z. B. Banner und Auftritt der Markenwebsite).

Setzen Sie sich mit dem Gegenstandsbereich der Kommunikation von Unternehmen auseinander, indem Sie am Beispiel der Kommunikationskampagne des Versicherungsunternehmens „Sicherlich" die folgenden **zentralen Begriffe der Kommunikationspolitik** erläutern:

- Kommunikation von Unternehmen,
- Kommunikationsmaßnahme,
- Kommunikationsinstrument,
- Zielgruppe,

- Kommunikationsbotschaft,
- Kommunikationsmittel,
- Kommunikationsträger und
- Kommunikationserfolg.

Aufgabe 1-2
Einordnung der Kommunikationspolitik als Teil des Marketingmix

Als Exklusivhändler vertreibt das Autohaus „Mobilpark" im süddeutschen Raum seit Jahren neue sowie gebrauchte Wagen der Automobilmarke „Safe & Fast". Lokal und regional ist das Autohaus gut etabliert und verfügt über hohe Bekanntheitswerte. Die Geschäftsführer achten sehr stark auf die Qualität und Aktualität, d.h., bei der Markteinführung eines neuen Automobils der Marke „Safe & Fast" sind diese unverzüglich in den Filialen von „Mobilpark" erhältlich. Des Weiteren ist dem Management die Beratungsleistung sehr wichtig. Das Verkaufs- und Servicepersonal von „Mobilpark" erhält in regelmäßigen Abständen Schulungen und wird über wichtige Marketingentscheidungen stets informiert (z.B. über Inhalt und Ziele von Werbekampagnen). Zudem bietet das Autohaus eine breite Palette an Zusatzprodukten und Ergänzungsleistungen an, wie z.B. Autoleasing, Kfz-Versicherungen usw.

Die Kommunikationspolitik ist – neben der Beratungsleistung – von wesentlicher Bedeutung für das Marketing. Ein zentrales Kommunikationsinstrument stellt für „Mobilpark" die Mediawerbung dar, die in Form von regelmäßigen Fernseh- und Radiospots in Lokalsendern oder als Printanzeigen in regionalen Zeitungen zum Einsatz kommt. Die Mediawerbung wird dabei nicht nur zur Informationsvermittlung (z.B. über neue Modelle der Marke „Safe & Fast" oder über geplante Events), sondern auch zur stetigen emotionalen und imagebetonten Ansprache der Zielgruppen eingesetzt. Des Weiteren veranstaltet das Autohaus in unregelmäßigen Abständen verschiedene Events. Diese sind meist themenspezifisch gestaltet (z.B. Durchführung von Fahrsicherheitstrainings) oder finden aus aktuellen Anlässen (z.B. Event zur Einführung eines neuen Modells der Marke „Safe & Fast") statt. Die Durchführung von Events wird oftmals durch begleitende Maßnahmen gestützt, beispielsweise im Bereich der Verkaufsförderung bzw. Promotion. So führt das Autohaus „Mobilpark" beispielsweise jährlich ein Gewinnspiel durch, bei dem die Preisverleihung – z.B. ein Auto, ein Reifenset usw. –

im Rahmen der Eventveranstaltung erfolgt. Auch im Sponsoring ist „Mobilpark" aktiv. Das Autohaus fördert seit Jahren die Fahrübung von Jugendlichen; hierzu wurde ein eigener Go-Cart-Verein gegründet. Des Weiteren unterstützt „Mobilpark" die jährlich in der Region stattfinden-den Oldtimertreffen. Das Autohaus setzt zudem Maßnahmen des Direct Marketing ein, z.B. zur Ankündigung von geplanten Events, Bereitstellung von Informationen zu neuen Modellen, Einladungen zu Probefahrten o.Ä.

Der Einsatz von Marketinginstrumenten im Allgemeinen sowie von Kommunikationsinstrumenten im Speziellen erfolgt in der Regel nicht isoliert voneinander. Vielmehr stehen sie in einem Beziehungsgeflecht zueinander. Erläutern Sie beispielhaft

- **funktionale Beziehungen** (komplementär, konditional, substituie-rend, konkurrierend und indifferent),
- **zeitliche Beziehungen** (parallel, sukzessive, intermittierend, ablö-send) und
- **hierarchische Beziehungen** (strategisch, taktisch)

zwischen kommunikativen Aktivitäten, die für den Einsatz der Kommunikation von „Mobilpark" relevant sind.

Aufgabe 1-3
Entwicklungsphasen der Kommunikation

Die Körperpflegemarke „ReinSein" ist eine traditionsreiche Marke, die seit geraumer Zeit auf dem Markt ist und in ihrer Entwicklung verschiedene Phasen durchlaufen hat. Die Geburtsstunde der Marke geht in die 1950er Jahre zurück, in denen sich die Marke als pflegende Seifenmarke am Markt etablierte. Die Unterstützung des Abverkaufs durch kommunikative Maßnahmen war in dieser Zeit sehr gering. In den 1960er Jahren wurde die Mediawerbung für die Marke stark ausgebaut. Eine Werbekampagne mit einer attraktiven Frau als Key Visual wurde gestartet, die die pflegenden und schützenden Eigenschaften der Seife hervorhebte. Darüber hinaus starteten Verkaufsförderungsaktionen am Point of Sale. In den 1970er Jahren wurde das Produktsortiment ausgeweitet. Unter der Marke „ReinSein" wurde nun ein breites Sortiment an Seifen, Deosprays und Schaumbäder vermarktet, die sich an unterschiedliche Zielgruppen und Bedürfnisse richteten. So konnten die Verbraucher beispielsweise jetzt zwischen der pH-neutralen Seife „Rein-Sein Sensitive" oder der besonders vitalisierenden Seife „ReinSein Vitalizing" wählen. Die Kommunikation war entsprechend zielgruppenspezifisch ausgerichtet. In den 1980er Jahren wurden in der Kommunikation die spezifischen Produktmerkmale verstärkt akzentuiert (z.B. alle Produkte sind dermatologisch getestet, haben einen neutralen pH-Wert und bestechen durch ihre pflegenden und schützenden Eigenschaften auf Basis natürlicher Inhaltsstoffe). In den 1990er Jahren wurde die Marke mittlerweile durch eine Vielzahl von Kommunikationsinstrumenten (Mediawerbung, Sponsoring, Verkaufsförderung) unterstützt. Sinkende Image- und Bekanntheitswerte hatten zur Folge, dass die Kommunikationsanstrengungen stärker integriert wurden. Sämtliche Kommunikationsaktivitäten wurden nun an der kommunikative Leitidee „ReinSein – Pflege für Körper und Seele" ausgerichtet. In jüngster Zeit wird in der Kommunikationsarbeit verstärkt auf den Dialog mit und zwischen den Kunden gesetzt. So bietet die Markenwebsite interessierten Kunden beispielsweise die Möglichkeit, sich für einen Newsletter zu registrieren, mit Mitarbeitenden der Marke per Mail in Kontakt zu treten, an Gewinnspielen teilzunehmen oder sich mit anderen Kunden der Marke im Chatroom auszutauschen.

Ordnen Sie die Veränderungen in der Kommunikation der Marke „ReinSein" den unterschiedlichen **Entwicklungsphasen der Kommunikation** zu und beschreiben Sie die zentralen Merkmale jeder Phase.

Aufgabe 1-4
Rahmenbedingungen unternehmerischer Kommunikation

Der Automobilkonzern „AsphaltBlitz" produziert und vertreibt seit den 1960er Jahren weltweit Wagen der Mittelklasse. In den letzten Jahren kämpft das Unternehmen mit rückläufigen Bekanntheits- und Imagewerten. Das extern eingeforderte Beratungsgutachten zeigt, dass der Rückgang der Bekanntheits- und Imagewerte zu einem großen Teil auf eine ineffektive Kommunikationsarbeit zurückzuführen ist. Das Unternehmen hat es versäumt, auf die angebots- und nachfrageseitigen kommunikationsbezogenen Strukturveränderungen adäquat zu reagieren.

(a) Skizzieren Sie die allgemeinen **angebots- und nachfrageseitigen Entwicklungstendenzen** in den Kommunikations- und Medienmärkten, mit denen Unternehmen wie „AsphaltBlitz" konfrontiert sind.

(b) Aufgrund der angebots- und nachfrageseitigen Strukturveränderungen ist für Unternehmen wie „AsphaltBlitz" die Realisation eines **Unique Communication Proposition (UCP)** zunehmend wichtiger. Erläutern Sie, was hierunter verstanden wird.

Aufgabe 1-5
Systemorientierte Ansätze der Kommunikationspolitik

Der Reiseveranstalter „Happy Holiday" beabsichtigt mit einer Werbekampagne im Fernsehen und in Zeitschriften die Botschaft an seine (potenziellen) Kunden (wohlhabende Kunden ab 35 Jahren) zu übermitteln, dass seine Organisation von Pauschalurlauben so perfekt sei, dass keine Wünsche offen bleiben. Die Befragung einer repräsentativen Stichprobe von (potenziellen) Kunden nach Beendigung der Kommunikationskampagne zeigt, dass die beabsichtigten Kommunikationswirkungen nicht in dem gewünschten Maße wie erhofft bei der Zielgruppe realisiert werden konnten.

Erläutern Sie mit Hilfe des **systemorientierten Kommunikationsansatzes** potenzielle Gründe für die Nichterreichung der angestrebten Kommunikationsziele bei „Happy Holiday".

Aufgabe 1-6
Ökonomische Ansätze der Kommunikationspolitik

Der Waschmittelproduzent „Lupenweiß" hat durch eine Marktforschungsstudie in Erfahrung gebracht, dass bildbetonte im Gegensatz zu textlastigen Anzeigen eine höhere Wirkung bei der anvisierten Zielgruppe erzielen.

Wie kann dieses Ergebnis mit dem **ökonomischen Ansatz der Kommunikationspolitik** begründet werden?

Aufgabe 1-7
Verhaltenswissenschaftliche Ansätze der Kommunikationspolitik

Als Kommunikationsberater betreuen Sie derzeit drei Unternehmen in ihrer Kommunikationsarbeit:

• Unter der Marke „Schickeria" versucht ein junges Gründerteam hochexklusive Haute-Couture-Mode eines jungen, spanischen Designers auf dem deutschen Markt zu etablieren. Der Anteil von Erstkäufern ist hoch. Jedoch verzeichnet das Label nur einen geringen Anteil von Wiederkäufern. Befragungen von Kunden zeigen, dass viele Kunden nach dem Kauf ihre Kaufentscheidung häufig in Frage

stellen und ein Gefühl der inneren Spannung verspüren („Wäre es nicht besser gewesen, mehrere Kleidungsstücke eines billigeren Labels für das gleiche Geld zu kaufen?").
- Das Unternehmen „Dynamo" beabsichtigt einen neuen Energy-Drink am Markt einzuführen.
- Der südkoreanische Kamerahersteller „Cobra" möchte seine Digitalkameras im deutschsprachigen Raum mit einer Einführungskampagne in den Markt bringen.

Im Rahmen des verhaltenswissenschaftlichen Erklärungsansatzes der Kommunikationspolitik lassen sich drei **Typen von Hierarchiemodellen** (Lernmodell, Low-Involvement-Modell, Dissonanzmodell) unterscheiden. Erläutern Sie, nach welchem Modell Kaufentscheidungen für die drei Produkte in der Regel getroffen werden und leiten Sie daraufhin **Handlungsempfehlungen** für die Kommunikationsarbeit der Unternehmen ab.

Aufgabe 1-8
Integration kommunikationspolitischer Ansätze

Als Kommunikationsverantwortlicher des Autohauses „Mobilpark" (vgl. Aufgabe 1-2) werden Sie gebeten, eine entscheidungsorientierte Integration der verschiedenen kommunikationspolitischen Erklärungsansätze vorzunehmen. Erläutern Sie die unterschiedlichen **Kategorien von Marktreaktionstypen**, die sich bei einer entscheidungsorientierten Integration ergeben und zeigen Sie am Beispiel von „Mobilpark" auf, welche unterschiedlichen Funktionsverläufe innerhalb dieser Kategorien unterschieden werden.

Kapitel 1
Gegenstandsbereich und Theorien der Kommunikationspolitik
(Lösungshinweise)

Lösungshinweise Aufgabe 1-1

📖 Bruhn (2009), S. 1-7

Kommunikation ist heute ein zentraler Erfolgsfaktor von Unternehmen. Mit dem gestiegenen Stellenwert der Kommunikationspolitik in Wissenschaft und Praxis hat auch die Begriffsvielfalt im Zusammenhang mit der Kommunikation von Unternehmen in den letzen Jahren stetig zugenommen. Für die Auseinandersetzung mit kommunikationspolitischen Fragestellungen ist es daher in einem ersten Schritt notwendig, die zentralen **kommunikationspolitischen Begriffe** nachzuvollziehen und voneinander abzugrenzen.

Unter der **Kommunikation eines Unternehmens** wird die Gesamtheit aller Kommunikationsinstrumente und -maßnahmen eines Unternehmens verstanden, die eingesetzt werden, um das Unternehmen und seine Leistungen den relevanten internen und externen Zielgruppen der Kommunikation darzustellen und/oder mit den Zielgruppen eines Unternehmens in Interaktion zu treten. Im Rahmen der Markenkampagne für die Marke „Sicherlich" werden verschiedene Kommunikationsinstrumente (Mediawerbung, Multimediakommunikation) und -maßnahmen (Fernseh- und Radiospots, Anzeigen, Banner u.a.m.) eingesetzt mit dem Ziel, die Markenbekanntheit zu erhöhen und die Marke „Sicherlich" als internationale Versicherungsmarke im Wettbewerb zu positionieren.

Unter **Kommunikationsmaßnahmen** sind sämtliche Aktivitäten zu verstehen, die von einem kommunikationstreibenden Unternehmen bewusst zur Realisation der Kommunikationsziele eingesetzt werden. Hierzu zählen beispielsweise – im Fall des Versicherungsunternehmens „Sicherlich" – die Schaltung von Fernsehspots, die Vorführung von Kinospots und die Platzierung von verschiedenen Printanzeigen in Zeitungen und Zeitschriften.

Um die Vielfalt an Kommunikationsmaßnahmen zu erfassen, ist eine Abgrenzung anhand verschiedener Kriterien zweckmäßig. Aus einer solchen Systematisierung resultieren die **Kommunikationsinstrumente**. Kommunikationsinstrumente sind dementsprechend das Ergebnis einer gedanklichen Bündelung von Kommunikationsmaßnahmen nach ihrer Ähnlichkeit. Die von „Sicherlich" eingesetzten Maßnahmen sind primär dem Kommunikationsinstrument der Mediawerbung zuzuordnen. Hierzu gehören sowohl die Fernseh- und Kinospots als auch die Sujets, die in Printanzeigen oder Plakaten geschaltet werden. Der Onlineauftritt der Marke „Sicherlich" (Markenwebsite) und die Motivverbreitung im Internet (z.B. Bannerwerbung) sind hingegen Maßnahmen der Multimediakommunikation.

Mit Hilfe des eingesetzten kommunikationspolitischen Instrumentariums sind die **Zielgruppen**, d.h. die Adressaten bzw. Rezipienten der Kommunikation eines Unternehmens, anzusprechen. Die Kampagne von „Sicherlich" richtet sich an Geschäfts- und Privatkunden und wird dementsprechend auf diese Zielgruppen ausgerichtet. Mit der Ausstrahlung von Kinowerbung erfolgt z.B. primär eine Ansprache privater Kunden, die Schaltung von Printanzeigen in der *Business Week* richtet sich dagegen verstärkt an Geschäftskunden.

Eine **Kommunikationsbotschaft** ist die Verschlüsselung kommunikationspolitischer Aussagen durch so genannte Modalitäten, z.B. Text, Bild, Ton u.a.m. mit Hilfe der Botschaften sind bei den Rezipienten die gewünschten Wirkungen im Sinne der unternehmenspolitisch relevanten Kommunikationsziele zu realisieren. Die zentrale Kommunikationsbotschaft der Kampagne lautet, dass die Marke „Sicherlich" danach strebt, in einer sich ständig verändernden Welt die Bedürfnisse ihrer Kunden vorherzusehen und ihnen innovative, flexible und sichere Versicherungsleistungen zu bieten.

Kommunikationsmittel sind reale, sinnlich wahrnehmbare Erscheinungsformen der Kommunikationsbotschaft. Sie ergänzen oder ersetzen oftmals den persönlichen Kontakt mit den Zielpersonen und ermöglichen die Reproduzierbarkeit der Kommunikationsbotschaften. Als Kommunikationsmittel werden bei der Marke „Sicherlich" z.B. Fernsehspots, Printanzeigen, Plakate und Banner verwendet.

Um die kommunikativen Botschaften und gestalteten Kommunikationsmittel den Zielgruppen zu übermitteln, bedarf es Übermittlungsmedien. **Kommunikationsträger** stellen solche Übermittlungsmedien dar, mit deren Hilfe die in Form von Kommunikationsmitteln verschlüsselten Kommunikationsbotschaften transportiert werden. Das Kommunikationsmittel Printanzeige wird beispielsweise durch den Kommunikationsträger Zeitung (z.B. *Business Week*, *FAZ*) transportiert; die von „Sicherlich" gestalteten Fernsehspots werden mittels des Trägers Fernsehen übermittelt.

Der **Kommunikationserfolg** gibt das Niveau realisierter Kommunikationszielsetzungen bei den anvisierten Zielgruppen an, das auf den Einsatz von Kommunikationsaktivitäten zurückzuführen ist. Die primären kommunikativen Zielsetzungen der Kampagne der Marke „Sicherlich" bestehen in der Steigerung der Markenbekanntheit und in der Markenpositionierung. Konkrete Aussagen über den Grad der Zielerreichung und somit über den Kommunikationserfolg lassen sich anhand der gegebenen Aufgabeninformationen nicht ableiten. Hierfür sind Daten erforderlich, die mit Hilfe von Marktforschungsstudien erhoben werden.

Lösungshinweise Aufgabe 1-2

📖 **Bruhn (2009), S. 8-21**

Zwischen Marketinginstrumenten im Allgemeinen und Kommunikationsinstrumenten im Speziellen können verschiedene (Wirkungs-) Beziehungsmuster auftreten. Diese Instrumentalbeziehungen lassen sich bei einer Orientierung an sachlich-inhaltlichen Wirkungskategorien in die drei **Beziehungskategorien** funktional, zeitlich und hierarchisch untergliedern.

Bei der Analyse **funktionaler Beziehungen** zwischen Kommunikationsinstrumenten und -maßnahmen sind die Untersuchungsbemühungen auf das Vorhandensein und die Ausprägungen inhaltlicher Wirkungsverbunde gerichtet:

- **Komplementär**: Komplementäre Wirkungsbeziehungen liegen vor, wenn sich die von einzelnen Kommunikationsinstrumenten und -mitteln ausgehenden Wirkungen gegenseitig ergänzen bzw. unterstützen. Damit es zu diesen Wirkungssynergien kommt, hat das Autohaus „Mobilpark" z.B. darauf zu achten, dass ähnliche Argumente in der Anzeigen-, Radio- und (lokalen) Fernsehwerbung (Mediawerbung) sowie im persönlichen Beratungs- und Verkaufsgespräch verwendet werden.
- **Konditional**: Die Wirkung eines Kommunikationsinstruments setzt den Einsatz eines anderen Instruments voraus. Beispielsweise ist die Durchführung eines Events (z.B. Event zur Einführung einer neuen Automarke von „Safe & Fast") für „Mobilpark" nur sinnvoll, wenn bestimmte Maßnahmen im Rahmen des Events (z.B. ein begleitender

Informationsstand oder die Möglichkeit von Probefahrten) auch durch die Persönliche Kommunikation unterstützt werden. Die betroffenen Verkaufsmitarbeitenden sind intern zu informieren und die an sie gestellten Erwartungen zu kommunizieren.

- **Substituierend**: Die Wirkung eines Instruments lässt sich auch durch ein anderes Kommunikationsinstrument erzielen. Die Bekanntmachung eines neuen Automodells von „Safe & Fast" durch „Mobilpark" kann beispielsweise mittels lokaler Mediawerbung (z.b. Anzeigen in Lokalzeitungen, lokale Radio- und Fernsehspots) erfolgen. In Teilbereichen ist die Information und Bekanntmachung jedoch auch durch den Einsatz des Direct Marketing (Mailing mit Informationen zu neuem Modell oder persönlicher Einladung zur Probefahrt) denkbar.

- **Konkurrierend**: Konkurrierende Wirkungsbeziehungen liegen vor, wenn die von den Instrumenten ausgehenden Wirkungen sich gegenseitig negativ beeinträchtigen. Finden beispielsweise die von „Mobilpark" gesponserten Oldtimertreffen zeitgleich mit anderen Events (z.B. Organisation von Probefahrten) und mit denselben Einzuladenden (z.B. Stammkunden) statt, weisen diese Aktivitäten voraussichtlich negative Ausstrahlungseffekte auf, da eine simultane Teilnahme an allen Aktivitäten nicht realisierbar ist.

- **Indifferent**: Zwischen den Instrumenten bestehen keine sachlichen Beziehungen. So ist beispielsweise eine Mailingaktion zur Einführung eines neuen Modells von „Safe & Fast" unabhängig von der Nachbearbeitung von Kundenkontakten im Rahmen von Events oder Sponsoringveranstaltungen.

Beim Einsatz der Kommunikationsinstrumente lassen sich auch zahlreiche **zeitliche Beziehungen** beobachten, aus deren Analyse sich wichtige Hinweise auf eine effektive und effiziente zeitliche Allokation der Kommunikationsressourcen ableiten lassen:

- **Parallel**: Verschiedene Instrumente werden gleichzeitig eingesetzt. Für die Durchführung von Promotion-Aktionen für (potenzielle) Kunden sind in der Regel parallel geschaltete Anzeigen oder Fernseh- und Radiospots erforderlich, die zur Teilnahme an den Aktionen (z.B. ein Gewinnspiel für ein Auto, ein Reifenset usw.) auffordern.

- **Sukzessive**: Die Instrumente werden zeitlich versetzt eingesetzt. Ein Instrument läuft dabei zeitlich voraus, während ein (oder mehrere) andere(s) Instrument(e) zeitlich versetzt eingesetzt wird (werden). Beispielsweise informiert „Mobilpark" durch Direct-Marketing-Aktionen potenzielle Kunden über anstehende Termine und lädt zu Probefahrten oder Events ein, um dann später durch den Persönlichen Verkauf und die Beratung gezielt Neukundenakquise zu betreiben.

- **Intermittierend**: Ein Instrument wird durchlaufend genutzt, während das andere mit zeitlichen Unterbrechungen eingesetzt wird. Das Autohaus schaltet z.B. fortlaufend und regelmäßig Anzeigen zur emotionalen und imagebetonten Ansprache seiner Zielgruppen, während Direct-Marketing-Aktionen zur spezifischen Förderung des Abverkaufs oder bei Neuprodukteinführungen fallweise eingesetzt werden.
- **Ablösend**: Ein Instrument wird im Zeitablauf durch ein anderes Instrument ersetzt. Die Bekanntmachung von neuen Modellen der Marke „Safe & Fast" erfolgt beispielsweise durch Einführungswerbung in Lokalsendern (Fernsehen und Radio). Diese Werbung wird meist nach und nach durch Zeitungswerbung und Dialogkommunikation in persönlichen Verkaufs- und Beratungsgesprächen ersetzt.

Kommunikationsinstrumente stehen auch in **hierarchischen Beziehungen** (Rangordnungen) zueinander:

- **Strategisch**: Strategische Kommunikationsinstrumente sind Instrumente, die über einen strukturellen, d.h. mittel- bis langfristigen Charakter, verfügen. So kommt bei „Mobilpark" der Mediawerbung zur Vermittlung von Informationen und zum Bekanntheitsaufbau (z.B. Produkteinführungen) sowie zur Imageprofilierung eine strategische Rolle zu.
- **Taktisch**: Kommunikationsinstrumente, die primär auf kurzfristige Reaktionen bei den Nachfragern abzielen, haben taktischen Charakter. Beispielsweise haben Promotion-Aktionen (z.B. ein Gewinnspiel) bei „Mobilpark" primär taktische Funktionen. Sie haben das kurzfristige Generieren von Interesse und Aufmerksamkeit beim Zielpublikum als (kurzfristig realisierbare) Zielsetzung.

Lösungshinweise Aufgabe 1-3

📖 Bruhn (2009), S. 24-30

Der Stellenwert der Kommunikation im Rahmen des Marketingmix hat sich über die Jahre hinweg entsprechend der Entwicklung der kommunikativen Rahmenbedingungen kontinuierlich verändert. Es lassen sich sechs unterschiedliche **Phasen der Kommunikationsentwicklung** voneinander abgrenzen, die auch für die Marke „ReinSein" von Bedeutung sind:

Die **Phase der unsystematischen Kommunikation** in den 1950er Jahren war durch eine starke Produktionsorientierung geprägt. Wegen der hohen Nachfrage verkauften sich Produkte in dieser Zeit quasi von selbst („Verkäufermarkt"). Die Unterstützung des Abverkaufs der Produkte durch Kommunikation spielte dementsprechend nur eine untergeordnete Rolle. Die Nachfrage nach Seifen war in dieser Zeit hoch, da das Angebot an Seifen gering war. In der Folge wurde die Marke „Rein Sein" kommunikativ nicht stark unterstützt.

In den 1960er Jahren wurde die **Phase der Produktkommunikation** eingeläutet. In dieser Phase dominierte aus Sicht der Unternehmensführung die Verkaufsorientierung, d.h., die Unternehmen hatten sich durch eine schlagkräftige Verkaufsorganisation gegenüber den aufkommenden Wettbewerbern zu behaupten. Der Engpass verlagerte sich von der Produktion hin zum Vertrieb. Die Kommunikation hatte in dieser Phase primär die Aufgabe, den Abverkauf der Produkte zu unterstützen und Konsumenten zuverlässige Produktinformationen zu liefern. Die Marke „ReinSein" weitete in dieser Phase ihre Werbeanstrengungen aus und stellte die pflegenden und schützenden Eigenschaften der Seife in den Vordergrund. Zusätzlich wurde der Abverkauf durch Verkaufsförderungsaktionen am Point of Sale unterstützt.

In den 1970er Jahren schloss sich die **Phase der Zielgruppenkommunikation** an. Die Entwicklung vieler Märkte vom Verkäufer- zum Käufermarkt hatte zur Folge, dass Unternehmen ihre Produkte und Kommunikationsanstrengungen an den spezifischen Bedürfnissen bestimmter Zielgruppen ausrichteten, um langfristig am Markt Erfolg zu haben. Die Kommunikation entwickelte sich in dieser Zeit vom Erfüllungsgehilfen der Produkt- und Vertriebspolitik zum eigenständigen Marketinginstrument. Sie hatte die Aufgabe, an die Bedürfnisse der einzelnen Zielgruppen zu appellieren und ihnen einen spezifischen Kundennutzen zu vermitteln. In den 1970er Jahren erweiterte die Marke „Rein Sein" ihr Produktangebot um Deosprays sowie Schaumbäder und richtete das Sortiment ebenso wie die Kommunikation an den spezifischen Bedürfnissen einzelner Zielgruppen aus.

Die **Phase der Wettbewerbskommunikation** ist Gegenstand der 1980er Jahre. In vielen Märkten verschärfte sich der Wettbewerb zunehmend. Das Marketing wurde in dieser Zeit primär mit dem Ziel eingesetzt, strategische Wettbewerbsvorteile gegenüber dem Wettbewerb aufzubauen, durchzusetzen und am Markt zu verteidigen. Die Kommunikation hatte diese Wettbewerbsvorteile am Markt durch den Aufbau einer „Unique Selling Proposition" (USP) an die Zielgruppen zu vermitteln. Bei der Marke „ReinSein" wurden in dieser Phase die spezifischen Produktmerkmale verstärkt akzentuiert (z.B. alle Produkte sind dermatologisch getestet, haben einen neutralen pH-Wert und bestechen durch ihre pflegenden und schützenden Eigenschaften auf Basis natürlicher Inhaltsstoffe), um bei den Kunden eindeutige Präferenzen für die Produkte zu schaffen.

Die 1990er Jahre waren durch die **Phase des Kommunikationswettbewerbs** geprägt. Aufgrund der zunehmenden Angleichung vieler Produkte und Leistungen wurde die Vermittlung einer „Unique Communication Proposition" neben einer „Unique Selling Proposition" ein Erfolgsfaktor zur Erreichung von Wettbewerbsvorteilen. Entsprechend erhöhte sich in dieser Phase der Kommunikationsdruck und damit auch die Schwierigkeit, sich gegenüber dem Wettbewerb kommunikativ zu profilieren. Ziel ist es, durch einen abgestimmten, integrierten Einsatz sämtlicher Kommunikationsinstrumente und -mittel, ein glaubwürdiges und widerspruchsfreies Bild der Marke bei den Nachfragern aufzubauen. Die Marke „ReinSein" versuchte in dieser Phase durch einen abgestimmten, integrierten Einsatz ihrer Kommunikationsinstrumente die Kernbotschaft bzw. die UCP „Pflege für Körper und Seele" den Zielgruppen zu vermitteln und damit einen emotionalen (Marken-) Mehrwert aufzubauen.

In jüngerer Zeit (ab dem Jahre 2000) befinden sich viele Märkte in der **Phase der Dialogkommunikation**, in der verstärkt versucht wird, zweiseitige, dialogische Kommunikationsprozesse mit den Zielgruppen zu etablieren, um langfristige Beziehungen mit diesen aufzubauen. Auch bei der Marke „ReinSein" stellen der Aufbau und die Intensivierung von langfristigen Beziehungen zu den Kunden ein zentrales Ziel der Kommunikationsarbeit dar. Hierzu setzt die Marke verstärkt dialogische Kommunikationsmittel ein, wie z.B. Newsletter, Chats, Mitarbeiter-Kunden-Kontakte und Gewinnspiele.

Lösungshinweise Aufgabe 1-4

📖 **Bruhn (2009), S. 30-34**

Medien- und Kommunikationsmärkte sind durch eine hohe Entwicklungs- und Wettbewerbsdynamik geprägt. Um im heutigen Kommunikationswettbewerb erfolgreich zu sein, bedarf es einer kontinuierlichen Anpassung an die sich stetig verändernde kommunikative Unternehmensumwelt, die insbesondere in den letzten Jahren durch vielfältige **angebots- und nachfrageseitige Strukturveränderungen** einem Wandel unterliegt.

Teilaufgabe (a)

Bei Betrachtung der **angebotsseitigen Strukturveränderungen** ist zunächst auf die Entwicklung der Werbeeinnahmen (in Deutschland) hinzuweisen. Hier ist – gemessen an dem Zuwachs der Werbeinvestitionen – ein bedeutender Anstieg erkennbar. So ist bei den Automobilkonzernen seit Jahren eine stetige Erhöhung des Kommunikationsbudgets zu beobachten. Die Erhöhung des Werbedrucks „schaukelt" sich durch das Parallelverhalten der einzelnen Kommunikationstreibenden immer weiter fort. Eng hiermit verbunden ist ein zunehmendes Medienangebot, d.h. die Zersplitterung bzw. Atomisierung der Medien. Im Zuge des exponentiellen Anstiegs der Kommunikationsaktivitäten ist auch eine kontinuierliche Zunahme der Anzahl von Werbetreibenden und beworbenen Marken zu beobachten; immer mehr Marken versuchen, ins Gedächtnis der Konsumenten zu gelangen. Auch auf dem Automobilmarkt werden jedes Jahr neue Automarken lanciert. Darüber hinaus ist ein ausgeprägtes „Me-too-Verhalten" bei der Erarbeitung der kreativen Leistung bei vielen Unternehmen zu beobachten, das häufig in der Gleichartigkeit der Botschaftsgestaltung zwischen Wettbewerbern zum Ausdruck kommt.

Diese angebotsseitigen Entwicklungen sind Folge, aber auch zugleich Auslöser bzw. Verstärker der **nachfrageseitigen Strukturveränderungen** auf den Kommunikations- und Medienmärkten. Bedingt durch die Atomisierung der Medien und die steigenden Werbeaufwendungen erfolgt auf Nachfrageseite eine quantitativ steigende Konfrontation mit Kommunikationsimpulsen. Im Gegensatz dazu hat der Medienkonsum der deutschen Konsumenten jedoch nicht wesentlich zugenommen. Dies führt notwendigerweise zu einer – nicht nur werbebedingten – Informationsüberlastung, deren Ursachen in dem allgemeinen Überangebot an Informationen liegen. Als Folge der steigenden Informationsüberlastung kommt es bei den Nachfragern zu einer reduzierten Konzentrationsfähigkeit und einer oberflächlicheren Informationsverarbeitung (Kurzzeitlesen, -hören und -sehen). Auch lassen sich Formen der Werbevermeidung (z.B. „Zapping" und „Zipping") bis hin zu Verweigerungshaltungen zunehmend beobachten.

Teilaufgabe (b)

Durch das stetig wachsende Güterangebot, eine zunehmende Angleichung von Produkten und Leistungen sowie hohe Sättigungsgrade auf Konsumentenseite wird der klassische Produktwettbewerb immer mehr zu einem Kommunikationswettbewerb. Einem Unternehmen hat es heute mehr denn je zu gelingen, durch den Einsatz von Kommunikationsinstrumenten und -mitteln bei aktuellen und potenziellen Kunden Aufmerksamkeit zu erlangen und von ihnen differenziert wahrgenommen zu werden, um Präferenzen für die eigenen Produkte und Dienstleistungen zu erzeugen. Hierzu ist eine **Unique Communication Proposition** bei den Zielgruppen zu realisieren. Eine UCP wird als eigenständiges, konsistentes und vor allem einzigartiges kommunikatives Bild von der beworbenen Marke in den Köpfen der Zielpersonen verstanden. Ziel ist demnach die kommunikative Differenzierung gegenüber dem Wettbewerb. Hierzu ist verstärkt auf eine bildbetonte, emotionale, kreative, innovative und integrativ ausgerichtete Kommunikation zu setzen.

Lösungshinweise Aufgabe 1-5

📖 **Bruhn (2009), S. 37-41**

Systemorientierte Ansätze der Kommunikationspolitik strukturieren die einzelnen Bestandteile des Kommunikationssystems sowie die darin ablaufenden Prozesse. Die Grundstruktur eines Kommunikationssystems lässt sich mit der von *Lasswell* geprägten Formel beschreiben: Wer (Sender) sagt was (Botschaft) über welchen Weg (Kommunikationsträger) zu wem (Empfänger) mit welcher Wirkung?

Der Reiseveranstalter „Happy Holiday" stellt den **Sender** im Kommunikationssystem dar, der über den Einsatz von Fernsehspots und Printanzeigen (**Kommunikationsträger**) versucht, die **Botschaft** „Happy Holiday – perfekte Pauschalreisen, die keine Wünsche offen lassen" an seine **Empfänger** bzw. Zielgruppe (wohlhabende Kunden ab 35 Jahren) zu transportieren. Hierzu ist es nötig, die Werbebotschaft zu verschlüsseln, d.h., in Worte und Bilder zu fassen und als Anzeige bzw. Fernsehspot zu platzieren. Diese Aufgabe wird in der Regel einer Werbeagentur übertragen. Die Entschlüsselung der Kommunikationsbotschaft durch den Empfänger bzw. die Zielgruppe stimmt jedoch nicht unbedingt mit der vom Sender beabsichtigten **Wirkung** überein. Dies liegt an unterschiedlichen **Störfaktoren**, die dazu führen können, dass die Botschaft nicht richtig entschlüsselt wird. Im Fall des Reiseveranstalters „Happy Holiday" ist es z.B. möglich, dass die kreative Umsetzung der Botschaft im Werbespot bzw. in der Printanzeige (Verschlüsselung) von den Kunden falsch verstanden bzw. interpretiert worden ist, da die Werbefachleute die Wertvorstellungen, Erfahrungen und Bedürfnisse der Zielgruppe falsch eingeschätzt haben. Darüber hinaus können konkurrenzinduzierte Störungen vorliegen, z.B. wenn Wettbewerber durch vergleichende Werbung die Konkurrenz zu diffamieren versuchen. Auch umweltinduzierte Störungen der beabsichtigen Wirkung sind möglich. Denkbar ist beispielsweise, dass die Einstellung zum Medium (z.B. mangelnde Glaubwürdigkeit einer Zeitung) die Interpretation der Botschaft beeinflusst.

Lösungshinweise Aufgabe 1-6

📖 **Bruhn (2009), S. 41-44**

Im Rahmen von **ökonomischen Ansätzen der Kommunikationspolitik** wird das Verhalten von Konsumenten gegenüber kommunikativen Stimuli in ein ökonomisches Allokationsmodell überführt.

Aus Sicht der (Informations-) Ökonomie haben Konsumenten Wahlentscheidungen zu treffen, (1) inwieweit sie die ihnen zur Verfügung stehende Zeit für Kommunikationskonsum oder sonstige Tätigkeiten (Restzeit) verwenden und (2) welche der Kommunikationsstimuli sie zur Informationsaufnahme nutzen. Das informationsökonomische Modell der Kommunikation besagt, dass alle Kommunikationsappelle aufgenommen werden, deren Grenznutzen pro Zeiteinheit größer ist als der Grenznutzen, die der Konsument aus allen anderen Tätigkeiten (Restzeit) generiert. Die **höhere Wirkung von bildbetonter Kommunikation** lässt sich demzufolge darauf zurückführen, dass für die Aufnahme und Verarbeitung bildverschlüsselter Informationen erheblich weniger Zeit benötigt wird als für dieselben textverschlüsselten Informationen. Hieraus folgt, dass bildbetonte Kommunikation einen höheren Grenznutzen pro Zeiteinheit als textbetonte Kommunikation aufweist.

Lösungshinweise Aufgabe 1-7

📖 **Bruhn (2009), S. 44-49**

Verhaltenswissenschaftliche Erklärungsansätze der Kommunikation basieren auf verschiedenen Reiz-Reaktions-Schemata. Das Stimulus-Organismus-Response-Paradigma berücksichtigt bei der Erklärung von Kommunikationsprozessen – anders als das Stimulus-Response-Paradigma – nicht-beobachtbare Verhaltensweisen im Inneren des menschlichen Organismus. Bei den inneren Vorgängen lassen sich verschiedene Wirkungen unterscheiden, die den beobachtbaren Reaktionen vorgelagert sind, d.h., die Wirkung kommunikativer Maßnahmen entwickelt sich in der Aufeinanderfolge mehrerer Stufen.

Die Entwicklung von Hierarchiemodellen resultiert aus dem Bemühen, die Werbewirkung bzw. das Kaufverhalten in Abhängigkeit verschiedener Einflussgrößen zu erklären. Dabei werden drei **Typen von Hierarchiemodellen** unterschieden: Lernmodell, Low-Involvement-Modell und Dissonanzmodell.

Das **Lernmodell** (Wahrnehmung → Einstellung → Verhalten) geht davon aus, dass das (reizgesteuerte) Konsumentenverhalten ein permanenter Prozess der Erfahrungs- bzw. einer damit verbundenen Einstellungsbildung ist, dessen Resultat finales Verhalten darstellt. Über die Wahrnehmung von kommunikativen Stimuli werden im Laufe der Zeit Einstellungen über ein Objekt generiert, auf Basis derer ein bestimmtes Verhalten (z.B. Kauf oder Nicht-Kauf) erfolgt. Dieses Modell ist insbesondere für High-Involvement-Produkte von Relevanz, bei denen Kaufentscheidungen häufig erst nach einer langen Phase der Orientierung und Einstellungsfestigung gefällt werden.

Kaufentscheidungen für Digitalkameras werden in der Regel auf Basis des Lernmodells gefällt. Interessenten beschäftigen sich vor dem Kauf normalerweise intensiv mit ihrer Kaufentscheidung, indem sie zum Beispiel die objektiven Produktmerkmale der Kameras ausgiebig miteinander vergleichen. Die Kommunikation für die Einführungskampagne der Digitalkamera der Marke „Cobra" hat dementsprechend darauf abzuzielen, durch eine aufmerksamkeitsorientierte Gestaltung der Werbemittel die Marke zunächst bekannt zu machen und somit in die Wahrnehmung der Konsumenten zu rücken. In einem zweiten Schritt sind positive Einstellungen (Interesse, Sympathie) bei den potenziellen Kunden zu erzeugen, indem z.B. über die sachlichen Produktvorteile informiert wird. Der Kauf bzw. die Entscheidung für die Marke ist dann die Konsequenz aus den beiden vorher durchlaufenden Stufen (Wahrnehmung und positive Einstellungsbildung).

Das **Low-Involvement-Modell** (Wahrnehmung → Verhalten → Einstellung) geht im Gegensatz zum Lernmodell davon aus, dass Einstellungen bzw. Einstellungsänderungen gegenüber dem Kommunikationsobjekt erst nach dem finalen Verhalten (z.B. Kauf) gebildet werden (z.B. auf Basis gewonnener Erfahrungen mit dem Produkt). Das Modell findet vor allem häufig dann empirische Bestätigung, wenn es sich um Low-Involvement-Produkte handelt. Bei diesen Produkten gehen den Kaufentscheidungen oft keine langfristigen, rationalen Entscheidungsprozesse voran, da die mit dem Kauf verbundenen Risiken in der Regel gering sind. Die Kaufentscheidung erfolgt weniger anhand objektiver Produkteigenschaften, sondern vielmehr auf Basis eines intuitiven Bildes (Images), das sich der Konsument von der Marke macht. Im Gegensatz zur Lernhierarchie versucht Werbung deshalb keine „echten" Produktinformationen zu vermitteln, sondern den Verbraucher zu Test- und Probekäufen anzuregen. Erst auf Basis dieser konkreten Produkterfahrungen bilden sich dann differenzierte Einstellungen zum Produkt heraus. Falls diese positiv ausfallen, kommt es zu Wiederholungskäufen.

Zur Ableitung von Handlungsempfehlungen für die Einführungskampagne des Energy-Drinks der Marke „Dynamo" empfiehlt es sich, auf die Erkenntnisse des Low-Involvement-Modells zurückzugreifen. Die Kampagne ist auf die Wiedererkennung (Recognition) der Marke auszurichten. Ziel ist es, den Verbraucher zu Testkäufen anzuregen. Hierzu ist zu empfehlen, die Einführungskampagne stark aufmerksamkeitsstark (z.B. durch bildbetonte, emotionale Anzeigen) zu gestalten.

Das **Dissonanzmodell** (Verhalten → Einstellung → Wahrnehmung) wird zur Erklärung des Konsumentenverhaltens in der Nachkaufphase herangezogen. Das finale Verhalten ruft häufig kognitive Dissonanzen hervor, durch die sich bestimmte Einstellungen über das Beurteilungsobjekt formieren. Die dissonanzinduzierten Einstellungsänderungen führen hierbei zu einem veränderten Wahrnehmungsverhalten, d.h., bereitgestellte Informationen werden anders aufgenommen oder verarbeitet.

Das Dissonanzmodell erklärt das Kaufverhalten für die Modemarke „Schickeria". Es handelt sich hierbei um ein High-Involvement-Produkt. Der Kauf von teurer Kleidung ist häufig ein „Lustkauf", der bei vielen Verbrauchern im Nachhinein zu kognitiven Dissonanzen führt, die die Einstellung zur Marke dann erst später prägen. Verbraucher sind in dieser (Nachkauf-) Phase auf der Suche nach Informationen, die ihre kognitiven Dissonanzen lösen. Es werden bewusst Informationen über positive Produkteigenschaften (z.B. Produktqualität, Markenimage) gesucht, um den Kauf nachträglich vor sich selbst zu rechtfertigen. In der Nachkaufphase ist für die Marke „Schickeria" dementsprechend entscheidend, dass die Kommunikation das Bedürfnis nach Bestätigung befriedigt, indem z.B. eine Imagekampagne in hochwertigen Damenmagazinen gestartet wird, die die Marke als exklusives Modelabel darstellt.

Lösungshinweise Aufgabe 1-8

📖 **Bruhn (2009), S. 52-63**

Die verschiedenen theoretischen (ökonomischen, verhaltenswissen-schaftlichen und entscheidungsorientierten) Ansätze der Kommunika-tionspolitik sind – isoliert betrachtet – nur bedingt in der Lage, kommu-nikationspolitische Entscheidungen zu fundieren. Während verhaltens-wissenschaftliche und ökonomische Ansätze in besonderem Maße dazu geeignet sind, psychologische Konsumentenreaktionen in Hinblick auf verschiedene Kommunikationsimpulse zu erklären, sind entscheidungs-orientierte Ansätze der Kommunikationspolitik in der Lage, das kom-munikative Entscheidungsspektrum aus Unternehmenssicht offen zu legen und zu strukturieren. Durch eine **Integration der theoretischen Ansätze** anhand des Stimulus-Organismus-Response (S-O-R)-Paradig-mas ist es möglich, kommunikative Entscheidungen so auszurichten, dass die daraus resultierenden psychologischen Reaktionen der Konsu-menten weitgehend im Sinne des kommunikationstreibenden Unter-nehmens sind.

Hierbei wird zwischen einer **funktions- und entscheidungsorientier-ten Integration** der Ansätze unterschieden. Die funktionsorientierte Integration hat zum Ziel, Aussagen darüber zu treffen, welche Kom-munikationstechniken welche Funktion übernehmen. Bei der entschei-dungsorientierten Integration geht es hingegen darum, durch eine Kategorisierung auftretender kommunikationsinduzierter Marktreakti-onen ein systematisches und differenziertes Verständnis über kommu-nikativ relevante Ursache-Wirkungs-Zusammenhänge herzustellen.

Für den Autohändler „Mobilpark" lassen sich bei einer entscheidungs-orientierten Integration vier **Kategorien von Marktreaktionstypen** un-terscheiden (vgl. Schaubild 1-1 auf der folgenden Seite).

Die Marktreaktionsfunktionen des **Typs I** zeigen den Zusammenhang zwischen einem bestimmten Aktivitätenniveau, z.B. Anzahl der von „Mobilpark" geschalteten Werbespots oder Anzeigen, und den daraus resultierenden psychologischen (nicht beobachtbaren) Wirkungen (z.B. Einstellung gegenüber „Mobilpark" und den Automodellen von „Safe & Fast").

Die Wahl eines **exponentiellen Funktionstyps** (konkaver Funktions-verlauf) basiert auf der Annahme, dass die (positiven/negativen) psy-chologischen Wirkungen ab einem bestimmten Aktivitätenniveau ex-ponentiell ansteigen. Dieser Ursache-Wirkungs-Verlauf ist z.B. denkbar, wenn „Mobilpark" viel Werbung schaltet und diese auf Nachfrager

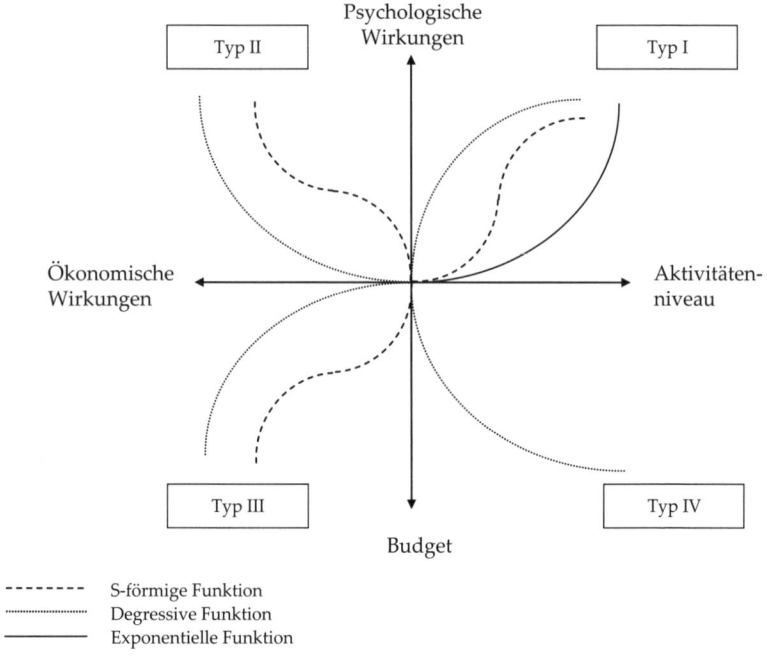

Schaubild 1-1: *Spektrum kommunikationsinduzierter Marktreaktionsfunktionen*
(Quelle: in Anlehnung an Schmalen (1992): Kommunikationspolitik,
2. Aufl., Stuttgart, S. 49)

trifft, die eine negative Einstellung gegenüber Werbung haben. Je mehr diese Nachfrager auf Werbeimpulse von „Mobilpark" treffen, desto stärker wird es zu einer ablehnenden Einstellung sowohl gegenüber der Werbung als auch gegenüber der Marke „Mobilpark" kommen. Mit der Wahl eines **degressiven Funktionstyps** (konvexer Funktionsverlauf) ist die Annahme verbunden, dass die psychologischen Wirkungen mit steigendem Aktivitätenniveau zunächst ansteigen, ab einer bestimmten Höhe des Aktivitätenniveaus jedoch Sättigungserscheinungen auftreten und sich die psychologischen Wirkungen nur noch marginal erhöhen. Ein solcher Fall ist z. B. denkbar, wenn das Aktivitätenniveau durch die Anzahl geschalteter Anzeigen und die psychologischen Wirkungen über die lokale Bekanntheit von „Mobilpark" definiert werden. Lokal und regional ist das Autohaus „Mobilpark" gut etabliert und verfügt über eine hohe Bekanntheit in der ansässigen Bevölkerung. Eine weitere Erhöhung der Bekanntheitswerte ist wegen anzunehmender Sättigungserscheinungen, z. B. durch die mangelnde kommunikative Erreichbarkeit bestimmter Konsumenten, kaum oder nur mit erheblichem

Aufwand realisierbar. Der **logistische Funktionstyp** (s-förmiger Funktionsverlauf) geht von der Annahme aus, dass die psychologischen Wirkungen mit steigendem Aktivitätenniveau zunächst unterproportional ansteigen. Ab einem bestimmten Aktivitätenniveau führt eine weitere Steigerung kommunikativer Aktivitäten zu einer überproportionalen Erhöhung der psychologischen Wirkungen. Schließlich erreichen die kommunikativen Aktivitäten auch hier ein Niveau, bei dem sich Sättigungserscheinungen ergeben. Dieser Funktionsverlauf ist z.B. für die Einführung einer neuen Baureihe der Automobilmarke „Safe & Fast" möglich, die mit einer Werbekampagne am Markt eingeführt wird. Aufgrund eines eventuell auftretenden anfänglichen Misstrauens gegenüber der neuen Baureihe verändern sich die Einstellungen zunächst nur geringfügig. Mit zunehmender Anzahl von Kommunikationsmaßnahmen (z.B. persönliche Beratungsgespräche) ist jedoch davon auszugehen, dass dieses Misstrauen abgebaut und gleichzeitig die Einstellungen gegenüber den neuen Modellen in hohem Maße positiv beeinflusst werden. Nach einer bestimmten Anzahl persönlich geführter Gespräche ruft jedes weitere Gespräch dann keine weiteren nennenswerten Einstellungsänderungen mehr hervor.

Marktreaktionsfunktionen des **Typs II** zeigen den Ursache-Wirkungs-Zusammenhang zwischen psychologischen Wirkungen als unabhängige Variable und ökonomischen Wirkungen als abhängige Variable. Der hier (theoretisch) existierende **degressive Funktionstyp** ist eher bei geringwertigen Konsumgütern (z.B. Kaugummi) anzutreffen, bei denen die Kaufentscheidung bereits bei einer geringen psychologischen Wirkungsstimulanz getroffen wird. Dies ist beim Autokauf jedoch nicht der Fall. Hier ist vielmehr ein **logistischer Funktionstyp** anzutreffen, bei dem mit wachsendem Interesse und steigender Präferenz die Kaufwahrscheinlichkeit zunimmt, ohne direkt eine ökonomische Reaktion auszulösen. Erst wenn ein bestimmtes Aktivierungsniveau erreicht wird, kommt es zu konkretem Verhalten (z.B. Kauf) und ökonomische Wirkungen lassen sich realisieren. Im Anschluss an die Kaufentscheidung steigen die psychologischen Wirkungen weiter an (z.B. Zufriedenheit), ohne zu einer weiteren Verhaltensreaktion zu führen.

Bei Marktreaktionsfunktionen des **Typs IV** erfolgt eine Abbildung der Veränderung von Kommunikationskosten (z.B. Schaltkosten für Printanzeigen in lokaler Presse) in Abhängigkeit der Variation des kommunikativen Aktivitätenniveaus (z.B. Anzahl der Schaltungen von Printanzeigen). Im Regelfall wird hier von einem **degressiven Funktionsverlauf** ausgegangen, beispielsweise aufgrund von eingeräumten Rabatten, die „Mobilfunk" von Lokalsendern und regionalen Zeitungen wegen der Regelmäßigkeit der Schaltung von Anzeigen und Spots gewährt werden.

Marktreaktionsfunktionen des **Typs III** versuchen, die Funktionsverläufe in den Quadranten I, II und IV zusammenzuführen, indem eine funktionale Beziehung zwischen der Höhe entstehender Kommunikationskosten (Budget) und dem Ausmaß der Realisierung ökonomischer Wirkungen hergestellt wird. Es hat sich gezeigt, dass sich die Realität in den meisten Fällen durch einen **degressiven Kurvenverlauf** abbilden lässt. Im Allgemeinen ist demnach davon auszugehen, dass der Grenzzuwachs ökonomischer Wirkungen (z.B. Marktanteilssteigerung von „Mobilpark") mit steigenden Kommunikationskosten (z.B. zusätzlichen Werbekampagnen) immer geringer wird.

Kapitel 2
Planungsprozesse der Kommunikationspolitik
(Aufgaben)

Aufgabe 2-1
**Notwendigkeit, Begriff und Charakteristika der
Kommunikationsplanung**

Der traditionsreiche Automobilhersteller „Préstige" produziert seit
Jahrzehnten exklusive Sportwagen im Hochpreissegment. Das Image
der Marke „Préstige" basiert auf der Exklusivität, Sportlichkeit, Qualität und dem Innovationsgrad der Fahrzeuge. Dies kommt im Slogan
„Préstige – Erste Klasse fahren" zum Ausdruck. Die Zielgruppe und der
Kundenkreis sind entsprechend der Positionierung von „Préstige"
ebenfalls sehr exklusiv – die Marke „Préstige" ist vor allem in Segmen-
ten mit sehr hohem Einkommen vertreten. Der Dienst am Kunden sowie die langfristige Kundenbindung werden von „Préstige" als Leitbild
verstanden. Im Rahmen der Kommunikationspolitik setzt das Unternehmen verschiedene Kommunikationsinstrumente ein. In der Mediawerbung schaltet das Unternehmen regelmäßig Imagekampagnen in
ausgewählten Fach- und Publikumszeitschriften (z.B. *Der Feinschme-
cker, Geo, Spiegel*) und in nationalen Tageszeitungen (z.B. *Handelsblatt,
FAZ, Financial Times*). Darüber hinaus setzt das Unternehmen auf Maßnahmen der Persönlichen Kommunikation (z.B. persönliche Kundenbetreuung) sowie des Direct Marketing (z.B. Kundenclub mit regelmäßigen exklusiven Events und Kundenzeitschrift). Auch ist das
Unternehmen als Sponsor von internationalen Golfturnieren, Segelregatten und Poloevents tätig.

Erläutern Sie am Beispiel von „Préstige" **Begriff und Bedeutung der
strategischen Kommunikationsplanung**. Zeigen Sie hierzu zunächst
auf, welche Zielsetzungen „Prestige" mit der strategischen Kommunikationsplanung auf Ebene der Gesamtkommunikation verfolgt. Gehen
Sie dann darauf ein, welche strategischen (Einzel-) Ziele mit den verschiedenen Kommunikationsinstrumenten bei „Préstige" angestrebt
werden und wie diese zu den Zielsetzungen auf Ebene der Gesamkom-
munikation beitragen.

Aufgabe 2-2
Planungsprozesse auf unterschiedlichen Ebenen der Kommunikation

Das Unternehmen „Chaotic" ist ein junger Dienstleister im Bereich personalisierter IT-Lösungen für Unternehmen, der bislang nur über einen geringen Bekanntheitsgrad verfügt. Die bisherige Kommunikationsarbeit von „Chaotic", wie die vereinzelte Schaltung von Printanzeigen in Fachzeitschriften, der Versand von Briefen an (potenzielle) Kunden sowie die Teilnahme an IT-Messen, folgte bislang keinem systematischen Planungsprozess. Für die Ausgestaltung der Kommunikation sind jeweils unterschiedliche Mitarbeitende verantwortlich, z.B. die Kundenberater für den Versand der Direct Mailings oder die Vertriebsabteilung für die Gestaltung der Anzeigen. Da im Unternehmen keine Vorgaben und Bestimmungen zur formalen Gestaltung oder den inhaltlichen Kommunikationsaussagen vorliegen, unterscheidet sich die Kommunikation der einzelnen Abteilungen sehr stark voneinander. Die (potenziellen) Kunden werden dementsprechend mit unterschiedlichen Kommunikationsaussagen konfrontiert. Statt der Ausnutzung von Synergie- und Lerneffekten führt diese kommunikative Differenzierung zu Irritationen in der Wahrnehmung der Zielgruppen.

Das Management von „Chaotic" hat erkannt, dass eine Professionalisierung der Kommunikationsarbeit zu erfolgen hat. Da die Geschäftsleitung nicht über die fachliche Kompetenz verfügt, hat das Management Sie als externen Kommunikationsberater zur Unterstützung engagiert. Sie raten der Geschäftsleitung zur Einführung eines Planungsprozesses für die Kommunikation. Erläutern Sie die einzelnen **Phasen des Planungsprozesses der Kommunikation,** indem Sie die Ziele und Ergebnisse jeder Phase für „Chaotic" aufzeigen.

Aufgabe 2-3
Träger der Kommunikationsplanung

Der Kosmetikhersteller „Seh-gut-aus" ist international im Markt verankert; die Bekanntheit des Unternehmens ist sehr hoch und die Markenpositionierung wird seit Jahren durch inhaltlich einheitliche Botschaften kommuniziert. Der Kommunikationsdruck von „Seh-gut-aus" ist trotz des bereits hohen Bekanntheitsgrads weltweit sehr hoch.

Im Rahmen von Restrukturierungsmaßnahmen stellt der Vorstand die Frage, ob die Kooperation zu der langjährigen externen Kommunikationsagentur aufzulösen und durch den Einsatz einer internen **Hausagentur** zu ersetzen ist.

(a) Was wird unter einer Hausagentur verstanden? Worin sehen Sie ganz allgemein die **Vor- und Nachteile** einer Hausagentur für die Planung der Unternehmenskommunikation im Vergleich zu einer externen Kommunikationsplanung?

(b) Als **Entscheidungs- bzw. Einflussfaktoren** für die interne vs. externe Agenturlösung lassen sich die Kontrollmöglichkeiten, die Objektivität, die Kosten, das kommunikative Aktivitätenniveau, die Effektivität sowie die Möglichkeit eines Agenturwechsels unterscheiden. Wie würden Sie diese Kriterien hinsichtlich der beiden Möglichkeiten – interne vs. externe Agenturlösung – bewerten?

Aufgabe 2-4
Zusammenführung der Planungsprozesse in einen ganzheitlichen Planungsansatz

Sie sind Geschäftsführer des Unternehmens „Frischli", Marktführer im Bereich Dosen- und Konservengemüse. Im Rahmen der Kommunikationsarbeit setzt das Unternehmen seit Jahren verschiedene Kommunikationsinstrumente ein. Die Kommunikationsplanung wird für jedes Kommunikationsinstrument isoliert vorgenommen, sodass eine Integration der Kommunikationsaktivitäten nur sporadisch und fallweise erfolgt. Die Mitarbeitenden der Kommunikationsfachabteilungen treffen ihre Kommunikationsentscheidungen vielmehr unabhängig von denen anderer Fachabteilungen und übergeordneten kommunikativen Zielsetzungen auf Gesamtunternehmensebene.

Aufgrund sinkender Bekanntheitswerte sowie schlechter Imagewerte beabsichtigen Sie, zukünftig für die Kommunikationsplanung einen Down-up-Planungsprozess zu implementieren.

(a) Erläutern Sie den Kommunikationsverantwortlichen das **Verständnis eines Down-up-Planungsprozesses** und skizzieren Sie die Vorteile dieses Planungsansatzes gegenüber einem reinem Top-down- oder Bottom-up-Kommunikationsplanungsprozess.

(b) Zeigen Sie dem Management von „Frischli" verschiedene Möglichkeiten auf, wie sich eine **Umsetzung der Down-up-Planung** realisieren lässt?

Kapitel 2
Planungsprozesse der Kommunikationspolitik
(Lösungshinweise)

Lösungshinweise Aufgabe 2-1

📖 **Bruhn (2009), S. 65-67**

Unter der **strategischen Ausrichtung der Kommunikationspolitik** ist die verbindliche, mittel- bis langfristige Schwerpunktlegung der Kommunikation zu verstehen. Die strategische Planung der Kommunikationspolitik vollzieht sich dabei auf Ebene der Gesamtkommunikation und auf Ebene der einzelnen Kommunikationsinstrumente.

Auf **Ebene der Gesamtkommunikation** ist über die zentralen Fragestellungen der Kommunikationspolitik zu entscheiden. Hier geht es insbesondere darum, im Rahmen eines strategischen integrierten Kommunikationskonzepts die langfristige Positionierung des Unternehmens bzw. der Marke festzulegen, ein der Positionierung entsprechendes strategisches Leitbild zu definieren und die zum Transport der Positionierung einzusetzenden Kommunikationsinstrumente auszuwählen. Der Automobilhersteller „Préstige" orientiert seine Kommunikation langfristig daran, dass weltweit eine wohlhabende Klientel die Marke „Préstige" als bevorzugten, exklusiven Anbieter von Sportwagen erachtet. Die Kommunikationsinhalte sind strategisch darauf ausgerichtet, als innovatives, exklusives sowie prestigeträchtiges Unternehmen wahrgenommen zu werden und die Kunden langfristig an die Marke zu binden. Die Kommunikationsinhalte finden sich in der kommunikativen Leitidee „Préstige – Erste Klasse fahren" wieder.

Auf **Ebene der Kommunikationsinstrumente** ist im Rahmen der strategischen Planung über die langfristige Ausrichtung der einzelnen Kommunikationsinstrumente und deren Beitrag zur Erfüllung der übergeordneten Zielsetzungen auf Ebene der Gesamtkommunikation zu entscheiden. Die einzelnen von „Préstige" eingesetzten Kommunikationsinstrumente unterstützen die kommunikative, strategische Positionierung der Marke und tragen somit zur übergreifenden Markenwirkung bei. Die Mediawerbung hat primär das Ziel, das angestrebte Markenimage bei den Zielgruppen zu etablieren bzw. zu aktualisieren.

Mit der Persönlichen Kommunikation sowie den Maßnahmen des Direct Marketing werden neben dem Transport der Markenwerte insbesondere die Kundenbindung forciert, indem durch wiederholte persönliche Interaktionen und soziale Erlebnisse eine Basis für die kundenindividuelle Betreuung sowie Markenidentifikation geschaffen wird. Das Sponsoring zielt schließlich zum einen auf die Kundenbindung und -akquisition ab, indem die Marke an prestigeträchtigen und exklusiven öffentlichen Events präsent ist; zum anderen dient das Sponsoringengagement dem Imagetransfer und somit zur Unterstützung der Markenpositionierung.

Lösungshinweise Aufgabe 2-2

📖 **Bruhn (2009), S. 67-78**

Unter der Kommunikationsplanung ist ein systematisch-methodischer sowie integrativ ausgerichteter Prozess zu verstehen, der die Erkenntnis und Lösung kommunikationspolitischer Problemstellungen beabsichtigt. Der **Planungsprozess der Kommunikation** dient der Sicherstellung sinnvoller Entscheidungen im Umfeld vielfältiger und komplexer Kommunikationsprozesse. Im Rahmen der Kommunikationsplanung ist dabei der Managementprozess auf **Ebene der Gesamtkommunikation** sowie auf **Ebene der Kommunikationsfachabteilungen** zu unterscheiden.

Idealtypisch umfasst der Planungsprozess auf beiden Ebenen die in Schaubild 2-1 dargestellten Phasen: Situationsanalyse der Kommunikation, Festlegung der Kommunikationsziele, Zielgruppenplanung, Ableitung einer Kommunikationsstrategie, Festlegung und Verteilung des Kommunikationsbudgets, Auswahl von Kommunikationsinstrumenten bzw. Entwicklung von kommunikativen Einzelmaßnahmen sowie Erfolgskontrolle der Kommunikation. Phasenübergreifend hat zudem eine Integration der Kommunikation zwischen den unterschiedlichen Planungsebenen zu erfolgen.

Ziel der **Situationsanalyse** stellt die Erarbeitung einer Informationsgrundlage für die weitere Planung dar. Durch die detaillierte Analyse der aktuellen Kommunikationssituation gewährleistet „Chaotic", dass die Kommunikationswirkungen zukünftig nicht mehr dem Zufall überlassen werden, sondern sich aktiv steuern lassen. Im Rahmen der Situationsanalyse hat „Chaotic" eine Beurteilung von kommunikationsrelevanten Stärken und Schwächen sowie Chancen und Risiken vorzunehmen. Hierfür stehen dem Unternehmen verschiedene Instrumente zur Verfügung. Es lassen sich bereichsspezifische Analysemetho-

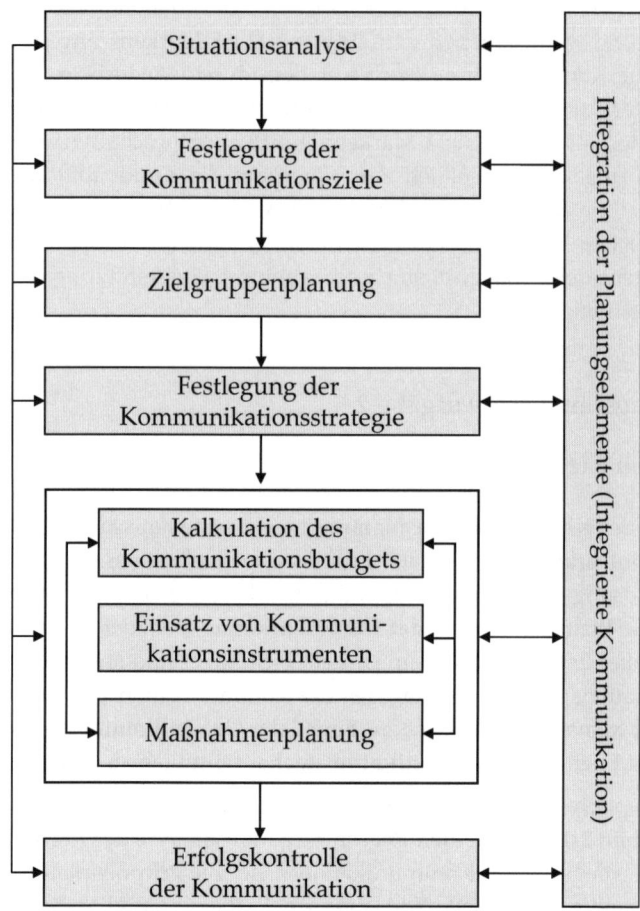

Schaubild 2-1: Planungsprozess eines systematischen Kommunikationsmanagements

den zur internen und externen Erfassung (z.B. Means-End-Analyse, ABC-Analyse, Szenariotechnik u.a.m.) sowie integrative Analysemethoden (z.B. SWOT-Analyse) unterscheiden. Führt das Unternehmen „Chaotic" eine derartige Situationsanalyse durch, erhält das Management als Ergebnis einen Überblick über die derzeitige interne und externe kommunikative Situation des Unternehmens. Hierdurch lassen sich kommunikationsbezogene Probleme identifizieren. Schwierigkeiten bestehen derzeit insbesondere in der fehlenden Abstimmung des Kommunikationseinsatzes sowie in den die damit verbundenen Irritationen bei den Zielgruppen. Die starke Differenzierung der Kommunikation von „Chaotic" ergibt sich vor allem aufgrund fehlender Richtlinien und Vorgaben.

Auf Basis der Situationsanalyse sind in der nächsten Phase die **Kommunikationsziele** zu definieren. Diese sind derart zu konkretisieren, dass sich das zukünftige kommunikative Handeln möglichst präzise steuern lässt. Diese Phase zielt dementsprechend auf die Bestimmung einer Grundlage für die zielorientierte Auswahl und Formulierung von Kommunikationszielen ab, um somit langfristig die effektive und effiziente Nutzung der Kommunikationsressourcen sicherzustellen. Anhand einer expliziten Zielformulierung lassen sich ebenfalls Bewertungskriterien für die spätere Kommunikationskontrolle ableiten. „Chaotic" hat beispielsweise die Zielsetzung „Steigerung der Bekanntheit" stärker zu konkretisieren (z. B. „Steigerung des Bekanntheitsgrades um 20 Prozent innerhalb von sechs Monaten"). Hierdurch steigt ebenfalls die Mitarbeitermotivation, da nun eine konkrete Anforderungs- und Beurteilungsbasis für die Leistungen der Mitarbeitenden existiert.

In der nächsten Phase des Planungsprozesses ist die **Zielgruppenplanung** durchzuführen. Ziel dieser Phase ist die Identifikation und Beschreibung möglichst homogener Zielgruppen, die gleichartige Kommunikationsbedürfnisse aufweisen und damit einer zielgruppenspezifischen Bearbeitung bedürfen. Beispielsweise ist für „Chaotic" eine Unterscheidung zwischen Großunternehmen sowie kleinen und mittelständischen Unternehmen (KMUs) als Zielgruppen sinnvoll. Sowohl die Leistungsbedürfnisse dieser beiden Segmente unterscheiden sich, als auch die Bedingungen der kommunikativen Ansprache. Großunternehmen weisen meist vielfältige Hierarchien und klare Aufgabenzuweisungen auf, während in KMUs Entscheidungen häufig direkt vom Management persönlich getroffen werden. Dementsprechend unterscheiden sich die Kommunikationspräferenzen der (potenziellen) Kunden. Eine weitere Zielgruppe der Kommunikation stellen die Mitarbeitenden dar – die Geschäftsleitung hat dauerhaft und aktiv mit den Beschäftigten zu kommunizieren, um die unternehmerischen und kommunikativen Zielsetzungen langfristig durchsetzen zu können. Ergebnis der Zielgruppenauswahl und -beschreibung stellt die Bereitstellung von Informationen zur Bestimmung differenzierter Kommunikationsmaßnahmen dar, die wiederum die Auswahlgrundlage für die Kommunikationsinstrumente und -medien bilden.

Der Zielformulierung und Zielgruppenauswahl folgend ist eine Entscheidung über die **Kommunikationsstrategie** zu treffen. Diese dient der Festlegung des zentralen inhaltlichen Schwerpunkte aller Kommunikationsbemühungen, um die Realisation der Hauptkommunikationsziele (vor allem der strategischen Positionierung) sicherzustellen. Eine mögliche Kommunikationsstrategie für „Chaotic" ist beispielsweise die Bekanntmachungsstrategie. Die festgelegte Kommunikationsstrategie stellt – als Ergebnis dieser Prozessphase – einen verbindlichen Verhaltensplan für die langfristige Abstimmung einzelner Kommunikationsinstrumente dar. Sie erlaubt die Zuordnung von Kommunikationsprioritäten als Grundlage für die Kanalisierung der Kommunikationsmaßnahmen. Insgesamt bietet die Festlegung der Kommunikationsstrategie Anhaltspunkte für die Realisation der strategischen Kommunikationsziele.

Der **Kommunikationsbudgetplanung** kommen zwei wesentliche Aufgaben zu. Zum einen zielt diese Phase auf die Festlegung der notwendigen finanziellen Mittel zur Realisierung der kommunikationspolitischen Ziele ab. Hierzu setzen Unternehmen sowohl heuristische als auch analytische Budgetierungsmodelle ein. Zum anderen hat eine Verteilung des verfügbaren Kommunikationsbudgets auf die einzelnen Kommunikationsinstrumente und -mittel zu erfolgen. Für die Budgetallokation steht ebenfalls eine Reihe von Methoden zur Auswahl, z.B. Scoring-Modelle oder die Verwendung von Reichweitenzahlen. Im Ergebnis liegen konkrete Inter- und Intramediaselektionspläne vor, d.h. die Verteilung des Budgets auf die einzelnen Kommunikationsinstrumente sowie konkrete Kommunikationsmaßnahmen.

Gegenstand der Entwicklung von **Einzelmaßnahmen** der Kommunikation ist die Formulierung einer Kommunikationsbotschaft und die Auswahl der einzusetzenden Kommunikationsmittel. Die Kommunikationsbotschaften, d.h. die kommunikativen Inhalte der Kommunikation, sind mittels Modalitäten, z.B. Text oder Ton, zu verschlüsseln und in (reproduzierbare) Kommunikationsmittel zu transformieren. „Chaotic" hat beispielsweise die Darstellung seiner Leistungsvorteile mittels Text und Bildern in Printanzeigen zu übertragen. Die tatsächliche Gestaltung des Messestandes und -auftritts fällt ebenfalls in diese Prozessphase. Ergebnis sind die ausdifferenzierten Kommunikationsmittel (z.B. die Printanzeige, das Plakat usw.), die anschließend über bestimmte Kommunikationsträger zu verbreiten sind. Dementsprechend hat auch in dieser Phase eine Auswahl geeigneter Kommunikationsträger (z.B. TV, Radio, Zeitschriften) zu erfolgen. Für das Unternehmen „Chaotic" sind solche Kommunikationsträger auszuwählen, mit denen vor allem die anvisierten Geschäftskunden häufig in Kontakt kommen.

Ziel der **Erfolgskontrolle** der Kommunikation stellt die Informationsbereitstellung bezüglich der Zielerreichung dar. So ist festzustellen, welche Kommunikationsmaßnahmen den größten (Wert-) Beitrag für den unternehmerischen und kommunikativen Erfolg leisten. Durch den Abgleich der Soll- und Ist-Zielerreichung lassen sich Empfehlungen für die zukünftige Kommunikationspolitik ableiten, indem z.B. ein Ranking bezüglich Effektivität und Effizienz einzelner Kommunikationsinstrumente und -maßnahmen erstellt wird.

Die Kommunikationsinstrumente und -aktivitäten sind phasenübergreifend zu integrieren und miteinander abzustimmen. Die **Integration** stellt die inhaltliche, formale und zeitliche Konsistenz des Kommunikationseinsatzes sicher und zielt insbesondere auf das Generieren von verstärkten Wirkungs- und Lerneffekten sowie die Realisation von Synergieeffekten ab. Mit Hilfe einer Down-up-Planung haben das Management und die einzelnen Kommunikationsverantwortlichen von „Chaotic" die Kommunikationsplanung auf Ebene der Gesamtkommunikation und auf Ebene der einzelnen Kommunikationsinstrumente zu vereinen. Ergebnis stellt ein Konzeptpapier der Integrierten Kommunikation dar, das als Vorlage sowohl für die Kommunikation auf Gesamtebene als auch auf Ebene der Kommunikationsfachabteilungen dient. Das Konzeptpapier beinhaltet konkrete Richtlinien für die inhaltliche, formale und zeitliche Ausgestaltung der Kommunikation von „Chaotic".

Lösungshinweise Aufgabe 2-3

📖 Bruhn (2009), S. 78-80

Kommunikationsagenturen, d.h. wirtschaftlich und eigentumsrechtlich eigenständige Dienstleistungsunternehmen, stellen unternehmensexterne Träger des Planungsprozesses der Kommunikation dar. Zunehmend erfolgt auch eine Etablierung hauseigener Kommunikationsagenturen, so genannter Hausagenturen, die Aufgaben der Kommunikationsplanung übernehmen.

Teilaufgabe (a)

Eine **Hausagentur** bzw. In-House-Agency liegt vor, wenn die Mehrheit des Kapitals der Agentur in den Händen des Kommunikationstreibenden (d.h. dem Unternehmen „Seh-gut-aus") liegt, der die Agentur überwiegend oder ausschließlich beschäftigt. Der Tätigkeitsbereich entspricht qualitativ und quantitativ weitgehend dem Unternehmensgegenstand einer externen Agentur.

Ein wesentlicher **Vorteil** der internen im Vergleich zur externen Lösung stellt die höhere Kontrollmöglichkeit dar. Weitere Vorteile ergeben sich durch die Zugehörigkeit zu dem Unternehmen „Seh-gut-aus". Das Zugehörigkeitsgefühl steigert die Identifikation der Agenturmitarbeitenden zum kommunikativen Bezugsobjekt. Die Anbindung kann auch dafür sorgen, dass der Leistungswille bzw. -druck höher ist als bei externen Agenturen. Aufgrund des relativ hohen Kommunikationsdrucks von „Seh-gut-aus" ist eine Hausagentur zudem vergleichsweise kostengünstig.

Als **Nachteil** einer internen Kommunikationsplanung kann sich eine unternehmensspezifische Wissensausrichtung und ein damit verbundener Mangel an Expertenwissen erweisen, insbesondere in Bezug auf branchen- und disziplinenübergreifendes Know-how. Des Weiteren treten bei einer internen Kommunikationsplanung verstärkt Kompetenzstreitigkeiten sowie Abstimmungs- und Koordinationsprobleme zwischen den Kommunikationsfachabteilungen von „Seh-gut-aus" und der Hausagentur auf.

Teilaufgabe (b)

Das Entscheidungsproblem, ob eine interne oder externe Agentur mit der gesamten Kommunikationsplanung von „Seh-gut-aus" beauftragt wird, ist oft durch einen hohen Komplexitätsgrad gekennzeichnet. Dieses Entscheidungsproblem ist von einer Vielzahl unterschiedlicher **Kriterien** abhängig, insbesondere den Kontrollmöglichkeiten und Kosten, dem Objektivitätsgrad, dem Aktivitätenniveau, dem Potenzial eines (spontanen) Agenturwechsels sowie der Effektivität.

Die **Kontrollmöglichkeiten** sind bei einer internen Kommunikationsplanung höher als bei einer externen Agenturlösung, da die unternehmensinternen Mitarbeitenden und somit die kommunikationspolitischen Aktivitäten dem direkten Zugang der Unternehmensleitung von „Seh-gut-aus" unterstehen. Zudem sind die Informationswege kürzer; dies führt zu einer schnelleren Reaktionszeit.

Für eine externe Lösung spricht in diesem Zusammenhang das Kriterium der **Objektivität**. Diese ist bei der internen Kommunikationsplanung häufig geringer, da die Entscheidungen durch die Präferenzen des oberen Managements beeinflusst bzw. vorgegeben sind. Des Weiteren sind das Erfahrungsspektrum und die Professionalität unter Umständen bei einer Hausagentur eingeschränkt.

Einen weiteren relevanten Entscheidungsaspekt stellen die **Kosten** dar. Bei einer internen Lösung sind diese vergleichsweise niedrig. Die benötigte bzw. verfügbare Zeit für die Erstellung einer Kampagne ist oftmals bei internen im Vergleich zu externen Agenturen ebenfalls geringer.

Durch die Entscheidung zu Gunsten einer In-House-Agency lassen sich dementsprechend Kosteneinsparungen realisieren.

Des Weiteren stellt sich die Frage, ob das quantitative und qualitative **Aktivitätenniveau der Kommunikationsmaßnahmen** die Gründung einer unternehmensinternen Agentur rechtfertigt. Da es sich bei dem Kosmetikhersteller „Seh-gut-aus" um ein international tätiges Unternehmen mit vergleichsweise hohem Kommunikationsdruck handelt, ist dieses Kriterium erfüllt.

Des Weiteren ist die **Effektivität** des Agentureinsatzes zu überdenken. Bei einer internen Kommunikationsplanung besteht die Gefahr, dass das Expertenwissen vergleichsweise gering ist, da spezielle Fähigkeiten bei der Planung und Umsetzung von Kommunikationskampagnen sowie das branchen- und disziplinenübergreifende Know-how eingeschränkt sind. Dagegen sprechen für eine interne Lösung tendenziell eine stärkere Identifikation der Mitarbeitenden mit dem Unternehmen und das bessere Know-how über die Marke.

Die Zusammenarbeit mit einer Agentur – unabhängig ob intern oder extern – ist in der Regel langfristig ausgerichtet. Die **Möglichkeit eines Agenturwechsels** ist allerdings bei internen Kommunikationslösungen wegen der Zugehörigkeit zum Unternehmen problematischer.

Die Diskussion der einzelnen Einflussfaktoren legt offen, dass eine Entscheidung nicht pauschalisiert werden kann, sondern von der **unternehmensindividuellen Situation** abhängig ist. Zentrale Bedeutung hat ein ausreichendes kommunikationsbezogenes Know-how der Mitarbeitenden von „Seh-gut-aus", um die Effektivität des Kommunikationseinsatzes sicherzustellen. Wird dies als gegeben angenommen, ist aufgrund des hohen Kommunikationsdrucks, des damit verbundenen Kosteneinsparpotenzials und der hohen Motivationswirkung von positiven Konsequenzen einer internen Hausagentur auszugehen.

Lösungshinweise Aufgabe 2-4

📖 **Bruhn (2009), S. 80–83**

Im Rahmen der Kommunikationsplanung lassen sich **Top-down-, Bottom-up- und Down-up-Planungsprozesse** unterscheiden. Bei der Top-down-Planung erfolgt – ausgehend von den übergeordneten Kommunikationszielen – die Planung der einzelnen Kommunikationsinstrumente „von oben nach unten" ohne Beteiligung der einzelnen Kommunikationsfachabteilungen. Bei der Bottom-up-Planung werden die einzelnen Kommunikationsinstrumente unabhängig voneinander durch die einzelnen Kommunikationsfachabteilungen geplant. Eine Zusammenführung beider Planungsprozesse wird durch die so genannte Down-up-Planung erzielt.

Teilaufgabe (a)

Bei der **Down-up-Planung** erfolgt eine Zusammenführung der Top-down- und Bottom-up-Planung. Im Rahmen der Top-down-Planung wird das strategische Konzept für die Gesamtkommunikation erarbeitet, das den Rahmen für die Integration und Planung aller Kommunikationsinstrumente vorgibt. Die Entwicklung des strategischen Konzepts geschieht dabei unter Einbezug der Kommunikationsfachabteilungen. Im Rahmen der Down-up-Planung erfolgt dann die Planung der einzelnen Kommunikationsinstrumente durch die einzelnen Kommunikationsfachabteilungen unter Berücksichtigung der Vorgaben durch das strategische Konzept für die Gesamtkommunikation.

Die Down-up-Planung hat den **Vorteil**, dass durch die Einbindung der Kommunikationsfachabteilungen in den Planungsprozess Identifikations- und Akzeptanzprobleme im Vergleich zu einer reinen Top-down-Planung gemindert werden. Zugleich wird den Besonderheiten einzelner Kommunikationsinstrumente Rechnung getragen, indem die Planung der Kommunikationsinstrumente in den verschiedene Kommunikationsfachabteilungen erfolgt. Hierdurch werden instrumentespezifische Besonderheiten bei der Planung des strategischen Konzepts für die Gesamtkommunikation berücksichtigt.

Teilaufgabe (b)

Für die **Umsetzung einer Down-up-Planung** in der Kommunikationspraxis von „Frischli" stehen vielfältige Varianten zur Verfügung.

Eine Möglichkeit besteht in der Gründung einer neuen **Abteilung,** der eine Schnittstellenfunktion zukommt. Eine solche Abteilung kann langfristig als Ansprechpartner dienen und eine gewisse Koordinationsfunktion übernehmen.

Kurzfristige **Teambildungen** sind ebenfalls denkbar, um die Top-down- und Bottom-up-Planung zu integrieren. Hierbei ist es wichtig zu beachten, dass die verschiedenen Ebenen in einem solchen Team vertreten sind, d.h. sowohl das Top-Management von „Frischli" als auch Mitarbeitende verschiedener Kommunikationsfachabteilungen.

Des Weiteren lässt sich eine Down-up-Planung durch regelmäßige **abteilungsübergreifende Meetings** umsetzen. Die herkömmliche Aufgabenverteilung bleibt hierbei zwar bestehen, jedoch ist ein fortwährendes Feedback gewährleistet. Abteilungsübergreifende Meetings erlauben die Einbindung von Mitarbeitenden in die Kommunikationsplanung, fördern die Kreativität und steigern die (Kommunikations-) Identifikation. Zum anderen lassen sich Umsetzungsprobleme, Reaktanzen usw. schnell erkennen und beseitigen.

Kapitel 3
Integrierte Kommunikation als strategisches Kommunikationskonzept
(Aufgaben)

Aufgabe 3-1
Begriff und Formen einer Integrierten Kommunikation

Der japanische Automobilkonzern „FahrDasDing" hat sich auf hochwertige, verbrauchsarme Familienwagen mit hoher Qualitätsausstattung spezialisiert. Im Zuge seiner Expansion auf den europäischen Markt hat das Unternehmen auch seine Kommunikationsanstrengungen in den vergangenen Jahren stark ausgeweitet. Der europäische Markteintritt wurde zu Beginn ausschließlich mit Mediawerbung unterstützt. Mittlerweile setzt das Unternehmen eine Vielzahl verschiedener Kommunikationsinstrumente ein (Mediawerbung, Event Marketing, Multimediakommunikation, Direct Marketing und Public Relations), die von unterschiedlichen Kommunikationsfachabteilungen geplant und verantwortet werden. Der Einsatz der verschiedenen Kommunikationsinstrumente und -mittel wird formal aufeinander abgestimmt, d.h., die verschiedenen Kommunikationsfachabteilungen verwenden stets das Logo des Unternehmens, die gleiche Farbgebung sowie ein einheitliches Schriftbild bei ihrer Kommunikationsarbeit. Es mangelt jedoch an einer inhaltlichen Abstimmung der Kommunikation zwischen den Kommunikationsfachabteilungen. Dies äußert sich in widersprüchlichen Botschaften, die durch die vielfältigen Kommunikationsaktivitäten des Unternehmens vermittelt werden. Darüber hinaus ist eine Kontinuität im Kommunikationsauftritt nicht erkennbar. So wurde allein im vergangenen Jahr der Werbeauftritt zweimal grundlegend inhaltlich neu konzipiert. Auch werden die Sponsoringengagements in der Regel nicht allzu lange verfolgt.

Zu Beginn des Markteintritts verzeichnete das Unternehmen stetig steigende Bekanntheits- und Imagewerte bei den Zielgruppen. Die mit dem zunehmenden Einsatz unterschiedlicher Kommunikationsinstrumente und -mittel erhoffte weitere Steigerung der Bekanntheits- und Imagewerte wurde jedoch nicht realisiert. Vielmehr zeigt

sich, dass sich das Image der Marke „FahrDasDing" zunehmend ver-
wässert. Viele Konsumenten wissen nicht mehr, wofür die Marke genau steht.

Legen Sie dar, warum die rein formale Abstimmung der Kommunikationsarbeit – wie beim Automobilkonzern „FahrDasDing" – nicht
gleichzusetzen ist mit dem **Verständnis der Integrierten Kommunikation**. Erläutern Sie hierzu, welche weiteren **Formen der Integrierten
Kommunikation** bei „FahrDasDing" notwendig sind und welche Ziele
hierdurch erreicht werden können.

Aufgabe 3-2
Aufgaben, Bezugsobjekte und Ziele einer Integrierten Kommunikation

Der regionale Stromversorger „Energiebig" bietet Strom, Erdgas, Was-
ser und Fernwärme sowie energienahe Dienstleistungen für Privat- und
Geschäftskunden im Einzugsgebiet der Stadt an. Unter der Dachmarke
„Energiebig" sind die vier Geschäftsbereiche „Energiebig Gas & Fern-
wärme", „Energiebig Strom", „Energiebig Wasser" und „Energiebig
Services" als eigenständige Profit Center angesiedelt.

Bis zum Jahre 1998 trat „Energiebig" als staatliches Unternehmen
und als alleiniger Anbieter in der Region auf. Mit der Liberalisierung
des deutschen Strommarkts im Jahre 1998 und des Gasmarkts im
Jahre 2000 wurden die monopolistischen Strukturen auf dem Energiemarkt aufgelöst. Der Nachfrager kann nun unter einer Vielzahl
von lokalen und bundesweiten Energieanbietern frei wählen. Als
Folge hat sich das Unternehmen „Energiebig" mit der vielfältigen
Konkurrenz auf einem stark homogenen und umkämpften Markt
auseinander zu setzen.

Der Nutzen für die Kunden und die Region steht im Mittelpunkt der
Firmenphilosophie und Markenpolitik von „Energiebig". Das Unternehmen versteht sich als dynamischer, regional verbundener Full-Service-Anbieter rund um das Thema Energie und Strom. Infolge konse-
quenter Kostensenkungsprogramme liegt das Unternehmen mit seiner
moderaten Tarifpolitik im preiswertesten Drittel der Branche. Trotz der
niedrigen Tarife wird sehr darauf geachtet, den Qualitäts- und Service-
ansprüchen der Kunden gerecht zu werden.

Das Unternehmen „Energiebig" hat auf die Liberalisierung des Energiemarktes mit einem rasanten Anstieg des Kommunikationsbudgets,

einhergehend mit einer starken Differenzierung der Kommunikationsaktivitäten, reagiert. Die strategische Ausrichtung der Kommunikationspolitik ist dabei jedoch „auf der Strecke" geblieben. Die Kommunikationsarbeit ist vielmehr durch Aktionismus und – im Vergleich zu den neu auf den Markt getretenen Wettbewerbern – mangelnde Professionalität geprägt. Sämtliche an der Kommunikation beteiligten Mitarbeitenden sind in unterschiedlichen Abteilungen organisiert. Als Folge werden Synergien zwischen den einzelnen Kommunikationsmaßnahmen und -abteilungen kaum genutzt. Eine abteilungsübergreifende Abstimmung zwischen den einzelnen Kommunikationsinstrumenten und -maßnahmen findet kaum statt. Dies ist zum einen auf nicht vorhandene formalisierte Kommunikations- und Kooperationswege, zum anderen auf „Abteilungsegoismen" zurückzuführen.

Im Rahmen einer Mitarbeiterbefragung wurde festgestellt, dass die Arbeitsmotivation der Beschäftigten im Vergleich zu der Zeit vor der Liberalisierung eher gesunken als gestiegen und die Mitarbeiteridentifikation mit dem Unternehmen gering ist. Als besonders besorgniserregend für das Management ist die Tatsache, dass über 40 Prozent der Mitarbeitenden das Image der Marke „Energiebig" eher als schlecht ansehen. Eine Kundenbefragung zeigt zudem, dass das Behördenimage, welches dem Unternehmen „Energiebig" aus Monopolzeiten anhaftet, noch immer bei der Mehrheit der Bevölkerung verankert ist. Zudem gaben viele der Befragten an, verunsichert zu sein, wofür die Marke „Energiebig" überhaupt steht. Dies wird unter anderem auf Widersprüche in der Kommunikation zurückgeführt. Zudem wird die Werbekampagne von „Energiebig" kaum wahrgenommen und nur selten dem Unternehmen zugeordnet.

(a) Stellen Sie am Beispiel der Marke „Energiebig" die **Notwendigkeit einer Integrierten Kommunikation** dar. Unterscheiden Sie dabei zwischen kunden-, unternehmens- und wettbewerbsbezogenen Gründen.

(b) Worin sehen Sie in der derzeitigen Situation von „Energiebig" die **Ziele**, die mit einer konsequenten Integration der unterschiedlichen Kommunikationsmaßnahmen für „Energiebig" angestrebt werden?

(c) Die Realisierung der Ziele der Integrierten Kommunikation kann sich auf unterschiedliche **Bezugsobjekte bzw. -ebenen der Integrierten Kommunikation** beziehen. Erläutern Sie zunächst, welche unterschiedlichen Bezugsobjekte der Integrierten Kommunikation sich allgemein unterscheiden lassen. Diskutieren Sie in einem zweiten Schritt mögliche Bezugsobjekte der Integrierten Kommuni-

kation für das Unternehmen „Energiebig" und stellen Sie die Vor-
und Nachteile der unterschiedlichen Integrationsebenen für „Energiebig" heraus.

Aufgabe 3-3
Kernelemente einer Strategie der Integrierten Kommunikation

Sie als externe(r) Kommunikationsmitarbeitende(r) werden herangezogen, um das Management des Energieunternehmens „Energiebig" (vgl.
Aufgabe 3-2) bei der Lösung seiner aktuellen Kommunikationspro-
bleme zu unterstützen. Zur Sicherstellung eines langfristig konsistenten, glaubwürdigen Images für die Marke „Energiebig" bedarf es Ihrer
Meinung nach vor allem eines strategischen Konzepts der Integrierten
Kommunikation, das den Einsatz der Kommunikationsarbeit festlegt
und koordiniert. Im Mittelpunkt steht hierbei die Formulierung einer
Strategie der Integrierten Kommunikation.

Erläutern Sie dem Management von „Energiebig" allgemein die **Kernelemente einer Strategie der Integrierten Kommunikation** und skizzieren Sie eine mögliche konkrete Strategie der Integrierten Kommunikation für die Dachmarke „Energiebig".

Aufgabe 3-4
Bausteine eines Konzeptpapiers der Integrierten Kommunikation

Seit knapp zehn Jahren erobern so genannte Low-Cost-Carrier mit Flug-
tickets zu Discount-Preisen den europäischen Reisemarkt. Ihre günstigen Preise sind das Resultat eines sehr ökonomischen Konzepts: Die
Flugzeuge sind 12 bis 14 Stunden pro Tag in der Luft und werden dadurch viel besser genutzt als die Flugzeuge einer „Premium"-Airline.
Personal und Service sind zudem auf ein Minimum beschränkt. Außerdem verzichten die „Billig"-Airlines in der Regel auf kostenlose Verpflegung an Bord, feste Sitzplatzvergabe und Vielflieger-Lounges. Es werden häufig auch keine großen Flughäfen angeflogen, stattdessen wird
auf kleinere, weniger ausgelastete Flughäfen ausgewichen.

Die Schweizer Fluglinie „Mountainjet" ist eine solche „Billig"-Airline,
die im Jahre 2004 ihren Flugbetrieb aufgenommen hat und seitdem versucht, sich in diesem hart umkämpften Markt zu etablieren. „Mountainjet" bedient von Zürich aus alle wichtigen Metropolen Europas – von

Amsterdam über London und Paris bis hin zu Wien. Im Unterschied zu den meisten Low-Cost-Airlines bietet „Mountainjet" darüber hinaus aber auch Flüge in die aufstrebenden und „hippen" Großstädte Osteuropas, wie Budapest, Warschau und Riga, an. Die Flugzeugflotte von „Mountainjet" gehört zu den modernsten ihrer Klasse. Die Ticketpreise für Flüge mit „Mountainjet" können mit denen anderer „Billig"-Flieger durchaus konkurrieren. Wie jede „No-Frills"-Airline beschränkt auch „Mountainjet" den Service an Bord; hat aber dennoch den Anspruch, mehr als die Konkurrenz zu bieten und Schweizer Qualität widerzuspiegeln. Zu diesem Zweck ist „Mountainjet" Kooperationen mit unterschiedlichen Schweizer Lebensmittelherstellern eingegangen, die die Fluglinie abwechselnd mit Verpflegung versorgen und im Gegenzug mit eigener Werbung in den Flugzeugen präsent sind. Für die Kunden ist mit dem Service an Bord somit immer ein gewisser Überraschungseffekt verbunden; ob sich dieser auf eine gute Schweizer Schokolade beschränkt oder gar Apéro-Häppchen gereicht werden.

Bislang hat sich „Mountainjet" im Vergleich zur Konkurrenz noch nicht als Marke in den Köpfen der Verbraucher etabliert. So zeigt eine aktuelle Studie, dass „Mountainjet" vielen Flugreisenden (zumindest bei Recall-Tests) entweder gar kein Begriff ist oder aber die Vorstellungen von dieser Airline sehr diffus sind. Vor allem bleibt bei vielen Verbrauchern die Frage offen, worin der konkrete Mehrwert von „Mountainjet" im Vergleich zur Konkurrenz besteht.

Sie sind neuer Kommunikationsberater von „Mountainjet". Die Erfahrungen Ihrer letzten beruflichen Stationen haben Sie gelehrt, dass der Integrierten Kommunikation ein zentraler Stellenwert in der heutigen Kommunikationsarbeit zur Wettbewerbsprofilierung zukommt. Zu Ihrem Erstaunen stellen Sie fest, dass das Konzept der Integrierten Kommunikation bis jetzt noch keine Beachtung bei „Mountainjet" gefunden hat.

(a) Das Kernstück des Planungsprozesses der Integrierten Kommunikation bildet die Strategie der Integrierten Kommunikation. Formulieren Sie für die Marke „Mountainjet" die **Kernelemente einer Strategie der Integrierten Kommunikation** und füllen Sie diese beispielhaft mit Inhalt.

(b) Die Strategie der Integrierten Kommunikation stellt einen wesentlichen Bestandteil des so genannten Konzeptpapiers der Integrierten Kommunikation dar. Zwei weitere zentrale Elemente sind die **Kommunikationsregeln** sowie die **Organisationsregeln**. Gestalten Sie beispielhaft anhand der „Mountainjet"-Fluglinie diese zwei Elemente des Konzeptpapiers einer Integrierten Kommunikation.

Aufgabe 3-5
Integration von Kommunikationszielen, -botschaften und -instrumenten

Die noch junge Buchhandelskette „Bücherwurm" hat sich innerhalb von wenigen Jahren zu einer der größten Buchhandelsketten Deutschlands entwickelt. Die Kette ist in allen Großstädten mit einer Filiale vertreten. Jede der Filialen bietet ein breites Sortiment von mehr als 20.000 Büchern zu unterschiedlichen Themenbereichen an. Das Unternehmen ist weiterhin auf Expansionskurs: Jedes Jahr werden zwei neue Filialen in deutschen Städten eröffnet.

Der Service und das Kundenerlebnis stehen bei „Bücherwurm" im Vordergrund und stellen aus Sicht der Geschäftsleitung die zentralen Profilierungskriterien gegenüber den Internetbuchhändlern dar, die in den letzten Jahren stark an Marktanteilen dazu gewonnen haben. In jeder Filiale laden ein Café und Sofaecken zum Verweilen und Stöbern ein. Eine Vielzahl von Mitarbeitenden stehen für fachliche und sonstige Anliegen der Kunden bereit. Auch werden jede Woche interessante Lesungen zu unterschiedlichen Themen in verschiedenen Filialen angeboten. Dennoch hat das Unternehmen mit einem kontinuierlichen Verlust an Stammkunden in den letzten Jahren zu kämpfen. Immer mehr Kunden tätigen ihre Einkäufe bei Buchhändlern im Internet. Auch zeigen aktuelle Marktforschungsergebnisse, dass die Bekanntheit der Marke „Bücherwurm" immer noch nicht das Niveau erreicht hat, das sich seitens der Geschäftsleitung erwünscht wird.

Die Karriere und persönliche Entwicklung der Mitarbeitenden werden bei „Bücherwurm" groß geschrieben (das durchschnittliche Alter der Führungskräfte liegt bei 35 Jahren). Jeder Mitarbeitende hat Anspruch auf mindestens zwei Schulungen pro Jahr. Zudem werden persönliche Mentoring- und Coaching-Programme angeboten. Auch stellen der offene Dialog mit den Mitarbeitenden und die Zufriedenheit der Mitarbeitenden für die Geschäftsführung wichtige Zielgrößen dar. Die jährlich durchgeführte Zufriedenheitsstudie zeigt jedoch, dass viele der Mitarbeitenden eine unzureichende interne Kommunikation bemängeln und über die Karriere- und Entwicklungsmöglichkeiten im Unternehmen nur wenig informiert sind. Insgesamt ist die Mitarbeiterzufriedenheit rückläufig.

Die soziale Verantwortung von Unternehmen wird von der Geschäftsleitung als ein wichtiges Thema erachtet. So engagiert sich das Unternehmen in vielen sozialen und karitativen Projekten. Beispielsweise werden jedes Jahr Bücher im Wert von 100.000 EUR an bedürftige Schulen in Deutschland gespendet. Darüber hinaus werden mehr als 100 Projekte auf lokaler Ebene unterstützt, die sich für die Bildung der Jugend einsetzen. Auch ist das Unternehmen Förderer des Projekts „Read for Africa", das sich für das Erlernen von Schreiben und Lesen für afrikanische Kinder einsetzt. Das öffentliche Engagement von „Bücherwurm" wurde bislang nicht groß kommuniziert. Insgesamt wird die Öffentlichkeitsarbeit von „Bücherwurm" als sehr verhalten angesehen. Zu Unrecht, wie die Unternehmensleitung findet. Schließlich wurde in diesem Jahr ein neues Pressecenter eröffnet, das den Medienpartnern auch feiertags und sonntags zur Verfügung steht.

Bislang mangelt es im Unternehmen an einer strategischen und integrierten Ausrichtung der Kommunikation. Als neuer Kommunikationsverantwortlicher der Marke „Bücherwurm" sehen Sie eine der wichtigsten Aufgaben in der Erarbeitung eines strategischen Konzepts der Integrierten Kommunikation, das die verschiedenen Anspruchsgruppen des Unternehmens berücksichtigt (Mitarbeitende, Kunden, Öffentlichkeit).

(a) Entwickeln Sie für „Bücherwurm" die **Kernelemente einer Strategie der Integrierten Kommunikation**.

(b) Im weiteren Verlauf der strategischen Kommunikationsplanung empfiehlt sich die Erstellung eines Konzeptpapiers. Dieses konkretisiert die Strategie der Integrierten Kommunikation dahingehend, dass sie in der alltäglichen Kommunikationsarbeit durch die Fachabteilungen umgesetzt werden kann. Einen wesentlichen Bestandteil des Konzeptpapiers bilden wiederum die **Kommunikationsregeln**, bei deren Erarbeitung nach dem so genannten Prinzip der Hierarchisierung vorgegangen wird. Zeigen Sie am Beispiel „Bücherwurm" wie dieses Prinzip in der Kommunikationspraxis umgesetzt werden kann. Erarbeiten bzw. formulieren Sie hierzu beispielhaft das Positionierungspapier, die Kommunikationsplattform und die Regeln zum Instrumenteeinsatz für die Marke „Bücherwurm".

Kapitel 3
Integrierte Kommunikation als strategisches Kommunikationskonzept
(Lösungshinweise)

Lösungshinweise Aufgabe 3-1

📖 Bruhn (2009), S. 85-99

Seit Jahren besteht in der Marketingforschung und -praxis die Forderung nach einer Integrierten Kommunikation zur Abstimmung, Vereinheitlichung und Schaffung von Kontinuität in der Kommunikationsarbeit. Die **Integrierte Kommunikation** ist ein Prozess der Analyse, Planung, Durchführung und Kontrolle, der darauf ausgerichtet ist, aus den differenzierten Quellen der internen und externen Kommunikation von Unternehmen eine Einheit herzustellen, um ein für die Zielgruppen der Kommunikation konsistentes Erscheinungsbild des Unternehmens bzw. eines Bezugsobjekts der Kommunikation zu vermitteln.

Die hierfür notwendigen Integrationsbemühungen beziehen sich nicht nur auf die formale Abstimmung der Kommunikation. Vielmehr erfordert die Herstellung einer Kommunikationseinheit im Sinne der Vermittlung eines einheitlichen Unternehmens- bzw. Markenbildes die **inhaltliche, formale und zeitliche Abstimmung** aller Kommunikationsaktivitäten.

Die Vernachlässigung der **inhaltlichen Integration** bei „FahrDasDing", d.h. die Nicht-Verwendung einheitlicher Slogans, Kernbotschaften, Argumente und Schlüsselbilder in der Kommunikationsarbeit, erhöht die Gefahr von Widersprüchen in der Kommunikation und erschwert die Vermittlung eines einheitlichen Erscheinungsbildes bzw. der strategischen Positionierung. Dies kommt bei „FahrDasDing" in sinkenden Image- und Bekanntheitswerten sowie in der Verwässerung des Markenbildes zum Ausdruck. Die inhaltliche Integration hat den eigentlichen Schwerpunkt der Integrierten Kommunikation zu bilden. Denkbar ist z.B. die Verwendung eines einheitlichen Slogans („FahrDasDing – Hochwertige Autos für die Familie zum kleinen Preis"), um eine thematische Verbindung der verschiedenen Kommunikationsmaßnahmen zu erreichen.

Die Integration der Kommunikation erfolgt bei „FahrDasDing" bislang lediglich auf **formaler Ebene**, d.h., es wird auf die Einhaltung formaler Gestaltungsprinzipien beim Einsatz der verschiedenen Kommunikationsinstrumente und -mittel geachtet. Durch die Verwendung von einheitlichen Logos, gleichen Farben und Schrifttypen kann eine bessere Präsenz, Prägnanz und Klarheit der Kommunikation erreicht werden und somit eine erhöhte Wiedererkennbarkeit der Marke sichergestellt werden.

Auch mangelt es an einer **zeitlichen Integration** der Kommunikation, die die zeitliche Abstimmung zwischen den Kommunikationsaktivitäten und die Kontinuität im kommunikativen Auftritt von „FahrDasDing" gewährleistet. Durch eine zeitliche Abstimmung werden die Lerneffekte bei den Zielgruppen erhöht und somit die Kommunikationswirkungen verstärkt. Der Wechsel des Werbeauftritts innerhalb eines Jahres sowie die kurzfristigen Sponsoringengagements werden diesem Integrationsziel jedoch nicht gerecht.

Um von einer Integrierten Kommunikation beim Automobilhersteller „FahrDasDing" sprechen zu können, sind somit die formalen Integrationsbemühungen um inhaltliche und zeitliche Integrationsüberlegungen zu ergänzen.

Lösungshinweise Aufgabe 3-2

📖 **Bruhn (2009), S. 99-106**

Mit der Integrierten Kommunikation verfolgen Unternehmen unterschiedliche **Kosten- und Nutzenziele**, d.h., die Integration der Kommunikation erfolgt nicht zum Selbstzweck. Die Realisierung dieser Zielsetzungen kann sich auf verschiedene **Bezugsobjekte der Integrierten Kommunikation** beziehen, die je nach Organisationsstruktur und Markenstrategie des Unternehmens variieren.

Teilaufgabe (a)

Die **Notwendigkeit einer Integrierten Kommunikation** ergibt sich für die Marke „Energiebig" insbesondere aus folgenden kunden-, unternehmens- und wettbewerbsbezogenen Gründen:

Kundenbezogene Gründe

- Die Werbekampagnen von „Energiebig" werden kaum wahrgenommen und dem Unternehmen zudem nur selten zugeordnet, d.h., eine kommunikative Differenzierung vom Wettbewerb ist nicht gegeben.
- Die Kunden wissen nicht, wofür die Marke „Energiebig" steht. Sie sind durch Widersprüche in der Kommunikation irritiert.
- Das beabsichtigte Markenimage wurde bei der Zielgruppe bislang nicht verankert. Dem Unternehmen haftet das Behördenimage weiterhin an. Dies lässt auf eine ineffektive Kommunikation schließen.

Unternehmensbezogene Gründe

- Derzeit existiert kein strategisches Kommunikationskonzept bei „Energiebig", das Kommunikationsrichtlinien vorgibt. Der Einsatz der Kommunikationsinstrumente wird dementsprechend nicht aufeinander abgestimmt. Die Kommunikationsarbeit ist vielmehr durch Aktionismus geprägt.
- Die Zusammenarbeit zwischen den Kommunikationsabteilungen ist mangelhaft.
- Die Kommunikation der „Energiebig" ist gekennzeichnet durch Widersprüche.
- Derzeit ist keine klare Positionierung erkennbar. Es mangelt an einem unverwechselbaren Image, d.h., die angestrebte Positionierung ist noch nicht bei den Nachfragern angekommen.
- Die Identifikation der Mitarbeitenden mit der Marke „Energiebig" ist verbesserungswürdig. Auch ist die Mitarbeitermotivation mangelhaft. Über 40 Prozent der Mitarbeitenden sehen das Image der Marke „Energiebig" als schlecht an und stehen nicht hinter der Marke.

Wettbewerbsbezogene Gründe

- Die Privatisierung/Liberalisierung des Energiemarkts hat den Wettbewerb für „Energiebig" verschärft. Die Kommunikation wird zum Wettbewerbsfaktor und bedarf somit einer strategischen Ausrichtung.
- Das Unternehmen „Energiebig" agiert in einem stark umkämpften Markt. Entsprechend schwierig ist es, sich beim Konsumenten Verhör zu verschaffen.

- Energie stellt ein homogenes, Low-Involvement-Produkt (ein so genanntes Commodity) dar. Eine Wettbewerbsabgrenzung auf Basis objektiver Produktmerkmale im Sinne einer Unique Selling Proposition ist nur schwer realisierbar. Die Realisierung einer Unique Communication Proposition im Sinne einer kommunikativen Alleinstellung gewinnt an Bedeutung, um sich vom Wettbewerb abzuheben.

Teilaufgabe (b)

Mit der zielgerichteten Erfüllung der Integrationsaufgaben verbinden Unternehmen die Chance, die Kommunikationsarbeit effektiver und effizienter zu gestalten. Die Ziele einer Integrierten Kommunikation lassen sich in **psychologische und ökonomische Zielkategorien** unterteilen.

Ein zentrales psychologisches Ziel der Integrierten Kommunikation besteht in der **Etablierung eines einheitlichen und eindeutigen Erscheinungsbildes** für die Marke „Energiebig" in den Köpfen der Verbraucher. Die derzeitigen Widersprüche in der Kommunikation können durch die vollständige Integration der Kommunikation aufgehoben bzw. reduziert werden. Hierdurch besteht die Chance, das neue angestrebte Image der Marke „Energiebig" besser in den Köpfen der Verbraucher zu verankern und auf Dauer eine **Übereinstimmung zwischen Selbst- und Fremdbild** sicherzustellen. Gleichzeitig lässt sich hierdurch eine verbesserte **kommunikative Differenzierung** im homogenen und stark umkämpften Energiemarkt realisieren. Ferner kommt es bei den Verbrauchern durch die Integrierte Kommunikation zu einer **Reduzierung der Informationsüberlastung**, da die Integration der Kommunikation die geistige Verarbeitung der Kommunikationsimpulse bei den Verbrauchern vereinfacht und zu dauerhaften **Lerneffekten** führt. Eine Integration des Kommunikationseinsatzes mit einer entsprechenden Einbeziehung der beteiligten Mitarbeitenden unterstützt zudem die (Wieder-) **Herstellung der Mitarbeiteridentifikation** mit der Marke „Energiebig", an der es derzeit mangelt.

Durch das Realisieren dieser psychologischen Ziele werden auch ökonomische Zielsetzungen erreicht. Mit der Einführung der Integrierten Kommunikation wird dem derzeitigen Aktionismus bei „Energiebig" entgegengewirkt, wodurch sich **Synergieeffekte durch Kosteneinsparungen** realisieren lassen (z. B. Nutzung gleicher Kommunikationsmittel durch mehrere Kommunikationsfachabteilungen und somit Einsparung von Produktionskosten für Werbemittel). Zum anderen steigt durch die konsequente inhaltliche und formale Abstimmung der Kommunikationsbotschaften der Wiedererkennungs- und Lerneffekt bei den Zielgruppen. Dies bedeutet wiederum eine **Steigerung der Kommunikationswirkung.**

Teilaufgabe (c)

Die Realisierung der Ziele der Integrierten Kommunikation bezieht sich auf unterschiedliche **Bezugsobjekte bzw. -ebenen der Integrierten Kommunikation.** Diese ergeben sich primär aus der verfolgten Markenstrategie.

Wird eine **Einzelmarkenstrategie** verfolgt, d.h. eine eigenständige Positionierung der in einem Unternehmen geführten Marken, bietet es sich an, die Integrationsmaßnahmen auf die Einzelmarken zu beschränken. Eine markenübergreifende Abstimmung der Kommunikationsmaßnahmen ist – wenn überhaupt – nur sehr eingeschränkt möglich.

Bei einer **Mehrmarkenstrategie**, d.h. das Führen von mindestens zwei Marken in einem Produktbereich, besteht auf der einen Seite die Möglichkeit, die Integrationsmaßnahmen – wie bei der Einzelmarkenstrategie – auf die einzelnen selbständigen Marken zu beschränken. In diesem Fall werden keine gemeinsamen Verbindungslinien zwischen den einzelnen Marken gesucht, sodass der kommunikative Auftritt der verschiedenen Marken inhaltlich, formal und zeitlich unabhängig voneinander ausgerichtet wird. Auf der anderen Seite kann eine abgestimmte Mehrmarkenpolitik verfolgt werden, bei der die einzelnen Marken zwar selbständig auftreten, gleichzeitig aber als zusammengehörige Produkte eines Unternehmens, insbesondere durch eine inhaltliche und formale Abstimmung der Kommunikationsaktivitäten, erkennbar sind.

Im Rahmen einer **Markenfamilienstrategie**, bei der mehrere Produkte unter einer einheitlichen Marke geführt werden, ist es zweckmäßig, dass Unternehmen eine einheitliche Positionierung für alle Marken der Familie verfolgen. Hier bildet die Markenfamilie das Bezugsobjekt für die Integration. Ist wegen der Verschiedenartigkeit der Produkte eine einheitliche Positionierung über alle Produkte hinweg nur schwer möglich, wird in der Regel eine abgestimmte Markenpolitik empfohlen, bei der es nur zu einer selektiven Integration (z.B. gewisser formaler Elemente) kommt.

Bei einer **Dachmarkenstrategie** werden alle Produkte eines Unternehmens unter einer Marke zusammengefasst, d.h., das Unternehmen selbst tritt als Absender der Kommunikation auf. Das Bezugsobjekt der Integration stellt das Gesamtunternehmen dar mit der Folge, dass eine einheitliche Kommunikationspolitik für alle Produkte bzw. Dienstleistungen des Unternehmens verfolgt wird.

Beim Unternehmen „Energiebig" wird eine gemischte Markenstrategie verfolgt. Unter der Dachmarke „Energiebig" sind die vier Geschäftsbereiche „Energiebig Gas & Fernwärme", „Energiebig Strom", „Energiebig Wasser" und „Energiebig Services" als eigenständige Profit Center angesiedelt. Für das Unternehmen „Energiebig" ergeben sich aus dieser Markenarchitektur potenziell zwei **verschiedene Integrationsebenen** für die Kommunikationsmaßnahmen.

Zum einen ist es möglich, die **Dachmarke** als Bezugsobjekt der Integrierten Kommunikation heranzuziehen. In diesem Fall bildet die Dachmarke die Integrationsklammer für die Kommunikationsarbeit sämtlicher Geschäftsbereiche von „Energiebig", d.h., die einzelnen Geschäftsbereiche werden kommunikativ unter der Dachmarke gebündelt. Eine eigenständige Positionierung der einzelnen Geschäftsbereiche erfolgt damit nicht; die Kommunikationsarbeit der einzelnen Geschäftsbereiche richtet sich vielmehr formal, inhaltlich und zeitlich an der Dachmarke aus und die Dachmarke „Energiebig" tritt als Absender sämtlicher Kommunikationsbotschaften auf. Der Vorteil bei dieser Integrationsausrichtung ist, dass hierdurch die Möglichkeit besteht, starke Synergieeffekte zu realisieren (z.B. Kosteneinsparungen und Lerneffekte). Nachteilig ist jedoch, dass die Ausrichtung der Integration auf die Dachmarke die kommunikative Ansprache von zielgruppenspezifischen Bedürfnissen erschwert. Das Unternehmen „Energiebig" bietet ein vielfältiges Produkt- und Dienstleistungsprogramm, das sich an unterschiedliche Zielgruppen richtet und verschiedene Problemlösungsbedürfnisse bedient. Zudem sind die Geschäftsbereiche als Profit Center organisiert, sodass damit zu rechnen ist, dass sich die Geschäftsbereichsverantwortlichen einer vollständigen Unterordnung ihrer Kommunikationspolitik an der Dachmarke verwehren werden. Vielmehr ist davon auszugehen, dass sie es vorziehen werden, ihre Kommunikationsarbeit ohne inhaltliche, formale und zeitliche Vorgaben „von oben" zu betreiben.

Als Gegenentwurf zur Integration der Kommunikation auf Ebene der Dachmarke ist es denkbar, dass die einzelnen **Geschäftsbereiche** das Bezugsobjekt der Integration darstellen. In diesem Falle treten die Geschäftsbereiche als eigenständige Einzelmarken am Markt auf und verfolgen unabhängige Positionierungen. Die inhaltlichen, formalen und zeitlichen Integrationsbemühungen sind somit auf die einzelnen, eigenständigen Geschäftsbereiche beschränkt. Der Vorteil hierbei ist, dass den differenzierten Kundenerwartungen besser entsprochen wird. Nachteilig ist jedoch, dass sich die Synergieeffekte nur auf die Geschäftsbereiche beschränken.

Die vollständige Integration der Kommunikation von „Energiebig" auf Ebene der Dachmarke auf der einen Seite und der Geschäftsbereiche auf der anderen Seite stellen jedoch Extremformen eines Kontinuums von Integrationsmöglichkeiten dar. So ist es denkbar, dass eine „Mischform" gewählt wird, bei der die einzelnen Geschäftsbereiche zwar als Absender der Kommunikation auftreten, jedoch trotz der unterschiedlichen Positionierungen gewissen inhaltliche, formale und zeitliche Abstimmungsmaßnahmen erfolgen (z.B. einheitliche Farbgestaltung, übergeordnete Unternehmenswerte als inhaltliche Klammer).

Lösungshinweise Aufgabe 3-3

📖 **Bruhn (2009), S. 106-108**

Die **Strategie der Integrierten Kommunikation** bildet das Kernstück des Planungsprozesses der Integrierten Kommunikation, da sie den Bezugsrahmen für die Integration aller Kommunikationsinstrumente und -mittel darstellt. Zentrales Ziel der Strategie der Integrierten Kommunikation ist die Herstellung einer „Einheit der Kommunikation", indem verbindliche Vorgaben für die langfristige, strategische Ausrichtung der Kommunikationsarbeit getroffen werden, die für alle Kommunikationsbeteiligten verpflichtend sind und denen sich die einzelnen Kommunikationsfachabteilungen unterzuordnen haben. **Kernelemente** einer Strategie der Integrierten Kommunikation sind Aussagen über die strategische Positionierung, die kommunikative Leitidee sowie die Leitinstrumente.

Die **strategische Positionierung** stellt die übergeordnete und zentrale Zielsetzung der Integrierten Kommunikation dar. Sie ist das Sollbild, das ein Unternehmen bzw. das Bezugsobjekt der Kommunikation von sich im Bewusstsein der Zielgruppen im Vergleich zum Wettbewerb langfristig zu verankern beabsichtigt. Die zur Positionierung einer Marke herangezogenen Merkmale sind dementsprechend so zu wählen, dass sie sich zur Abgrenzung vom Wettbewerb eignen und vom Kunden als wichtig eingestuft werden. Die strategische Positionierung ist hierbei zielgruppenübergreifend zu formulieren, da sie für die Gesamtkommunikation eines Unternehmens bzw. einer Marke gilt.

Die Marke „Energiebig" versteht sich als dynamischer, regional verbundener Full-Service-Anbieter rund um das Thema Energie und Strom, der trotz günstiger Tarifpolitik hohe Qualitäts- und Serviceansprüche an sich selbst erhebt. Mögliche zielgruppenübergreifende Positionierungseigenschaften sind dementsprechend Merkmale wie Full-Service-Anbieter, kostengünstig, regional verbunden sowie hohe Qualitäts- und Serviceorientierung.

Die **kommunikative Leitidee** hat die angestrebte Positionierung mittels einer zentralen und übergeordneten inhaltlichen Aussage zu transportieren. Die kommunikative Leitidee ist hierbei analog zu der strategischen Positionierung zielgruppenübergreifend zu formulieren.

Für die Marke „Energiebig" ist eine kommunikative Leitidee zu wählen, die insbesondere emotionale Positionierungsmerkmale transportiert. Denkbar wäre z. B. eine kommunikative Leitidee wie „Energiebig – Positive Energie für die Region" oder „Energiebig – Der regionale und kundenorientierte Energiedienstleister".

Die **Leitinstrumente** sind zentrale Kommunikationsinstrumente eines Unternehmens, denen die größte strategische Bedeutung zur Erreichung der angestrebten strategischen Positionierung bei allen Zielgruppen zukommt. Dementsprechend ergibt sich die Identifizierung von Leitinstrumenten aus der strategischen Bedeutung der Instrumente für die Kommunikation eines Unternehmens.

Zum Transport der Positionierung der Marke „Energiebig" sind insbesondere massenmediale Kommunikationsinstrumente geeignet, die eine emotionale Ansprache der Verbraucher ermöglichen. Hierzu zählen beispielsweise die Kommunikationsinstrumente Mediawerbung, Sponsoring und Public Relations.

Lösungshinweise Aufgabe 3-4

📖 **Bruhn (2009), S. 108-110**

Das **Konzeptpapier der Integrierten Kommunikation** beinhaltet Richtlinien und Regeln für einen konsistenten und kontinuierlichen Kommunikationsauftritt, die für alle Kommunikationsbeteiligten verbindlich sind. Es setzt sich im Wesentlichen aus drei Teilbereichen zusammen. Im **Strategiepapier** wird die Strategie der Integrierten Kommunikation, d.h. Aussagen über die strategische Positionierung, die kommunikative Leitidee und die Leitinstrumente für die Gesamtkommunikation, formuliert und schriftlich festgehalten. Im Rahmen der **Kommunikationsregeln** werden die Vorgaben des Strategiepapiers durch das Prinzip der Hierarchisierung in Richtlinien für die tägliche Kommunikationsarbeit der Kommunikationsfachabteilungen übertragen. Hierzu findet eine Hierarchisierung und Integration von Kommunikationszielen, -botschaften und -instrumenten statt. Schließlich werden im Konzeptpapier **Organisationsregeln** für die Integrierte Kommunikation niedergeschrieben. Diese dienen dazu, die Ablaufprozesse in der Kommunikation zu strukturieren und zu formalisieren.

Teilaufgabe (a)

Die **Kernelemente einer Strategie der Integrierten Kommunikation** beinhalten Aussagen über die strategische Positionierung, die kommunikative Leitidee sowie die Leitinstrumente des Unternehmens bzw. der Marke. In ihrer Gesamtheit bilden sie das Strategiepapier und somit den ersten Teil eines Konzeptpapiers der Integrierten Kommunikation (für eine allgemeine Erläuterung der Kernelemente einer Strategie der Integrierten Kommunikation vgl. die Lösungshinweise zu Aufgabe 3-3).

Die zur **Positionierung** der Marke „Mountainjet" heranzuziehenden Merkmale sind so zu wählen, dass sie sich zur Abgrenzung vom Wettbewerb eignen und vom Kunden als wichtig eingestuft werden. Die Fluglinie „Mountainjet" besticht im Vergleich zu den Wettbewerbern vor allem durch die hohe Serviceorientierung, ihre Schweizer Herkunft („Swissness") und den komparativen Preis – kaufrelevante Eigenschaften, die sich daher zur Positionierung und Profilierung der Marke „Mountainjet" eignen.

Mittels der kommunikativen **Leitidee** gilt es, diese Positionierung zielgruppenübergreifend zu vermitteln, beispielsweise durch den Slogan „Mountainjet – Erwarten Sie mehr von einer Billig-Fluglinie" oder „Mountainjet – Die günstige Fluglinie mit dem Plus an Schweizer Service".

Leitinstrumente zum Transport der strategischen Positionierung der Marke „Mountainjet" stellen z.B. aufgrund ihrer hohen Reichweite und der Möglichkeit der emotionalen, multisensualen Ansprache die Kommunikationsinstrumente Mediawerbung und Sponsoring dar.

Teilaufgabe (b)

Die Kernelemente des Strategiepapiers sind gemäß dem Prinzip der Hierarchisierung zu konkretisieren. Dies erfolgt durch das Aufstellen von **Kommunikationsregeln**, die auf Basis des Strategiepapiers entwickelt werden und die Vorgaben des Strategiepapiers in Richtlinien für die tägliche Kommunikationsarbeit der Kommunikationsfachabteilungen übertragen. Gemäß den drei Kernelemente des Strategiepapiers haben die Kommunikationsregeln genauere Aussagen über die Positionierung und die zentralen Kommunikationsziele (Positionierungspapier), die zentralen Kommunikationsbotschaften (Kommunikationsplattform) sowie den Einsatz der verschiedenen Kommunikationsinstrumente und -mittel (Regeln zum Instrumenteeinsatz) zu enthalten.

Das **Positionierungspapier** beinhaltet eine detaillierte Formulierung der Kommunikationsziele. Die strategische Positionierung als kommunikatives Oberziel des Unternehmens „Mountainjet" ist in einem ersten Schritt für die unterschiedlichen Zielgruppen zu differenzieren. Beispielhafte **Zwischenziele** sind:

• Zwischenziel 1: Verdeutlichung des Mehrwerts der Marke „Mountainjet" bei den Privat- und Geschäftskunden,
• Zwischenziel 2: Aufbau von Vertrauen für die Marke „Mountainjet" in der allgemeinen Öffentlichkeit.

In einem zweiten Schritt erfolgt eine weitere Konkretisierung durch die Formulierung von Einzelzielen – differenziert nach Kommunikationskontakten. Beispielhafte **Einzelziele** sind:

• Einzelziel 1: Verdeutlichung des Mehrwerts der Marke „Mountainjet" bei den Privat- und Geschäftskunden durch eine Verbesserung der Wahrnehmung der Marke „Mountainjet" bezüglich der Merkmale „führend im Service", „qualitätsorientiert" und „günstig" um 30 Prozent innerhalb eines Jahres bei den Zielgruppen Privat- und Geschäftskunden durch Schaltung von nationalen Fernsehspots und Anzeigen in nationalen Zeitungen und Zeitschriften.
• Einzelziel 2: Etablierung des Images von „Mountainjet" als nachhaltiges, auf Sicherheit zielendes Flugunternehmen innerhalb eines Jahres in der breiten Öffentlichkeit durch Presseberichte und Öko-Sponsoring.

Die **Kommunikationsplattform** ist ein Aussagen- und Argumentationssystem. Aufbauend auf der kommunikativen Leitidee werden Kern- und Einzelaussagen entwickelt. Die kommunikative Leitidee kann beispielsweise durch folgende **Kernbotschaften** zielgruppenspezifisch gestützt werden:

• Kernbotschaft 1: „Wir bieten Ihnen einen besonderen Service zu niedrigen Preisen." (Privatkunden)

- Kernbotschaft 2: „Wir sind Ihr verlässlicher Partner für Ihre Geschäftsflüge." (Geschäftskunden)
- Kernbotschaft 3: „Umweltschutz ist uns wichtig." (Öffentlichkeit)

Die anschließend zu formulierenden Einzelaussagen stützen die Kernaussagen und dienen als „Beweis" dieser. **Einzelaussagen** zu obigen Kernbotschaften sind beispielsweise:

- Einzelbotschaften zu Kernbotschaft 1: „Wir sind die einzige Billig-Fluglinie mit kostenlosen Getränken an Bord. Wir bieten Ihnen einzigartige Destinationen. Wir sind 365 Tage im Jahr für Sie erreichbar."
- Einzelbotschaften zu Kernbotschaft 2: „Die durchschnittliche Verspätung unserer Flüge liegt unter 5 Minuten. Wir fliegen alle wichtigen Geschäftsmetropolen in Europa per Direktflug an. Die Kundenzufriedenheit unserer Geschäftskunden liegt bei 95 Prozent."
- Einzelbotschaften zu Kernbotschaft 3: „Wir haben die modernste Flugflotte der Branche. Der Verbrauch unserer Maschinen liegt 20 Prozent unter dem Durchschnitt. Wir haben keine Dosen an Bord."

Die **Regeln zum Instrumenteeinsatz** strukturieren und konkretisieren den Einsatz der Kommunikationsinstrumente. Die festgelegten Leitinstrumente sind durch die Bestimmung von Integrations-, Folge- und Kristallisationsinstrumenten zu unterstützen.

Als **Kristallisationsinstrument** für die breite Öffentlichkeit ist zumeist Public Relations, für die Mitarbeitenden hingegen die Interne Kommunikation unerlässlich. Als **Integrationsinstrument** fungiert häufig Sponsoring, da es sich gut mit anderen Kommunikationsinstrumenten (z.B. Mediawerbung) verbinden lässt. Ein **Folgeinstrument** für die Kommunikationsarbeit von „Mountainjet" stellt beispielsweise Direct Marketing dar, das zur Verstärkung der Mediawerbekampagne eingesetzt wird.

Die ausgewählten Kommunikationsinstrumente sind schließlich in einem letzten Schritt durch die Definition von instrumentespezifischen **Kommunikationsmitteln** zu spezifizieren:

- Mediawerbung: 1/1 Anzeigen in nationalen Zeitschriften in Deutschland und der Schweiz (*Spiegel, Facts, 20 Minuten, Stern*), 30-Sekunden Spots auf *RTL* und *SF1* am Abend, Verstärkung der Bannerwerbung auf Nachrichtenportalen (z.B. *Spiegel-Online, Bild-Online, Facts-Online*) u.a.m.
- Public Relations: Wöchentliche Mailings an Medienvertreter in Deutschland und der Schweiz, jährlicher „Tag der offenen Tür", Um-

weltbilanz im Geschäftsbericht, Aufbau eines Presseportals auf der Homepage u. a. m.

- Interne Kommunikation: Zwei jährliche Mitarbeiterevents, Aufbau eines Intranets mit täglich aktualisierten Informationen rund um die Marke „Mountainjet", Initiierung von institutionalisierten Mitarbeitergesprächsrunden auf Abteilungsebene, Ausschreibung von Mitarbeitergewinnspielen mit Freiflügen, Kick-off Veranstaltung zur neuen Mediakampagne u. a. m.
- Sponsoring: Förderung von ökologischen Projekten mit jährlich bis zu 100.000 CHF, Sponsoring der Schweizer Fußball-Nationalmannschaft, Einladung von Vielfliegern zu gesponserten Veranstaltungen u. a. m.

Im Rahmen der Regeln zum Instrumenteeinsatz sind schließlich auch die Regeln für die formale Gestaltung der einzelnen Kommunikationsmittel und -maßnahmen in Form von **Gestaltungsprinzipien** zu definieren. Hierdurch wird der Wiedererkennungseffekt der Kommunikationsmaßnahmen der Marke „Mountainjet" erhöht. Denkbar ist beispielsweise die Vorgabe eines Logos und von Schriftgrößen bzw. Farben, die bei sämtlichen Kommunikationsmaßnahmen zu beachten sind.

Die festzulegenden **Organisationsregeln** komplettieren das Konzeptpapier der Integrierten Kommunikation. Die Organisationsregeln dienen der Strukturierung und Formalisierung der genauen Ablaufprozesse in der Kommunikation. Außer der Verantwortungszuweisung ist die Zusammenarbeit zwischen den Kommunikationsfachabteilungen zu regeln. Häufig wird ein abteilungsübergreifender Kommunikationsmanager bestimmt, der die Organisation und Koordination übernimmt und die Kooperation zwischen den Abteilungen sicherstellt. Eine andere Alternative stellt für „Mountainjet" die Bildung abteilungsübergreifender Teams dar, die für die inhaltliche, formale und zeitliche Abstimmung der Kommunikationsaktivitäten zwischen den Kommunikationsfachabteilungen verantwortlich sind.

Lösungshinweise Aufgabe 3-5

📖 **Bruhn (2009), S. 110-123**

Die Kernelemente der Strategie der Integrierten Kommunikation sind gemäß dem Prinzip der Hierarchisierung zu konkretisieren. Dies erfolgt durch das Aufstellen von **Kommunikationsregeln**, die die Vorgaben des Strategiepapiers in Richtlinien für die tägliche Kommunikationsarbeit der Kommunikationsfachabteilungen übertragen. Gemäß den drei Kernelemente des Strategiepapiers haben die Kommunikationsregeln genauere Aussagen über die Positionierung und die zentralen Kommunikationsziele (Positionierungspapier), die zentralen Kommunikationsbotschaften (Kommunikationsplattform) sowie den Einsatz der verschiedenen Kommunikationsinstrumente und -mittel (Regeln zum Instrumenteeinsatz) zu enthalten.

Teilaufgabe (a)

In der **Strategie der Integrierten Kommunikation** werden die drei Kernelemente strategische Positionierung, kommunikative Leitidee und Leitinstrumente festgelegt.

Die **strategische Positionierung** stellt das oberste Ziel in der Kommunikation dar. Sie ist zielgruppenübergreifend für die Gesamtkommunikation zu formulieren und stellt das Sollbild dar, das ein Unternehmen bzw. eine Marke von sich im Bewusstsein der Nachfrager zu verankern beabsichtigt. Der Service und das Kundenerlebnis stehen bei „Bücherwurm" im Vordergrund und stellen die zentralen Profilierungskriterien dar. Dementsprechend hat die strategische Positionierung zu verdeutlichen, dass „Bücherwurm" nicht nur Bücher verkauft, sondern für ein positives Erlebnis und einen hohen Service steht. Relevante Positionierungsmerkmale stellen somit Aspekte wie „Service am Kunden", „erlebnisorientierter Bücherkauf" und „kompetente Beratung" dar.

Die **kommunikativen Leitidee** konkretisiert die strategische Positionierung in Form einer Grundaussage zum Unternehmen. Analog zur Positionierung ist die kommunikative Leitidee so zu wählen, dass sie sämtliche Zielgruppen des Unternehmens anspricht. Die zentrale Botschaft für die Buchhandelskette „Bücherwurm" lautet beispielsweise „Bücherwurm – Die Erlebnis-Buchhandlung mit dem Plus an Service".

Zum Transport der kommunikativen Leitidee sind in einem nächsten Schritt **Leitinstrumente** zu definieren, die eine Führungsfunktion in der Kommunikation übernehmen. Die Mediawerbung eignet sich gut als Leitinstrument für „Bücherwurm", da das Unternehmen einen großen Markt anspricht. Mittels Fernsehspots, Printanzeigen und Plakaten lassen sich die angestrebten Imagewerte mit Breitenwirkung vermitteln.

Teilaufgabe (b)

Die **Kommunikationsregeln** „übersetzen" die Vorgaben des Strategiepapiers in Richtlinien für die tägliche Kommunikationsarbeit der Kommunikationsfachabteilungen. Sie enthalten detaillierte und konkretisierte
Aussagen über die Kommunikationsziele der Marke (Positionierungspapier), die zentralen Kommunikationsbotschaften (Kommunikationsplattform) sowie den Einsatz der verschiedenen Kommunikationsinstrumente
und -mittel (Regeln zum Instrumenteeinsatz).

Für die Erstellung des **Positionierungspapiers** sind – dem Prinzip der
Hierachisierung folgend – aus der im Rahmen der Strategie der Integrierten Kommunikation abgeleiteten strategischen Positionierung die
zielgruppenspezifischen Zwischen- und Einzelziele der Kommunikation zu bestimmen.

Für die Buchhandelskette „Bücherwurm" lassen sich folgende **Zwischenziele** für die unterschiedlichen Zielgruppen des Unternehmens
ableiten (vgl. Schaubild 3-1):

Kunden	
Zwischenziel 1	Steigerung des Bekanntheitsgrads der Marke „Bücher-wurm"
Zwischenziel 2	Verbesserung des Kenntnis- und Informationsstands über den Mehrwert von „Bücherwurm" im Vergleich zu Internetbuchhändlern
Zwischenziel 3	Erhöhung der Kundenbindung
Mitarbeitende	
Zwischenziel 1	Verbesserung des Wissenstands über Karriere- und Entwicklungsmöglichkeiten bei „Bücherwurm"
Zwischenziel 2	Verbesserung der internen Kommunikation
Zwischenziel 3	Erhöhung der Mitarbeiterzufriedenheit
Öffentlichkeit	
Zwischenziel 1	Erhöhung des Informationsstands der Öffentlichkeit über das Engagement von „Bücherwurm" im sozialen und karitativen Bereich
Zwischenziel 2	Verbesserung der Wahrnehmung der Öffentlichkeits-arbeit von „Bücherwurm"

Schaubild 3-1: Zwischenziele der Marke „Bücherwurm"

In einem zweiten Schritt sind die Zwischenziele weiter zu konkretisieren und **Einzelziele** zu formulieren (vgl. Schaubild 3-2). Die Einzelziele der Kommunikation zeichnen sich durch einen starken Operationalisie-

Kunden	
Einzelziel 1	Steigerung des Bekanntheitsgrads der Marke „Bücherwurm" um 30 Prozent innerhalb eines Jahres durch eine Werbekampagne in Zeitungen und Zeitschriften
Einzelziel 2	Verbesserung des Kenntnis- und Informationsstands über den Mehrwert von „Bücherwurm" im Vergleich zu Internetbuchhändlern um 30 Prozent innerhalb eines Jahres durch Anzeigen in Zeitungen und Zeitschriften sowie Radiospots
Einzelziel 3	Erhöhung der Kundenbindung um 30 Prozent innerhalb eines Jahres durch Aufbau eines Kundenclubs und Durchführung einer Kunden-werben-Kunden-Kampagne
Mitarbeitende	
Einzelziel 1	Verbesserung des Wissensstands über Karriere- und Entwicklungsmöglichkeiten bei „Bücherwurm" um 50 Prozent innerhalb eines Jahres durch persönliche Gespräche und Karriere-Newsletter
Einzelziel 2	Verbesserung der Zufriedenheit mit der internen Kommunikation um 20 Prozent innerhalb eines Jahres durch Ausbau des Angebots von Informationsplattformen
Einzelziel 3	Erhöhung der Mitarbeiterzufriedenheit um 30 Prozent innerhalb eines Jahres durch ein Projekt zur Zufriedenheitssteigerung
Öffentlichkeit	
Einzelziel 1	Erhöhung des Informationsstands der Öffentlichkeit über das Engagement von „Bücherwurm" im sozialen und karitativen Bereich um 30 Prozent innerhalb eines Jahres durch Presseberichte
Einzelziel 2	Verbesserung der Wahrnehmung der Öffentlichkeitsarbeit der Marke „Bücherwurm" um 20 Prozent durch persönliche Gespräche mit führenden Medienvertretern

Schaubild 3-2: Einzelziele der Marke „Bücherwurm"

rungsgrad aus, indem sie sich auf den konkreten Einsatz verschiedener Kommunikationsinstrumente und -maßnahmen beziehen.

Im Rahmen der **Kommunikationsregeln** erfolgt die Konkretisierung der kommunikativen Leitidee durch Kern- und Einzelaussagen.

Die erste inhaltliche Konkretisierung der kommunikativen Leitidee wird durch die Ableitung von **Kernaussagen** vorgenommen. Im Vergleich zu der kommunikativen Leitidee sind die Kernaussagen weniger abstrakt und stärker zielgruppenspezifisch. In der Regel werden mehrere Kernaussagen pro Zielgruppe formuliert, die im Rahmen unterschiedlicher Kommunikationsinstrumente genutzt werden können. Dadurch ergeben sich Lern- und Synergieeffekte. Für die Marke „Bücherwurm" lassen sich beispielhaft folgende Kernaussagen ableiten (vgl. Schaubild 3-3):

Kunden	
Kernaussage 1	„Die Marke „Bücherwurm" ist einer der größten Buchhändler Deutschlands."
Kernaussage 2	„Wir bieten unseren Kunden in unseren Filialen einen umfangreichen Service und ein besonderes Kauferlebnis."
Kernaussage 3	„Ihre Treue liegt uns am Herzen."
Mitarbeitende	
Kernaussage 1	„Wir bemühen uns um die Weiterentwicklung und Karriereplanung unserer Mitarbeitenden."
Kernaussage 2	„Die interne Kommunikation wird bei uns groß geschrieben."
Kernaussage 3	„Die Mitarbeiterzufriedenheit liegt uns am Herzen."
Öffentlichkeit	
Kernaussage 1	„Wir engagieren uns für die Bildung der Jugend."
Kernaussage 2	„Wir fördern einen aktiven Informationsaustausch mit den Medien."

Schaubild 3-3: Kernaussagen der Marke „Bücherwurm"

Auf Basis der Kernaussagen werden die **Einzelaussagen** abgeleitet. Diese verfügen über Beweischarakter, d.h., sie dienen als Beleg für die jeweiligen Kernaussagen. Beispielsweise werden die formulierten Kernaussagen durch folgende Zusatzinformationen gestützt (vgl. Schaubild 3-4):

Kunden	
Einzelaussagen zu Kernaussage 1	• „Wir sind in allen großen deutschen Städten mit einer Filiale vertreten." • Jeder unserer Filialen umfasst ein Sortiment von mehr als 20.000 Büchern." • „Jedes Jahr eröffnen wir mindestens zwei neue Filialen."
Einzelaussagen zu Kernaussage 2	• „In unseren Filialen stehen Ihnen kompetente Mitarbeitende jederzeit für Ihre Anliegen zur Verfügung." • „Im Durchschnitt verweilen unsere Kunden eine Stunde in unseren Filialen." • „Die Cafés und unsere gemütlichen Sofaecken in unseren Filialen laden zum Verweilen ein." • „In unseren Filialen finden zweimal pro Woche Lesungen zu unterschiedlichen Themen statt."
Einzelaussagen zu Kernaussage 3	• „Unser Premium-Club bietet unseren Stammkunden exklusive Leistungen (z.B. Kundenzeitschrift, 10 Prozent Rabatt auf jeden Einkauf usw.)." • „Für jeden Kunden, der aufgrund Ihrer Weiterempfehlung bei uns Waren im Wert von mindestens 50 EUR einkauft, erhalten Sie einen Büchergutschein in Höhe von 10 EUR." • „Wir führen jährliche Zufriedenheitsstudien in unseren Filialen durch."
Mitarbeitende	
Einzelaussagen zu Kernaussage 1	• „Jeder unserer Mitarbeitenden erhält im Jahr mindestens zwei eintägige Schulungen." • „Das Durchschnittsalter unserer Führungskräfte beträgt 35 Jahre." • „Jedem Mitarbeitenden steht ein persönliches Mentoren- und Coaching-Programm zur Verfügung."
Einzelaussagen zu Kernaussage 2	• „Jedes Jahr finden zwei große Mitarbeiterevents statt." • „Zweimal im Jahr erscheint unsere Mitarbeiterzeitschrift „Bücherwurm"-Inside." • „Unser Informationsportal im Intranet verzeichnet pro Tag mehr als 10.000 Besuche."
Einzelaussagen zu Kernaussage 3	• „Jedes Jahr findet eine große Mitarbeiterzufriedenheitsstudie statt." • „Verbesserungsvorschläge von Mitarbeitenden werden bei uns persönlich durch den Geschäftsführer bearbeitet."

Schaubild 3-4: Einzelaussagen der Marke „Bücherwurm"

Öffentlichkeit	
Einzelaussagen zu Kernaussage 1	• „Jedes Jahr spenden wir Bücher im Wert von über 100.000 EUR an bedürftige Schulen in Deutschland." • „Wir unterstützen mehr als 100 Projekte auf lokaler Ebene, die die Bildung der Jugend fördern." • „Wir sind Förderer des Projekts „Read for Africa", das sich für das Erlernen von Lesen und Schreiben für afrikanische Kinder einsetzt."
Einzelaussagen zu Kernaussage 2	• „Unser Pressecenter steht unseren Medienpartner mit kompetenten Mitarbeitenden jederzeit zur Verfügung." • „Unser Presse-Download-Bereich im Internet erhält jeden Tag mehr als 100 Aufrufe durch Medienvertreter." • „Wir stehen unseren Medienpartnern auch an Feiertagen und sonntags zur Verfügung."

Schaubild 3-4: Einzelaussagen der Marke „Bücherwurm" (Forts.)

In einem letzten Schritt sind **Regeln zum Instrumenteeinsatz** abzuleiten und schriftlich festzuhalten. Im Prinzip handelt es sich hierbei ebenfalls um eine Hierarchisierung von Kommunikationsinstrumenten und -mitteln, die Anhaltspunkte für deren Einsatz gibt. Ausgehend von den im Rahmen der Strategie der Integrierten Kommunikation festgelegten Leitinstrumenten sind auf einer untergeordneten Ebene Kristallisations-, Integrations- und Folgeinstrumente festzulegen.

Kristallisationsinstrumente sind insbesondere für die gezielte Ansprache einzelner Zielgruppen von Bedeutung. Für die Ansprache der Mitarbeitenden bei „Bücherwurm" können beispielsweise Persönliche Kommunikation und Event Marketing zum Einsatz kommen. Endkonsumenten lassen sich neben Mediawerbung z.B. durch Sponsoring und Direct Marketing ansprechen. Für den Dialog mit der Öffentlichkeit ist insbesondere Öffentlichkeitsarbeit (PR) relevant. **Integrationsinstrumente** sind Kommunikationsinstrumente, die einen schwachen Einfluss auf andere Kommunikationsinstrumente ausüben und auch selbst nur schwer beeinflussbar sind. Damit ist das Integrationspotenzial dieser Instrumente hoch, da ihre Wirkung wesentlich von der Vernetzung mit anderen Kommunikationsinstrumenten abhängt. Beispielsweise gilt es, das Sponsoringengagement von „Bücherwurm" in der Mediawerbung und Public-Relations-Arbeit aufzugreifen und zu thematisieren. **Folgeinstrumente** sind schließlich Kommunikationsinstrumente, die von anderen Instrumenten sehr stark beeinflusst werden und sich dementsprechend nach diesen Kommunikationsinstrumenten auszurichten haben. So bedürfen die von „Bücherwurm" durchgeführten Events (z.B. wöchentliche Lesungen in ausgewählten Filialen von „Bücherwurm") einer vorherigen Ankündigung, beispielsweise durch Anzeigen in der lokalen Presse.

Auf der letzten Konkretisierungsstufe sind die einzelnen **Kommunikationsmittel** zu definieren. Konkrete Vorgaben des Unternehmens „Bücherwurm" für die einzelnen zum Einsatz kommenden Kommunikationsinstrumente lauten beispielsweise:

- **Sponsoring**: Steigerung der Anzahl geförderter lokaler Bildungsprojekte für Jugendliche auf 120 Projekte innerhalb von einem Jahr, medialer Ausbau der bestehenden Sponsoringengagements (z.B. verstärkte Berichterstattung über Sponsoringengagements im Geschäftsbericht und auf der Homepage, Hinweis auf Sponsoringengagements in der lokalen Presse, Durchführung von zwei Pressekonferenzen zu Sponsoringengagements pro Jahr, Erstellung eines Prospekts zu Sponsoringengagements), Ausbau der Unterstützung für das Projekt „Read for Africa" u.a.m.

- **Mediawerbung**: Monatliche Platzierung von ganzseitigen, emotionalen und bildbetonten Printanzeigen in überregionalen Zeitungen und Zeitschriften, Schaltung von 30-Sekunden-Spots auf *RTL* und *Sat.1* im November/Dezember (Weihnachtskampagne) und Mai/Juni (Urlaubskampagne), Ausbau der interaktiven Elemente auf der Homepage, ganzjährliche Schaltung von Bannerwerbung auf mindestens zehn zielgruppenaffinen Internetseiten u.a.m.

- **Event Marketing**: Durchführung von mindestens einer monatlichen Lesung in den 20 umsatzstärksten Filialen; in allen übrigen Filialen mindestens eine Lesung pro Halbjahr, Ankündigung der Lesungen eine Woche im Voraus in lokalen Pressetiteln und Radiosendern sowie auf der Homepage, jährliche schriftliche Kundenbefragung zur Zufriedenheit mit Lesungen bei mindestens 500 Kunden, Durchführung von Weihnachtsevents in sämtlichen Filialen in der Vorweihnachtszeit u.a.m.

- **Public Relations**: Monatliche, gezielte Ansprache von Medienvertretern durch persönliche Mailings, zwei jährliche Pressekonferenzen, Durchführung von zwei jährlichen Podiumsdiskussionen zu aktuellen bildungsspezifischen Themen, Schaltung von fünf halbseitigen Anzeigen in einer lokalen Zeitung pro Filiale mit Informationen zu sozialen und karitativen Engagements von „Bücherwurm" pro Jahr, Ausbau des Pressebereichs auf der Homepage u.a.m.

- **Interne Kommunikation**: Versendung von monatlichen Mitarbeitermailings mit Karriereinfos, Ausbau des Intranets (z.B. Chatrooms für

Mitarbeitende zu unterschiedlichen Themenbereichen, Verbesserung der Kontaktaufnahme mit Unternehmensleitung), Briefing der Mitarbeitenden durch Teamleiter über Mentoring- und Coachingprogramme, persönliche Einladung von Mitarbeitenden zu Lesungen in Filialen mit anschließendem Apéro u.a.m.

Die drei Bestandteile der Kommunikationsregeln sind anschließend miteinander zu integrieren, sodass die Inhalte der Integrierten Kommunikation in einer **vertikalen und horizontalen Ordnung** zueinander stehen.

Kapitel 4
Situationsanalyse in der Kommunikationspolitik
(Aufgaben)

Aufgabe 4-1
Notwendigkeit einer systematischen Situationsanalyse

Als Hochschulabsolvent(in) haben Sie eine Stelle in der Kommunikationsabteilung eines großen Möbelherstellers angenommen. Die ersten Wochen verbringen Sie primär mit der Einarbeitung. Um sich ein umfassendes Bild über die aktuelle Kommunikationssituation des Unternehmens zu verschaffen, beabsichtigen Sie, die Kommunikationssituation des Unternehmens zu analysieren. Ihr neuer Chef hält eine kommunikationsbezogene Situationsanalyse jedoch generell für unnötig. Überzeugen Sie Ihren Vorgesetzten von der Notwendigkeit einer fundierten Analyse, indem Sie die **Bedeutung und Ziele der kommunikationsbezogenen Situationsanalyse** erläutern.

Aufgabe 4-2
Integrative Analysemethoden

Führen Sie eine **kommunikationsbezogene SWOT-Analyse** für die Billig-Fluglinie „Mountainjet" (vgl. Aufgabe 3-4) durch. Erarbeiten Sie hierfür zunächst die kommunikationsbezogenen internen Stärken und Schwächen sowie externen Chancen und Risiken, die sich aus der aktuellen Informationslage sowie allgemeinen Brancheninformationen ergeben. Erstellen Sie anschließend eine SWOT-Matrix. Leiten Sie daraus die zentralen kommunikativen Problemstellungen von „Mountainjet" ab.

Aufgabe 4-3
Externe Analysefelder und -methoden:
Analyse der Marktsituation

Der regionale Energiekonzern „Energie Plus" bietet Erdgas für Privat- und Geschäftskunden in einer großen deutschen Stadt an. Bis zum Jahre

1998 trat „Energie Plus" als staatliches Unternehmen und als alleiniger Anbieter im Raum auf. Seit der Liberalisierung des deutschen Strommarkts im Jahre 1998 und des Gasmarkts im Jahre 2000 konkurriert das Unternehmen mit lokalen und nationalen Energieversorgern.

Der neue Kommunikationschef von „Energie Plus" beabsichtigt, seine künftigen Kommunikationsentscheidungen auf Basis einer gesicherten Informationsbasis zu treffen. Aus diesem Grund plant er in einem ersten Schritt die Marktsituation von „Energie Plus" im Hinblick auf kommunikationsrelevante Strukturen und Gesetzmäßigkeiten zu analysieren und zieht Sie als externen Berater heran.

Unterstützen Sie den Kommunikationschef bei der **Analyse der Marktsituation**, indem Sie erläutern, welche Analysefelder hierbei unterschieden werden können und skizzieren sie kurz, welche Implikationen sich aus der Analyse dieser Felder für die Kommunikationspolitik von „Energie Plus" ergeben.

Aufgabe 4-4
Externe Analysefelder und -methoden:
Analyse der Kundensituation

Ein unabhängiges Testinstitut hat den Komfort der Sitze in der Business Class von unterschiedlichen Fluglinien getestet. Testsieger ist die Fluglinie „Empire", die die beste Beinfreiheit, die breitesten Sitze und die meisten Funktionen am Platz bietet. Sie als Kommunikationsverantwortlicher der Fluglinie beabsichtigen, diesen Erfolg in der Kommunikation zu verwerten. Als Kommunikationsexperte wissen Sie, dass die Motivation zum Kauf eines Produkts nach der Means-End-Theorie dadurch zu Stande kommt, dass der Konsument das Produkt und seine Eigenschaften als geeignetes Mittel wahrnimmt, um seine Bedürfnisse und Ziele zu befriedigen. Allzu häufig werden jedoch die Eigenschaften in der Kommunikation in den Vordergrund gestellt. Da Kunden jedoch keine Eigenschaften, sondern primär Nutzen kaufen, sind die mit einem Kauf verbundenen Nutzenerwartungen zu identifizieren und in der Kommunikation stärker zu akzentuieren.

Zeigen Sie am Beispiel der Fluglinie „Empire" auf, wie die **Means-End-Analyse** genutzt werden kann, um den Zusammenhang zwischen Eigenschaften, Nutzen und Werthaltung offen zu legen.

Aufgabe 4-5
Externe Analysefelder und -methoden:
Analyse der Umfeldsituation

Anbieter von Markenzigaretten agieren heute in einem schwierigen globalen Umfeld. Die Analyse und Antizipation der Umfeldsituation, d.h. der kommunikationsrelevanten Chancen und Risiken, die sich im Markenumfeld von Zigarettenanbietern ergeben, wird zum entscheidenden Erfolgsfaktor.

Führen Sie eine **Analyse der Umfeldsituation** für Zigarettenanbieter durch. Skizzieren Sie in diesem Zusammenhang Veränderungen bzw. Entwicklungen im technologischen, politisch-rechtlichen, sozio-kulturellen und ökonomischen Umfeld und erläutern Sie kurz, welche Konsequenzen damit für die Kommunikationsarbeit von Zigarettenanbietern einhergehen.

Aufgabe 4-6
Interne Analysefelder und -methoden:
Analyse der Leistungserstellung

Das Familienunternehmen „Alsterstolz AG" produziert Bier für den europäischen Markt. Zur Produktpalette des Unternehmens gehört das beliebte Pilsbier „Herbe Brise – Original", das seit der Firmengründung im Jahre 1940 auf dem Markt ist und die Traditionsmarke des Unternehmens darstellt. Im Laufe der Zeit wurde das Produktsortiment um die Marken „Herbe Brise – Spritstoff" (Biermixgetränk mit Guarana), „Herbe Brise – Sunkiss" (Biermixgetränk mit Limettengeschmack), „Herbe Brise – Freeride" (Bier ohne Alkohol) und „Herbe Brise – Extra Strong" (Starkbier) erweitert.

Für die Kommunikationspolitik des Unternehmens zeichnete sich bislang der Firmeneigentümer verantwortlich, der die Entscheidung über die jährliche Verteilung des Kommunikationsbudgets auf die verschiedenen Marken „aus dem Bauch heraus" traf. Mit zunehmender Diversifizierung der Produktpalette sieht sich der Firmeneigentümer jedoch nicht mehr in der Lage, die Produktkommunikation alleine zu verantworten. Seit Beginn dieses Jahres verantworten Sie als Head of Brand Mangement die Markenkommunikation der „Alsterstolz AG".

Um sich ein erstes Bild über die Prioritäten in der Verteilung des Kommunikationsbudgets sowie die strategischen Stoßrichtungen in der Markenkommunikation zu machen, beabsichtigen Sie, die Portfolioanalyse anzuwenden. Ihnen stehen dazu die in Schaubild 4-1 dargestellten Informationen zur Verfügung.

Marke	Umsatz (in 1.000 GE)	Markt-wachstum (pro Jahr)	Umsatz des Hauptwett-bewerbers (in 1.000 GE)
Herbe Brise – Original	950	1 %	750
Herbe Brise – Spritstoff	120	7 %	450
Herbe Brise – Sunkiss	330	5 %	200
Herbe Brise – Freeride	300	2 %	550
Herbe Brise – Extra Strong	190	0 %	290

Schaubild 4-1: Produktinformationen der „Alsterstolz AG"

(a) Erstellen Sie ein **Marktanteils-Marktwachstums-Portfolio** für die sechs Biermarken der „Alsterstolz AG". Nehmen Sie dabei die Grenzziehung der beiden Achsen so vor, dass zum einen eine mögliche Marktführerschaft deutlich wird (relativer Marktanteil) und zum anderen eine Unterteilung in über- bzw. unterdurchschnittliches Wachstum vorgenommen wird. Verdeutlichen Sie dabei auch grafisch die unterschiedliche Bedeutung der Marken (i.S. einer Rangfolge, Maßstabtreue hierbei nicht notwendig) für den Gesamtumsatz der „Alsterstolz AG".

(b) Treffen Sie auf Basis Ihrer Ergebnisse **Tendenzaussagen** für die Kommunikationspolitik der verschiedenen Biermarken der „Alsterstolz AG".

Aufgabe 4-7
Interne Analysefelder und -methoden:
Analyse der Leistungswahrnehmung

Die Biermarke „Schaumkrone" gehört zu den marktanteilsstärksten deutschen Biermarken. Sie als neuer Markenverantwortlicher möchten sich zu Beginn Ihrer Arbeit ein Bild über die derzeitige Positionierung der Marke im Vergleich zu den zwei stärksten Wettbewerbern („Hopfenstolz", „Gerstensaft") verschaffen. Hierzu stehen Ihnen die folgenden Informationen zur Verfügung:

Eine repräsentative Marktstudie gibt Ihnen Aufschluss über die durchschnittliche Relevanz von Beurteilungskriterien für die Wahl einer Biermarke aus Kundensicht. Auf einer Skala von 1 (überhaupt nicht wichtig) bis 7 (sehr wichtig) wurden für die Merkmale folgende Mittelwerte erzielt (vgl. Schaubild 4-2):

Rang	Merkmal	Mittelwert (auf einer Skala von 1 bis 7)
1	Geschmack	6,5
2	Preis	5,8
3	Image	4,9
4	Naturbelassenheit	3,4
5	Flaschendesign	2,0
6	Farbe	1,5

Schaubild 4-2: Kaufentscheidende Merkmale von Biermarken
und deren Relevanz aus Kundensicht

Die Studie zeigt zudem, wie die Konsumenten die Biermarken „Schaumkrone", „Hopfenstolz" und „Gerstensaft" hinsichtlich dieser Beurteilungskriterien auf einer Skala von 1 (sehr schlecht) bis 7 (sehr gut) durchschnittlich bewerten (vgl. Schaubild 4-3):

| Merkmal | Mittelwerte (auf einer Skala von 1 bis 7) | | |
	„Schaumkrone"	„Hopfenstolz"	„Gerstensaft"
Geschmack	3,8	4,9	6,0
Preis	6,3	4,5	2,8
Image	3,2	5,0	5,3
Naturbelassenheit	6,2	6,5	6,4
Flaschendesign	6,5	2,5	3,7
Farbe	6,0	5,2	5,8

Schaubild 4-3: Bewertung der Biermarken „Schaumkrone", „Hopfenstolz"
und „Gerstensaft" aus Kundensicht

Auf Basis von objektiven Kriterien wurde eine Bewertung der Biermarke „Schaumkrone" aus Unternehmenssicht vorgenommen. So erfolgte z.B. die objektive Bewertung des Geschmacks mittels eines unabhängigen Testinstituts; der Preis wurde hingegen mit dem Durchschnittspreis für Bier verglichen. Schaubild 4-4 zeigt das Resultat:

Merkmal	Wert (auf einer Skala von 1 bis 7)
Geschmack	3,0
Preis	6,0
Image	3,0
Naturbelassenheit	6,1
Flaschendesign	5,5
Farbe	3,3

Schaubild 4-4: Bewertung der Biermarke „Schaumkrone" aus Unternehmenssicht

Führen Sie eine **Positionierungsanalyse** anhand der Koordinaten Stärken/Schwächen sowie hohe/niedrige Relevanz für die Biermarke „Schaumkrone" unter Einbezug der beiden Konkurrenzmarken „Hopfenstolz" und „Gerstensaft" durch. Erläutern Sie hierbei die einzelnen Schritte, die im Rahmen der Positionierungsanalyse notwendig sind.

Kapitel 4
Situationsanalyse in der Kommunikationspolitik
(Lösungshinweise)

Lösungshinweise Aufgabe 4-1

📖 Bruhn (2009), S. 126-127

Die **Analyse der kommunikationsbezogenen Unternehmenssituation** steht zu Beginn des Planungsprozesses der Kommunikationspolitik. Im Rahmen der kommunikativen Situationsanalyse erfolgt die Bestandsaufnahme und Analyse aller internen und externen kommunikationsrelevanten Sachverhalte.

Das **Ziel** der Situationsanalyse in der Kommunikationspolitik besteht in der Offenlegung von kommunikationsbezogenen, unternehmenseigenen Stärken und Schwächen sowie von umfeldbedingten Chancen und Risiken. Hierdurch wird eine profunde Informationsgrundlage für die weitere Planung der Kommunikationsarbeit geschaffen (z.B. Ableitung von situationsgerechten Kommunikationszielen und -strategien).

Das **Ergebnis** der Situationsanalyse ist die Ableitung der kommunikativen Problemstellung, aus der sich Anhaltspunkte für den weiteren Einsatz der Kommunikation ergeben. Die Kommunikationswirkungen werden dementsprechend nicht mehr dem Zufall überlassen, sondern strategisch gemäß der Bewertung der Wettbewerber, des Marktes, der Umwelt sowie der unternehmenseigenen Kommunikation geplant. Ein derartiges Vorgehen reduziert das Risiko kommunikationsbezogener Fehlentscheidungen und trägt somit zur Planungssicherheit bei.

Lösungshinweise Aufgabe 4-2

📖 Bruhn (2009), S. 128-133

Die **SWOT-Analyse** stellt eine integrative Analysemethode dar, bei der die Stärken und Schwächen eines Unternehmens den umfeldbezogenen Chancen und Risiken gegenübergestellt werden.

Der Ablauf einer kommunikationsbezogenen SWOT-Analyse besteht allgemein aus vier **Einzelschritten**:

(1) Erfassung und Bewertung der kommunikationsrelevanten unternehmensinternen Stärken und Schwächen (Stärken-Schwächen-Analyse)

(2) Erfassung und Bewertung der kommunikationsrelevanten unternehmensexternen Chancen und Risiken (Chancen-Risiken-Analyse)

(3) Gegenüberstellung der Chancen und Risiken sowie Stärken und Schwächen in einer SWOT-Matrix

(4) Ableitung der kommunikativen Problemstellung

Im Rahmen der **Stärken-Schwächen-Analyse** sind die spezifischen kommunikationsbezogenen Stärken und Schwächen des Unternehmens im Vergleich zum Wettbewerb herauszuarbeiten. Hierzu empfiehlt es sich, die Leistungserstellung, das Leistungsangebot und die Leistungswahrnehmung zu untersuchen. Für die Fluglinie „Mountainjet" lassen sich beispielsweise folgende Stärken und Schwächen herausarbeiten (vgl. Schaubild 4-5):

Stärken	Schwächen
• Vergleichsweise hoher Service an Bord • Kooperation mit Lebensmittelherstellern • Attraktive und ausgefallene Flugdestinationen • Moderne Flugzeugflotte	• Kein klares Image; nicht als Marke positioniert • Geringer Bekanntheitsgrad • Kunden erkennen Mehrwert der Fluglinie nicht

Schaubild 4-5: Stärken-Schwächen-Analyse für die Marke „Mountainjet"

Die **Chancen-Risiken-Analyse** betrachtet Entwicklungen im kommunikativen Umfeld des Unternehmens. Ziel ist es, das externe Umfeld auf Anzeichen einer Bedrohung der gegenwärtigen kommunikativen Aktivitäten und hinsichtlich neuer Chancen zu untersuchen. Bereiche für die externe Analyse stellen die Markt-, Kunden-, Wettbewerbs- und Umfeldsituation des Unternehmens dar. Der folgende Katalog stellt Beispiele für kommunikationsbezogene Chancen und Risiken für „Mountainjet" dar (vgl. Schaubild 4-6).

Im Rahmen der **SWOT-Analyse** erfolgt nun die Zusammenführung der identifizierten Stärken und Schwächen sowie Chancen und Risiken. Durch die SWOT-Matrix wird offen gelegt, welche kommunikationsbe-

Chancen	Risiken
• Wachsende Nachfrage nach Flügen und Kurztrips • Steigendes Preisbewusstsein • Geringer Service an Bord der Konkurrenz	• Diskussion um Sicherheit von Billigfliegern • Wachsende Kraftstoffpreise • Geringe Markentreue bei Billigfliegern • Hoher Konkurrenz- und Kostendruck • Abwehrhaltung gegenüber klassischer Kommunikation

Schaubild 4-6: Chancen-Risiken-Analyse für die Marke „Mountainjet"

zogenen Chancen genutzt, welche Risiken begrenzt, welche Stärken ausgebaut und welche Schwächen durch die Kommunikation abgebaut werden können. Darüber hinaus geht aus der Darstellung hervor, welche kommunikativen Schwächen das Ausschöpfen von sich zukünftig ergebenen Chancen verhindern bzw. Risiken für das Unternehmen verstärken. Schaubild 4-7 zeigt eine exemplarische SWOT-Matrix für „Mountainjet".

	Chancen	Risiken
Stärken	Geringer Service bei „No-Frills"-Airlines USP vorhanden	Diskussion um Sicherheit von Flugzeugen Moderne Flugzeugflotte
Schwächen	Stark wachsender Markt Geringe Markenbekanntheit	Hoher Konkurrenzdruck Kein klares Image vorhanden

Schaubild 4-7: SWOT-Matrix für die Marke „Mountainjet"

Die SWOT-Matrix sowie die vorher vorgenommenen Detailanalysen können nun herangezogen werden, um die zentrale **kommunikative Problemstellung** herauszuarbeiten, aus der sich weitere Anhaltspunkte für den Einsatz der Kommunikation ableiten lassen. Für „Mountainjet" ergibt sich beispielsweise die zentrale Herausforderung, ein klares, differenzierendes Markenimage in den Köpfen der Zielgruppe aufzubauen und die Bekanntheit der Marke zu steigern. Dies ist angesichts des hohen Konkurrenz- und Kostendrucks von zentraler Bedeutung, um am hart umkämpften Markt für Billigflieger langfristig bestehen zu können.

Lösungshinweise Aufgabe 4-3

📖 **Bruhn (2009), S. 134-144**

Die **Analyse der externen Marktsituation** stellt einen wichtigen Teil der externen kommunikationsbezogenen Situationsanalyse dar und gliedert sich in die Analyse (1) des relevanten Marktes, (2) der Marktsegmente, (3) der Marktstruktur und (4) der Marktteilnehmer.

Analyse des relevanten Marktes

Zu Beginn der externen Kommunikationssituationsanalyse ist der relevante Markt eines Unternehmens bzw. einer Marke abzugrenzen und zu analysieren. Zur Marktabgrenzung lassen sich verschiedene kommunikationsbezogene Kriterien heranziehen. Von entscheidender Bedeutung ist die **sachliche Marktabgrenzung**, wobei hierbei zwischen einer produkt- und nutzenorientierten Marktabgrenzung unterschieden werden kann. Für die Kommunikation empfiehlt es sich, die Marktabgrenzung nutzen- und problembezogen, d.h. aus Sicht der Nachfrager, und nicht produkt- bzw. technikbezogen zu vollziehen; letztlich entscheidet der Nachfrager und nicht der Anbieter, ob ein bestimmtes Produkt bzw. eine Leistung X im Hinblick auf das Produkt bzw. die Leistung Y austauschbar ist. Bei einer produktbezogenen Abgrenzung des relevanten Marktes von „Energie Plus" zeigt sich, dass das Unternehmen auf dem Markt für Erdgas tätig ist. Eine nachfragerorientierte Marktabgrenzung lautet z.B. „Markt für Wärme", da aus Sicht der Nachfrager Erdgas mit anderen Wärmequellen, wie z.B. Öl und Solarstrom, konkurriert. Als kommunikationspolitische Implikation ergibt sich hieraus, dass die Kommunikation von „Energie Plus" zum einen die Vorteile von Erdgas im Vergleich zu anderen Wärmequellen, zum anderen das Leistungsversprechen von „Energie Plus" ins

Zentrum zu stellen hat. Neben der sachlichen Marktabgrenzung ist auch eine räumliche, mediale, zielgruppen- und/oder merkmalsbezogene Abgrenzung möglich. So ist für „Energie Plus" z.B. von Relevanz, dass es sich um einen lokalen Energielieferanten handelt und somit die Kommunikationsanstrengungen lokal auszurichten sind.

Analyse der Marktsegmente

In einem zweiten Schritt ist zu analysieren, ob eine **Differenzierung der Kommunikation** nach unterschiedlichen Marktsegmenten sinnvoll ist, oder ob mögliche Teilmärkte kommunikativ gleichartig behandelt werden. Für „Energie Plus" ist zu entscheiden, ob Privat- und Geschäftskunden differenziert angesprochen werden oder ob unterschiedliche Bedürfnisse der beiden Teilgruppen für eine differenzierte Ansprache sprechen.

Analyse der Markstruktur

Ziel der Analyse der Marktstruktur ist die nähere Charakterisierung des Marktes, in dem ein Unternehmen agiert. Aus kommunikationspolitischer Sicht ist insbesondere von Relevanz, um welche Marktform es sich handelt, in welchem Markttyp das Unternehmen tätig ist und welche Marktaufteilung vorliegt.

Der Energiemarkt weist in Deutschland – nach Öffnung des Marktes – die **Marktform** eines Oligopols auf. Die Anzahl regional verfügbarer Anbieter ist jedoch bislang eingeschränkt, sodass „Energie Plus" noch eine Vormachtstellung hat. Es ist dennoch wichtig, rechtzeitig mittels Kommunikation ein positives Image sowie Sympathie und Vertrauen aufzubauen, um sich von der zunehmenden Konkurrenz zu differenzieren und dauerhafte Präferenzen zu schaffen.

Wird der **Markttyp** analysiert, zeigt sich, dass das Unternehmen als Anbieter von Erdgas für Privat- und Geschäftskunden sowohl auf dem Konsumgüter- (Privatkunden) als auch auf dem Industriegütermarkt (Geschäftskunden) tätig ist. Für die Kommunikation bedeutet dies, dass sie zum einen den Massenmarkt (Privatkunden) zu adressieren hat (z.B. durch Mediawerbung und lokales Sponsoring) und auf der anderen Seite die Geschäftskunden zu erreichen hat (z.B. durch persönliche, direkte Ansprache und Key Account Management).

Im Bezug auf die **Marktaufteilung** ist von Relevanz, in welchem Abschnitt der Marktentwicklung sich ein Unternehmen befindet. Aufschluss hierüber gibt die Lebenszyklusanalyse, die besagt, dass der Lebenszyklus von Produkten, Branchen oder Märkten gewisse Gesetzmäßigkeiten aufweist, aus denen sich Schlussfolgerungen für die Marktbearbeitung ergeben. Zu Beginn der Liberalisierung des Energie- und Gasmarktes standen der Aufbau von Bekanntheit und die Positionierung der neuen Energiemarken im Vordergrund. Dementsprechend waren die Kommunikationsanstrengungen stark massenmedial ausgerichtet. Mittlerweile kommt es zu gewissen Sättigungstendenzen. Im Vordergrund steht zunehmend die Kundenbindung und somit der individuelle Dialog mit dem Verbraucher.

Analyse der Marktteilnehmer

Die Analyse der **Art und Anzahl der Marktteilnehmer** offenbart, dass die Anbieterzahl auf dem Energie- und Gasmarkt bisher sehr begrenzt ist. In Deutschland zählen insbesondere national agierende Unternehmen, z.B. *RWE*, *Yellow-Strom* oder *E.on*, zu den Konkurrenten des regionalen Energieversorgers „Energie Plus". Durch die Öffnung von Ländergrenzen treten jedoch auch zunehmend ausländischer Anbieter in den Markt (z.B. *Gazprom*). Zu berücksichtigen ist auch die Bedrohung von Ersatzprodukten. So werden immer mehr ökologische, alternative Energiequellen („Grüne Energie") angeboten (z.B. Windenergie, Erdwärme, Solarstrom), die mittel- bis langfristig eine ernsthafte Konkurrenz für Anbieter von Strom aus nicht erneuerbaren Energiequellen darstellen. Weitere Marktteilnehmer stellen die Lieferanten dar. Erdgas wird nicht in Deutschland gefördert. Insofern sind deutsche Anbieter von Erdgas, wie „Energie Plus", von Zulieferern abhängig. Daher sind enge Kommunikationsbeziehungen mit diesen notwendig. Die Macht der Abnehmer als weitere Marktteilnehmergruppe ist seit der Liberalisierung des Energiemarktes gestiegen. Im Rahmen der Kommunikationsanstrengungen sind darüber hinaus nicht nur die direkten Bedarfsträger, d.h. die Energienachfrager, zu berücksichtigen, sondern auch die übrigen Anspruchsgruppen (z.B. Politiker, Interessensverbände, Journalisten und allgemeine Öffentlichkeit). Diese sind in die Kommunikationsplanung mit einzubeziehen.

Lösungshinweise Aufgabe 4-4

📖 **Bruhn (2009), S. 144-149**

Die **Analyse der Kunden**, d.h. der Bedarfsträger, ist ein weiterer Schritt in der externen Analyse der Kommunikationssituation eines Unternehmens. Bei der Kundenanalyse ist zwischen quantitativen (z.B. Anteil der Markenwechsler) und qualitativen Analysen (z.B. Kundenerwartungen an das Produkt) zu unterscheiden. Hierzu stehen unterschiedliche Analyseinstrumente und -methoden bereit. Zu den wichtigsten Analysemethoden zählen die Kundenstrukturanalyse, die Kategorisierung von Adoptern und die Means-End-Analyse. Im Folgenden wird Letztere im Rahmen der Aufgabenstellung angewandt.

Die **Means-End-Analyse** (Ziel-Mittel-Analyse) stellt eine Methode der qualitativen Analyse zur Identifikation von Kaufmotiven dar. Ziel der Means-End-Analyse ist es, von den Eigenschaften über den Nutzen zu den Werten eines Produkts zu gelangen. Schaubild 4-8 stellt eine beispielhafte **Means-End-Kette** am Beispiel der Business-Class-Sitze bei „Empire" dar.

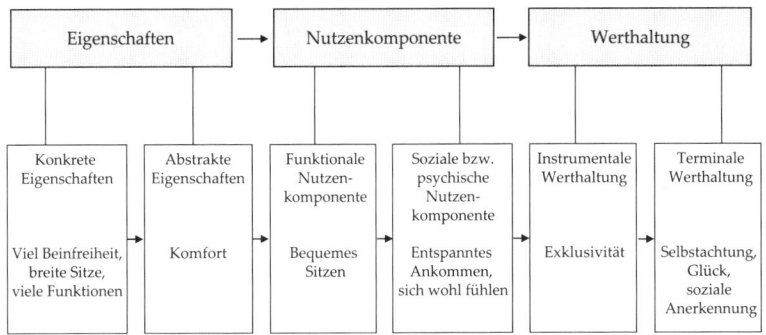

Schaubild 4-8: Grundstruktur einer Means-End-Kette am Beispiel von Business-Class-Sitzen in Flugzeugen

Bei den **Produkteigenschaften**, die das Mittel („Means") zur Erreichung von wünschenswerten Zielen („Ends") darstellen, ist zwischen konkreten und abstrakten Eigenschaften zu unterscheiden. Konkrete Eigenschaften lassen sich direkt beobachten und objektiv messen. Bei „Empire" stellen die hohe Beinfreiheit, die breiten Sitze und die vielen Funktionen am Platz konkrete Eigenschaften der Business-Class-Sitze dar. Abstrakte Eigenschaften betreffen das subjektive Empfinden der Person, wie z. B. der empfundene Komfort der Sitze.

Bei den **Nutzenkomponenten** eines Produkts ist zwischen funktionalen und sozial-psychischen Nutzenaspekten zu differenzieren. Ein funktionaler Nutzen der Business-Class-Sitze bei „Empire" ist z. B. das bequeme Sitzen während des Fluges. Das entspannte Ankommen und der Wohlfühlaspekt stellen hingegen sozial-psychische Nutzenaspekte der Sitze dar.

Schließlich ist auf der Werteebene zwischen instrumentalen und terminalen **Werthaltungen** zu unterscheiden. Instrumentale Werthaltungen sind persönliche oder sozial wünschenswerte Lebensziele, die durch das Produkt bedient werden. Terminale Werthaltungen repräsentieren hingegen angestrebte, moralische und leistungsorientierte Verhaltensformen. Für „Empire" ergeben sich z.b. instrumentale Werte wie „Exklusivität erleben". Als terminale Werte lassen sich beispielsweise Selbstachtung, Glück und soziale Anerkennung nennen.

Die Ergebnisse der Means-End-Analyse für „Empire" zeigen, dass die Eigenschaften der Business-Class-Sitze in der Kommunikation in Zusammenhang mit Aspekten wie „Wohlfühlen", „Entspanntes Ankommen", „sich was Gutes tun", „Exklusivität genießen", „Glücksgefühle erleben" und „soziale Ankerkennung" zu vermitteln sind.

Lösungshinweise Aufgabe 4-5

📖 **Bruhn (2009), S. 151-154**

Unternehmen agieren in einem globalen Umfeld, das von ihnen nur schwer zu steuern ist, jedoch zum Teil stark die Kommunikationsarbeit beeinflusst. Dementsprechend ist für die zielgerichtete Kommunikationsarbeit von Unternehmen die laufende Beobachtung und **Analyse des globalen Unternehmensumfelds** von entscheidender Bedeutung für den Kommunikationserfolg. Die Einflüsse des globalen Unternehmensumfelds und die sich daraus ergebenden Chancen und Risiken werden in der Regel den Teilbereichen Technologie, Recht/Politik, Soziales/Kultur und Ökonomie zugeordnet.

Für Zigarettenanbieter lassen sich folgende **Entwicklungen** in diesen Bereichen identifizieren:

* **Technologische Entwicklungen**: Gravierende Veränderungen für die Kommunikationsarbeit von Unternehmen im Allgemeinen sowie für Zigarettenanbieter im Speziellen ergeben sich durch die Entwicklungen im Bereich der Informations- und Kommunikationstechnologie sowie die damit verbundenen Veränderungen im Mediennutzungsverhalten der Verbraucher. Unternehmen reagieren hierauf mit einer zunehmenden Verlagerung ihrer Kommunikationsanstrengungen von klassischen hin zu digitalen Medien, wie z.B. Handy, Internet und E-Mail. Insbesondere für Anbieter von Markenzigaretten eröffnen die technologischen Entwicklungen die Möglichkeit, ihre Zielgruppe verstärkt auf direktem Wege anzusprechen und somit Streuverluste zu minimieren sowie die zunehmenden gesetzlichen Einschränkungen für die Vermarktung von Zigaretten zu umgehen.

- **Politisch-rechtliche Entwicklungen**: Die EU-Richtlinie regelt ein Verbot der Bewerbung von Tabakerzeugnissen in Printmedien, im Hörfunk und im Internet. Ausnahmen gibt es nur für Publikationen, die sich an den Tabakhandel wenden sowie für so genannte Rauchergenussmagazine. Weiterhin erlaubt ist die Bewerbung von Tabakerzeugnissen im Außenbereich (Plakate usw.) und in Kinos (nur nach 18 Uhr). Die Tabakwerbung in Rundfunk und Fernsehen ist bereits seit Anfang der 1990er Jahre untersagt. Auch das Sponsoring ist durch die neue Werberichtlinie betroffen. Der Tabakindustrie ist es verboten, Veranstaltungen zu sponsern, die über die Ländergrenzen hinaus gehen. In Deutschland wurde die EU-Vorgabe am 29. Dezember 2006 in nationales Recht übertragen. Für die Kommunikationsarbeit von Tabakunternehmen folgt aus diesen politisch-rechtlichen Entwicklungen, dass ihre Kommunikationsarbeit zunehmend schwieriger wird. Anbieter von Markenzigaretten reagieren hierauf beispielsweise durch eine Verlagerung ihrer Kommunikationsanstrengungen von Above-the-line zu Below-the-line. Der direkte Kontakt mit dem Verbraucher durch eine individualisierte, direkte Kundenansprache rückt in den Mittelpunkt der Kommunikation.
- **Sozio-kulturelle Entwicklungen**: Tabakunternehmen stehen zunehmend einer kritischen Öffentlichkeit gegenüber, in der Rauchen in der Kritik steht. Das bedeutet, dass eine Fokussierung der Kommunikationspolitik auf die Zielgruppe „Kunde" heute nicht mehr ausreicht. Anbieter von Markenzigaretten haben auf diese Entwicklung zu reagieren und mehr denn je den Dialog mit der Öffentlichkeit zu suchen.
- **Ökonomische Entwicklungen**: Die mehrfachen Erhöhungen der Tabaksteuer führen dazu, dass Rauchen immer teurer für den Verbraucher wird. Auch sind die Steuervergünstigungen für so genannte Steckzigaretten (Sticks, Singles) abgeschafft worden. Anbieter von Markenzigaretten haben daher nach Wegen zu suchen, Konsumenten zum Verbleib bei ihrer Marke zu überzeugen, beispielsweise durch das Schaffen eines emotionalen Mehrwerts für den Kunden (z.B. Gefühl der Freiheit, Individualität).

Lösungshinweise Aufgabe 4-6

📖 Bruhn (2009), S. 155-157

Im Rahmen der Analyse der Leistungserstellung werden die kommu-nikationsbezogenen Ressourcen eines Unternehmens in sachlicher, fi-nanzieller, personeller und informationeller Hinsicht bewertet. Als In-strument kann hierzu die **Portfolioanalyse** herangezogen werden. Gegenstand der Analyse sind hierbei die strategischen Geschäftseinhei-ten (SGEs) bzw. die Produkte eines Unternehmens.

Teilaufgabe (a)

Zur Erstellung eines Marktanteils-Marktwachstums-Portfolio für die „Alsterstolz AG" kann in folgenden **Einzelschritten** vorgegangen werden.

Zunächst ist der **relative Marktanteil** der einzelnen Marken der „Al-sterstolz AG" zu bestimmen. Dieser berechnet sich im vorliegenden Fall – wie in Schaubild 4-9 dargestellt – durch die Division des markenspe-zifischen Umsatzes mit dem Umsatz des größten Konkurrenten von „Alsterstolz".

Marke	Umsatz (in 1.000 GE)	Umsatz des Hauptwett-bewerbers (in 1.000 GE)	Relativer Marktanteil
Herbe Brise – Original	950	750	1,27
Herbe Brise – Spritstoff	120	450	0,27
Herbe Brise – Sunkiss	330	200	1,65
Herbe Brise – Freeride	300	550	0,55
Herbe Brise – Extra Strong	190	290	0,66

Schaubild 4-9: Relativer Marktanteil der Marken der „Alsterstolz AG"

Zur **Grenzziehung zwischen hohem und niedrigen Marktanteil** wird bei Portfolioanalysen üblicherweise ein Wert von 1,0 festgelegt, da ab diesem Wert eine Marktführerschaft vorliegt.

Die Angaben zum **Marktwachstum** können direkt aus der Aufgaben-stellung entnommen werden (vgl. Schaubild 4-1). Die Trennlinie zwi-schen hohen und niedrigen Wachstum wird im Portfolio in der Regel beim durchschnittlichen Marktwachstum gezogen. Somit wird für den Biermarkt – entsprechend den Angaben aus Schaubild 4-1 – ein durchschnittliches Wachstum von 3 Prozent angesetzt [(1 + 7 + 5 + 2 + 0) : 5 = 3].

Um die **Bedeutung der einzelnen Marken** für den Gesamtumsatz der „Alsterstolz AG" zu verdeutlichen, werden unterschiedlich große Kreise ins Portfolio eingezeichnet. Die Größe der Kreise entspricht der jeweiligen relativen Umsatzbedeutung der Marken der „Alsterstolz AG".

Unter Verwendung dieser Informationen lässt sich das **Marktanteils-Marktwachstums-Portfolio** der „Alsterstolz AG" zeichnen (vgl. Schaubild 4-10).

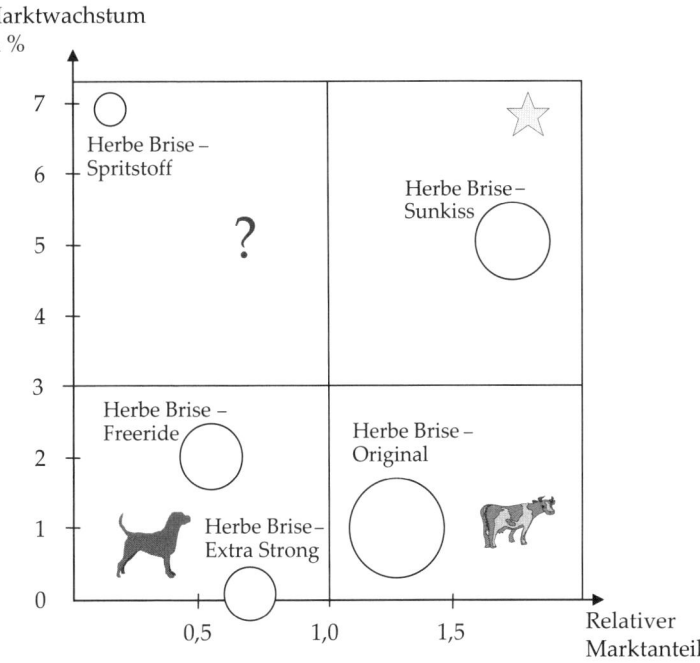

Schaubild 4-10: Marktanteils-Marktwachstums-Portfolio
für die Marken der „Alsterstolz AG"

Teilaufgabe (b)

Werden die Ergebnisse aus der Portfolioanalyse in Schaubild 4-10 betrachtet, so lassen sich folgende **Tendenzaussagen** für die Kommunikationsauspolitik der verschiedenen Biermarken der „Alsterstolz AG" treffen:

Herbe Brise – Original („Cash Cow")

Die Biermarke „Herbe Brise – Original" stellt die umsatzstärkste Biermarke im Produktportfolio der „Alsterstolz AG" dar. Sie verfügt über eine etablierte Marktposition, jedoch ist das Marktwachstum von traditionellen Pilsbieren vergleichsweise gering. Hier bietet sich eine Abschöpfungsstrategie an, bei der nur noch so viele Investitionen getätigt werden, wie zur Erhaltung der Marktstellung erforderlich sind. Für die Kommunikationspolitik der Marke „Herbe Brise – Original" folgt daraus, dass das Kommunikationsbudget so zu bemessen ist, dass die erreichte starke Position gegenüber den Wettbewerbern aufrecht erhalten wird. Mögliche frei werdende finanzielle Kommunikationsmittel sind in Star- und Fragezeichen-Marken zu investieren. Die Kommunikation ist zudem – wegen der zunehmenden Marktsättigung – primär emotional zu gestalten und vorwiegend auf bestehende Kunden auszurichten. Diese sind nach Möglichkeit in ihrem Konsum- und Markenverhalten zu bestätigen, damit sie auch zukünftig die Marke konsumieren.

Herbe Brise – Freeride („Armer Hund")

Das Marktwachstum für alkoholfreie Biere ist eher beschränkt. Zudem hat es das Unternehmen nicht geschafft, eine marktbeherrschende Stellung in diesem Segment aufzubauen. Für die Biermarke „Herbe Brise – Freeride" empfiehlt sich daher die Überprüfung einer Desinvestitionsstrategie (Aufgabe der Biermarke „Herbe Brise – Freeride"). Hierbei sind jedoch potenzielle negative Verbundeffekte, wie ein eventueller Imageverlust, zu beachten. Kommunikationspolitisch bedeutet dies, dass die Kommunikationsbudgets zu reduzieren bzw. – bei einer Aufgabe der Marke – vollkommen aufzulösen sind. Wenn Kommunikation für die Marke weiterhin betrieben wird, dann ist diese selektiv auf die entsprechenden Zielgruppen (z.B. Anti-Alkoholiker) auszurichten, um eine Marktnische abzusichern.

Herbe Brise – Extra Strong („Armer Hund")

Für das Starkbier „Herbe Brise – Extra Strong" ergeben sich analoge Schlussfolgerungen wie für „Herbe Brise – Freeride", da das Marktwachstum dieses Segments sowie die Marktposition der „Alsterstolz AG" auch hier gering sind.

Herbe Brise – Spritstoff („Fragezeichen")

Bei der Biermarke „Herbe Brise – Spritstoff" handelt es sich um ein Biermischgetränk mit einer hohen Marktwachstumsrate. Aufgrund des geringen Marktanteils der „Alsterstolz AG" in diesem Segment von Biermischgetränken wird jedoch ein vergleichsweise geringer Cashflow mit dieser Marke erwirtschaftet. Es ist abzuwägen, ob eine offensive Markterschließungs- oder eine Rückzugsstrategie für diese Marke zu verfolgen ist. Sofern die Erfolgschancen positiv bewertet werden, sind die Kommunikationsanstrengungen überproportional zum Wettbewerb zu forcieren – mit dem Ziel, eine wesentliche Verbesserung der Marktstellung zu erlangen. Neben bereits bestehenden Verwendern sind auch intensiv neue Verwender zu umwerben. Die Kommunikation ist besonders aufmerksamkeitsstark zu gestalten; der Neuigkeitsaspekt und der konkrete Produktvorteil dieser Biermarke sind in den Mittelpunkt der Kommunikationsmittelgestaltung zu rücken.

Herbe Brise – Sunkiss („Star")

Biermischgetränke mit Limettengeschmack verzeichnen hohe Wachstumsraten. Die „Alsterstolz AG" verfügt zudem mit der Biermarke „Herbe Brise – Sunkiss" in diesem Segment über einen hohen relativen Marktanteil. Dementsprechend ist eine Investitionsstrategie für diese Biermarke ratsam mit dem Ziel, die Marktposition weiter auszubauen, um über die Realisierung von Mengeneffekten Kostendegressionen zu nutzen. Für die Kommunikationspolitik der Marke „Herbe Brise – Sunkiss" folgt daraus, dass die Kommunikationsausgaben zu intensivieren bzw. mindestens auf Wettbewerbsniveau zu halten sind. Die Erhöhung der Markenbekanntheit sowie die Akquisition von Neukunden stellen zentrale kommunikationspolitische Ziele für die Marke dar.

Lösungshinweise 4-7

📖 **Bruhn (2009), S. 158-164**

Bei der **Positionierungsanalyse** wird die Wahrnehmung des Leistungsangebots aus Sicht der Nachfrager (Fremdbild) der Wahrnehmung aus Unternehmenssicht (Eigenbild) gegenübergestellt. Zusätzlich wird noch die Wahrnehmung von Konkurrenzangeboten erfasst. Das Ziel von Positionierungsanalysen besteht darin, die Unternehmensleistungen so zu gestalten, dass die vom Kunden wahrgenommenen Eigenschaften mit den von ihnen gewünschten Eigenschaften so weit wie möglich übereinstimmen und die Marke im Bewusstsein der Nachfrager eine im Vergleich zu konkurrierenden Angeboten vorteilhafte Stellung einnimmt. Die Aufgabe der Positionierungsanalyse besteht folglich in der Ableitung möglicher strategischer Stoßrichtungen für die Positionierung von Marken.

Teilaufgabe (a)

Bei der Positionierungsanalyse für die Marke „Schaumkrone" kann in den folgenden vier **Schritten** vorgegangen werden:

(1) Analyse des Wahrnehmungsraums aus Unternehmenssicht

Die Positionierungsanalyse beginnt mit der Analyse des Wahrnehmungsraums aus Unternehmenssicht. Zunächst werden die konsumentenrelevanten, kaufentscheidenden Eigenschaften von Bier und deren Relevanz (hohe oder geringe Relevanz für die Kaufentscheidung) aus Kundensicht erhoben. Die Ergebnisse der Marktforschung zeigen, dass der Geschmack die höchste Relevanz für die Kaufentscheidung hat, gefolgt von Preis und Image, während die Naturbelassenheit, das Flaschendesign und die Farbe von geringerer Relevanz sind (vgl. Ergebnisse aus Schaubild 4-2). In einer zweidimensionalen Darstellung wird dann die ermittelte Relevanz der Kaufentscheidungskriterien, abgetragen auf der Ordinate, den objektiven Stärken und Schwächen von „Schaumkrone" (vgl. Ergebnisse aus Schaubild 4-4), abgetragen auf der Abszisse, gegenübergestellt.

(2) Analyse des Wahrnehmungsraums aus Kundensicht

In einem nächsten Schritt erfolgt die Analyse des Wahrnehmungsraums aus Kundensicht. Die Kunden haben hierzu die ermittelten kaufrelevanten Eigenschaften (Geschmack, Preis, Image usw.) im Hinblick auf die Marke „Schaumkrone" zu bewerten. Die Ergebnisse werden ebenfalls im Wahrnehmungsraum abgetragen.

(3) Gegenüberstellung der Wahrnehmungsräume aus Kunden- und Unternehmenssicht

Als nächstes erfolgt eine Gegenüberstellung der Unternehmens- und Kundensicht (vgl. Schaubild 4-11). Aus dieser Kombination sind die Diskrepanzen in der Wahrnehmung und Beurteilung ersichtlich, d.h., die Abweichungen zwischen Selbst- und Fremdbild der Marke „Schaumkrone" lassen sich identifizieren.

Wie Schaubild 4-11 zeigt, existieren einige Diskrepanzen zwischen der Wahrnehmung von Produktmerkmalen aus Unternehmens- und Kundensicht. So wird der Geschmack, der das wichtigste Kriterium für die Kaufentscheidung darstellt, aus Unternehmenssicht schlechter bewertet als aus Kundensicht. Auffallend ist zudem, dass das Flaschendesign und die Farbe von „Schaumkrone" sehr gut von den Kunden bewertet

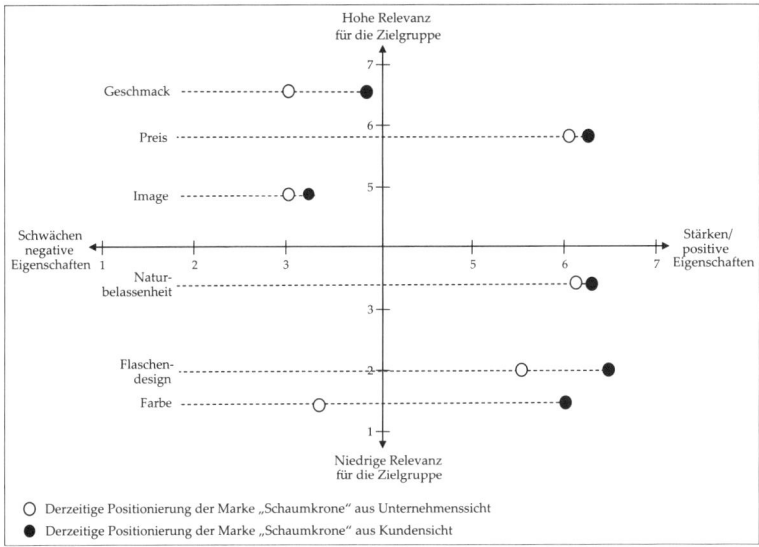

*Schaubild 4-11: Gegenüberstellung der Wahrnehmungsräume
für die Marke „Schaumkrone" aus Unternehmens- und Kundensicht*

werden, wenngleich auf Basis von objektiven Kriterien, d.h. aus Unternehmenssicht, die Bewertung schlechter ausfällt. Das Fremd- und Selbstbild der Marke „Schaumkrone" stimmen hingegen in Bezug auf den Preis und die Naturbelassenheit weitgehend überein; sowohl aus Kunden- als auch Unternehmenssicht werden diese beiden Kaufkriterien für die Marke sehr gut bewertet. Das Image, das einen nicht unerheblichen Teil zur Kaufentscheidung beiträgt, wird hingegen sowohl auf Basis von subjektiven als auch objektiven Kriterien eher schlecht bewertet.

(4) Einbeziehung von Konkurrenzunternehmen in die Wahrnehmungsräume

Hieran schließt sich die Analyse von Konkurrenzunternehmen an. Hierzu werden die Ausprägungen der identifizierten, kaufrelevanten Eigenschaften für die (Haupt-) Konkurrenten, in diesem Falle für die Marken „Hopfenstolz" und „Gerstensaft", aus Sicht der (potenziellen) Kunden mittels Marktforschung erfasst (vgl. Ergebnisse aus Schaubild 4-3) und ebenfalls im Wahrnehmungsraum abgetragen. Das Ergebnis ist in Schaubild 4-12 dargestellt.

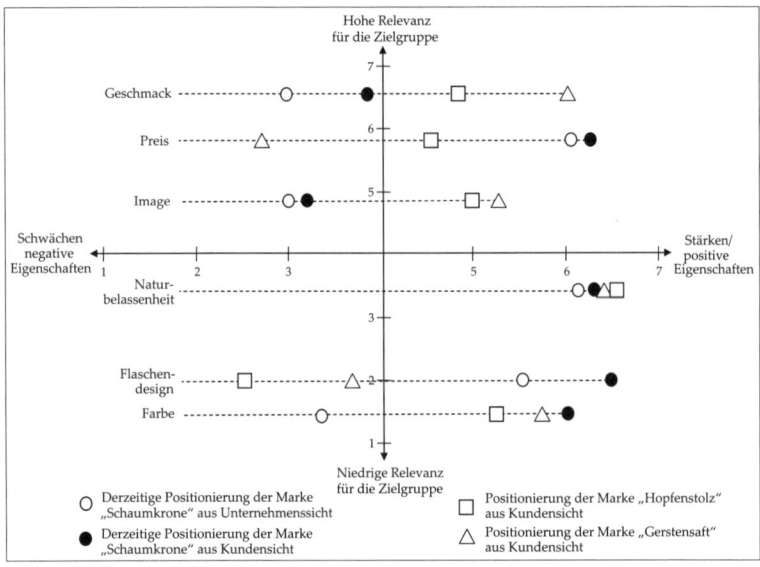

*Schaubild 4-12: Wahrnehmung der Marke „Schaumkrone" im Vergleich
zu den Wettbewerbern*

Es zeigt sich, dass die Konkurrenzmarken hinsichtlich Geschmack und Image besser bewertet werden. Die Marke „Schaumkrone" wird jedoch hinsichtlich Preis und Flaschendesign um ein vielfaches besser eingestuft als die Marken „Hopfenstolz" und „Gerstensaft". Beim Kriterium Naturbelassenheit und Farbe liegen alle drei Marken hingegen aus Kundensicht dicht beieinander. Es scheint, als ob die Marke „Gerstensaft" eher als Premiummarke positioniert ist: Der Geschmack und das Image werden bei dieser Marke als besonders gut bewertet, während der Preis verhältnismäßig hoch eingestuft wird, erkennbar an der schlechten Bewertung des Preises. „Schaumkrone" wird eher als preiswerte Biermarke wahrgenommen, die weniger durch den Geschmack als mehr durch das Flaschendesign und die Farbe überzeugt.

(5) Ableitung der strategischen Soll-Positionierung auf Basis der Wahrnehmungsräume

Auf Basis der Analyse der Wahrnehmung aus Unternehmens- und Kundensicht sowie unter Einbezug der Konkurrenzpositionen erfolgt dann die Ableitung der strategischen Soll-Positionierung für die Zukunft. Das Ziel der Positionierung besteht in der Verankerung der Marke in den Köpfen der Kunden in der Weise, dass dieses Bild den zielgruppenspezifischen Idealvorstellungen entspricht oder zumindest sehr nahe kommt. Gleichzeitig hat sich die Marke von Konkurrenzmarken zu differenzieren. Stärken im Leistungsangebot, die zugleich eine hohe Relevanz für die Kaufentscheidung haben, sind in der Kommunikation zu betonen. Der Geschmack stellt das zentrale Kaufentscheidungskriterium dar. Derzeit wird der Geschmack der Marke „Schaumkrone" jedoch sowohl aus Kunden- als auch aus Unternehmenssicht verhältnismäßig schlecht bewertet. Hier ist zu empfehlen, Anstrengungen zu unternehmen, den Geschmack zu verbessern (z.B. durch eine neue Rezeptur) und dies dann auch entsprechend zu kommunizieren („Schaumkrone – jetzt mit verbesserter Rezeptur"). Die derzeitige preisliche Vormachtstellung der Marke „Schaumkrone" ist – wegen der hohen Kaufrelevanz des Preises – durch entsprechende Kommunikationsanstrengungen weiter zu halten bzw. auszubauen. Hierbei ist jedoch darauf zu achten, dass sich das Image von „Schaumkrone" nicht noch weiter verschlechtert, da das Image eine nicht zu unterschätzende Bedeutung für die Kaufentscheidung hat. Die Naturbelassenheit ist hingegen von geringer Bedeutung für die Kaufentscheidung. Zudem werden alle drei Marken diesbezüglich aufgrund des Reinheitsgebots gleich gut bewertet; die Naturbelassenheit eignet sich daher weniger zur strategischen Positionierung der Marke „Schaumkrone". Aufgrund der Tatsache, dass das Flaschendesign und die Farbe von „Schaumkrone" im Vergleich zu den Wettbewerbern überdurchschnittlich gut bewertet werden, ist darüber nachzudenken, diese Positionierungsmerkmale zukünftig stärker in der Kommunikation zu akzentuieren. Da das Flaschendesign und die Farbe noch nicht als zentrale Kaufkriterien wahrgenommen werden, ist es hierzu jedoch notwendig, die Relevanz dieser beiden Merkmale für die Kaufentscheidung durch Kommunikationsanstrengungen zu erhöhen – beispielsweise durch eine Kampagne, die vermittelt, wie „trendy" und „cool" das Flaschendesign und die Farbe von „Schaumkrone" sind. In der Gesamtschau zeigt die Positionierungsanalyse, dass sich für die Marke „Schaumkrone" eine Positionierung beispielsweise als „geschmackvolles, preisgünstiges Bier für den trendbewussten und modernen Biergenusstrinker" anbietet.

Kapitel 5
Bestimmung von Zielen
in der Kommunikationspolitik
(Aufgaben)

Aufgabe 5-1
Funktionen und Anforderungen an die Formulierung von Kommunikationszielen

Die Bank „Invest" ist ein Finanzunternehmen, das Finanzdienstleistungen für Privat- und Geschäftskunden anbietet. Im Rahmen der Kommunikationspolitik setzt das Unternehmen auf einen Mix von unterschiedlichen Kommunikationsinstrumenten und -maßnahmen. Neben der regelmäßigen Schaltung von Fernsehpots und Printanzeigen ist das Unternehmen Sponsor von Großsportereignissen (Fußballweltmeisterschaft, internationale Segelregatten) und wichtigen kulturellen Anlässen (Festspiele, Musikkonzerte). Darüber hinaus setzt das Unternehmen regelmäßig Mailings als Direct-Marketing-Maßnahme ein. Ein besonderer Stellenwert spielt die Persönliche Kommunikation im Rahmen der Kundenbetreuung und -beratung. Schließlich richtet das Unternehmen in unregelmäßigen Abständen Events für ausgewählte Privat- und Geschäftskunden aus.

Derzeit kämpft das Unternehmen mit rückläufigen Bekanntheitswerten in der Bevölkerung sowie sinkenden Imagewerten im Bereich Kundennähe, Zuverlässigkeit und Preis-Leistungs-Verhältnis insbesondere bei den Privatkunden im Alter zwischen 25 und 35 Jahren. Darüber hinaus werden in den vergangenen Monaten hohe Abwanderungsquoten bei vermögenden Privatkunden verzeichnet. Auch konnte die gewünschte Steigerung des Absatzes von Anlageprodukten bei Privatkunden bislang noch nicht erreicht werden. Diesen Entwicklungen entsprechend hat der Gesamtverantwortliche für die Kommunikation die in Schaubild 5-1 dargestellten Kommunikationsziele formuliert und an die entsprechenden Kommunikationsfachabteilungen weitergeleitet.

(a) Nehmen Sie zu den formulierten Kommunikationszielen kritisch Stellung. Beurteilen Sie hierzu, inwieweit die Kommunikationsziele von „Invest" den allgemeinen **Funktionen von Kommunikations-**

zielen (Entscheidungs- und Steuerungsfunktion, Koordinationsfunktion, Motivations- und Befriedigungsfunktion sowie Kontrollfunktion) dienen.

(b) Machen Sie Verbesserungsvorschläge für die Formulierung der
Kommunikationsziele von „Invest", indem Sie insbesondere auf die
Anforderungen an die Formulierung von Kommunikationszielen
(hier vor allem die kommunikationsbedingte Reagibilität, selektive
Steuerungskraft, vollständige Zielformulierung) eingehen.

- Erhöhung der Markenbekanntheit,
- Verbesserung der Images der Marke „Invest",
- Erhöhung der Kundenbindung,
- Steigerung des Absatzes von Anlageprodukten,
- Verbesserung des Gewinns.

Schaubild 5-1: Kommunikationsziele der Bank „Invest"

Aufgabe 5-2
Kategorien und Ausprägungen von Kommunikationszielen

Das junge Start-up-Unternehmen „Call a Drink" bietet seit ein paar
Monaten in verschiedenen deutschen Großstädten einen 24-Stunden-
Getränkelieferservice an. Rund um die Uhr können Kunden per Tele-
fon oder Internet alkoholische und nicht-alkoholische Getränke bestel-
len, die dann garantiert innerhalb einer Stunde durch den unterneh-
menseigenen Zustelldienst geliefert werden. Bei Nicht-Einhaltung der
Lieferzeit wird ein Rabatt auf die Waren von bis zu 30 Prozent gewährt.
Die Preise für die angebotenen Artikel liegen nur leicht über denen im
Handel. Der Service richtet sich sowohl an private als auch kommerzi-
elle Endabnehmer (z.B. Diskos und Bars). Im Zuge der weiteren
Geschäftsentwicklung werden ab dem nächsten Monat neben Getränken auch Süßwaren- und Knabberartikel sowie Tabakwaren per
Wunsch nach Hause geliefert. Langfristiges Ziel ist es, das Unterneh-
men als zuverlässigen, kundenorientierten und erschwinglichen 24-
Stunden-Zustelldienst für sämtliche Produkte rund um Party und
Feste zu etablieren. Bislang werden die Leistungen primär von privaten Endabnehmern zwischen 18 und 30 Jahren in Anspruch genommen. Bei den über 30-Jährigen und den kommerziellen Endabnehmer
wird der Service bislang nur wenig nachgefragt. Insgesamt ist der Anteil von Stammkunden noch relativ gering. Darüber hinaus ist die
Kaufmenge pro Kunde gering.

Die Unternehmensleitung beabsichtigt, seine Kommunikationsanstrengungen auszubauen. Unterstützen Sie die Unternehmensleitung bei der
Formulierung geeigneter Kommunikationsziele. Unterscheiden Sie
hierbei zwischen kognitiven (die Erkenntnis betreffende), affektiven
(das Gefühl betreffende) und konativen (Aktivitäten betreffende) Kommunikationszielen.

Aufgabe 5-3
Instrumentespezifische Kommunikationszielplanung

Die „Kraxel Corporation" ist ein US-amerikanischer Hersteller von Outdoor-Bekleidung. Sämtliche Produkte sind mit dem Markenzeichen
„Kraxel" versehen. Bislang sind die Produkte nur in den USA erhältlich.
Im Zuge seiner aggressiven Wachstumsstrategie plant das Unternehmen den Eintritt in den deutschen, österreichischen und Schweizer
Markt. Als Vertriebsweg ist der Absatz über ausgewählte, gut sortierte
und im Hochpreissegment etablierte Sportfachhandelsketten vorgesehen. Die Produkte von „Kraxel" zeichnen sich durch die hochwertigen
Materialien, die innovative Funktionalität (z.B. eingebautes Lawinen-
verschüttetensuchgerät in der Skibekleidung) und das preisgekrönte
Design aus. Preislich sind die Produkte im Hochpreissegment positioniert und richten sich primär an die Zielgruppe der 25- bis 59-Jährigen.
Zur Vermarktung der Marke „Kraxel" in den deutschsprachigen Län-
dern plant das Unternehmen den Einsatz unterschiedlicher Kommunikationsinstrumente. Eine Werbekampagne wird die Marke in den
Märkten einführen. Hierzu sind Anzeigen in ausgewählten Printzeit-
schriften (z.B. *Outdoor, Bergsteiger, Fit for Fun*) und aufmerksamkeitsstarke Plakatwände in großen Innenstädten geplant. Begleitet wird die
Werbekampagne von verschiedenen handels- und konsumentengerich-
teten Verkaufsförderungsaktionen. So werden beispielsweise den
Händlern Ladenbaukonzepte, Händlerschulungen und Werksführun-
gen in den europäischen Produktionsstätten angeboten. Für die Konsumenten sind Rabatt-Coupons (20 Prozent Rabatt auf Erstkäufe) und
Eventveranstaltungen in den Shops geplant. Auch ist der Aufbau einer
deutschsprachigen Markenwebsite in Planung, auf der interessierte
Kunden detaillierte Informationen zu den Produkten von „Kraxel" und
der Marke als solches erhalten. Auch besteht die Möglichkeit, sich für
einen individualisierten Newsletter anzumelden und per Mail oder im
virtuellen Chat in Kontakt mit Mitarbeitenden des Unternehmens zu
treten. Schließlich ist ein Engagement im Sportsponsoring in Planung.

Im Moment werden Gespräche mit verschiedenen Bergführerverbänden geführt, die die „Kraxel Corporation" mit kostenloser Ausrüstung zu unterstützen beabsichtigt.

Leiten Sie aus den vorgegebenen Informationen geeignete **Kommunikationsziele** für die einzelnen Kommunikationsinstrumente bzw. -maßnahme der „Kraxel Corporation" ab.

Kapitel 5
Bestimmung von Zielen in der
Kommunikationspolitik
(Lösungshinweise)

Lösungshinweise Aufgabe 5-1

📖 Bruhn (2009), S. 167-169

Die Bestimmung von Kommunikationszielen erfolgt im Anschluss an die kommunikationsbezogene Situationsanalyse und hat die Definition von gewünschten Kommunikationswirkungen zum Ziel. Damit sich die mit Kommunikationszielen verfolgten **Funktionen** realisieren lassen, sind unterschiedliche **Anforderungen** bei der Definition von Kommunikationszielen zu erfüllen.

Teilaufgabe (a)

Die Formulierung von Kommunikationszielen erfolgt nicht zum Selbstzweck; es werden unterschiedliche **Funktionen von Kommunikationszielen** unterschieden:

- **Entscheidungs- und Steuerungsfunktion**: Mit der Formulierung von Kommunikationszielen werden Vorgaben für die weitere Kommunikationsplanung (Zielgruppenauswahl, Budgetierung, Instrumenteauswahl, Botschaftsgestaltung usw.) gemacht, d.h., die weiteren Kommunikationsentscheidungen haben einen Beitrag zur Realisierung der gewünschten Kommunikationsziele zu leisten. Damit Kommunikationsziele ihre Entscheidungs- und Steuerungsfunktion entfalten, ist es notwendig, dass anhand der Kommunikationsziele eine Auswahl und Bewertung der kommunikativen Aktivitäten erfolgt. Werden die derzeitigen Kommunikationsziele von „Invest" betrachtet, so zeigt sich, dass diese wenig konkrete Vorgaben für die weitere Kommunikationsplanung geben. Das Ziel der „Verbesserung des Markenimages" lässt beispielsweise keine Aussagen zu, bei welchen Imagedimensionen, in welchem Zeitraum und bei welchen Zielgrup-

pen (Privat- vs. Geschäftskunden) eine Verbesserung der Wahrnehmung der Marke „Invest" angestrebt wird. Dies ist jedoch für die
konkrete Auswahl von Kommunikationsmaßnahmen, den Kommunikationsdruck und die Gestaltung der Kommunikationsbotschaft
entscheidend. Ähnliche Kritik gilt für die übrigen Kommunikationsziele, wie z.b. „Steigerung der Markenbekanntheit", „Erhöhung der
Kundenbindung" oder „Akquisition von Neukunden".

- **Koordinationsfunktion**: Kommunikationsziele haben zur Verhal-
tensabstimmung zwischen den Kommunikationsinvolvierten einer
Abteilung (z.b. innerhalb der Werbeabteilung) sowie zwischen den
verschiedenen Kommunikationsfachabteilungen (z.b. Werbe- und
Direct-Marketing-Abteilung) beizutragen. Hierzu ist es notwendig,
dass aus den formulierten Kommunikationszielen hervorgeht, welchen Beitrag die einzelnen Kommunikationsfachabteilungen sowie
einzelne Mitarbeitende zur Zielerfüllung leisten. Dies ist aus den
Kommunikationszielen von „Invest" jedoch nur schwer ableitbar. So
kann z.b. die Steigerung des Absatzes von Anlageprodukten durch
eine Vielfalt von Kommunikationsinstrumenten forciert werden.
Denkbar ist beispielsweise eine Werbekampagne, die die Anlagepro-
dukte der Bank in den Mittelpunkt stellt (z.b. in Fernsehspots).
Ebenfalls sind Direct-Marketing-Maßnahmen (spezielles Kunden-
mailing) oder Maßnahmen der Persönlichen Kommunikation (z.B.
Verkaufsgespräch im Rahmen der Kundenbetreuung durch Berater)
denkbar.

- **Motivations- und Befriedigungsfunktion**: Kommunikationsziele
tragen zur Motivation und Befriedigung der Kommunikationsbeteiligten bei, da sie erkennen lassen, welche (Teil-) Resultate von ihnen
gefordert werden. Hierzu ist es jedoch erforderlich, dass vollständige
und präzise Zielvorgaben (Was soll wie innerhalb welches Zeitraumes bei welcher Zielgruppe durch welche Maßnahmen erreicht werden?) formuliert werden. Die Kommunikationsziele der „Invest"
sind zu pauschal, als dass die Kommunikationsmitarbeitenden hieraus konkrete Rückschlüsse ziehen können, was von ihnen im Einzelnen erwartet wird und woran sie gemessen werden. Eine Zielformulierung, wie z.B. „Verbesserung des Markenimages", lässt die
Kommunikationsbeteiligten beispielsweise im Unklaren darüber, innerhalb welchen Zeitraumes eine Verbesserung welcher Imagedimensionen um wie viel Prozent angestrebt wird.

- **Kontrollfunktion**: Die Zielformulierung dient der nachfolgenden
Kontrolle der Kommunikationsarbeit, indem anhand der Ziele der
Zielerreichungsgrad gemessen wird. Hierdurch lassen sich dann
Verbesserungspotenziale für die zukünftige Kommunikationsarbeit

ableiten. Für eine effektive Kommunikationskontrolle sind hierzu die Ziele möglichst exakt und vollständig zu bestimmen. Dies ist bei den Kommunikationszielen der „Invest" jedoch nicht der Fall. Sie lassen keinen Rückschluss zu, welcher konkrete Sollzustand angestrebt wird. Insbesondere fehlt es an Angaben über das konkrete Ausmaß der Zielvariablen (z.B. „Steigerung der Bekanntheit" um wie viel Prozent?).

Teilaufgabe (b)

In der Gesamtschau erfüllen die formulierten Kommunikationsziele der „Invest" nur wenig die gewünschten Funktionen von Kommunikationszielen. Damit diese Funktionen besser erfüllt werden, ist den **Anforderungen**, die an eine effektive Formulierung von Kommunikationszielen gestellt werden, besser zu entsprechen. In diesem Zusammenhang ist insbesondere sicherzustellen, dass die Zielvorgaben eine hohe kommunikationsbedingte Reagibilität und selektive Steuerungskraft aufweisen sowie vollständig und präzise formuliert sind.

Eine hohe **kommunikationsbedingte Reagibilität** der Kommunikationsziele bedeutet, dass die Zielgrößen in starkem Maße sensibel auf Kommunikationsaktivitäten reagieren. Neben Kommunikationszielinhalten, die sich an Kommunikationskontakten orientieren (z.B. Reichweiten, Groß Rating Points u.a.m.), erfüllen insbesondere psychologische Zielsetzungen diese Anforderung. Die den psychologischen Wirkungen nachgelagerten ökonomischen Zielsetzungen (z.B. Steigerung des Deckungsbeitrags) haben hingegen eine geringere kommunikationsbedingte Reagibilität, da die Veränderung von ökonomischen Größen stark vom Einsatz des gesamten Marketinginstrumentariums (z.B. Preis- und Vertriebspolitik) beeinflusst wird. Die Kommunikationsziele von „Invest" zielen in der Mehrheit auf die Erreichung kognitiver (Erhöhung der Markenbekanntheit), affektiver (Verbesserung des Markenimages) und konativer (Erhöhung der Kundenbindung und Steigerung der Kaufabsicht von Anlageprodukten) Zielgrößen und somit auf die Realisierung psychologischer Zielsetzungen ab. Sie erfüllen somit die Anforderung an eine hohe kommunikationsbedingte Reagibilität. Die ökonomische Zielvorgabe der Verbesserung des Gewinns ist hingegen zu wenig kommunikationsbezogen und somit zu überdenken. Als ökonomische Zielgröße mit einem stärkeren Kommunikationsbezug ist beispielsweise die Erhöhung des finanziellen Markenwerts denkbar.

Eine hohe **selektive Steuerungskraft der Kommunikationsziele** ist gegeben, wenn sich aus den Kommunikationszielen konkrete Handlungsimpulse für die Planung der Kommunikationsaktivitäten ableiten lassen. Dies ist bei den Kommunikationszielen von „Invest" jedoch nur im Ansatz gegeben. So lassen sich aus den Kommunikationszielen zwar erste Ansatzpunkte für die Wahl und Ausgestaltung der Kommunikationsinstrumente ableiten (z. B. Verbesserung der Markenbekanntheit und des Markenimages insbesondere über massenmediale Kommunikationsinstrumente und aufmerksamkeitsbezogene Botschaftsgestaltung; Erhöhung des Absatzes von Anlageprodukten durch Direct-Marketing-Maßnahmen, persönliche Kundenansprache und Stimulierung von Weiterempfehlungen); es mangelt jedoch an einer vollständigen und präzisen Zielformulierung, die konkrete Vorgaben für die Kommunikationsplanung gibt.

Eine **vollständige Zielformulierung** bedarf einer Konkretisierung der Kommunikationsziele hinsichtlich Zielart („Was soll erreicht werden?"), Ausmaß der Zielvariablen („Wie viel soll erreicht werden?"), Zeitbezug der Zielvariablen („Wann soll das Ziel erreicht werden?"), Objektbezug der Zielvariablen („Bei welcher Marke/Leistung soll das Ziel erreicht werden?") und Zielgruppe der Zielvariablen („Bei wem soll das Ziel erreicht werden?"). In diesem Sinne sind die Kommunikationsziele von „Invest" weiter auszudifferenzieren. Denkbar sind z. B. folgende verbesserte Zielformulierungen:

- Verbesserung des gestützten Markenbekanntheitsgrads der Marke „Invest" in der allgemeinen Bevölkerung um 15 Prozent innerhalb der nächsten 6 Monate.
- Verbesserung des Markenimages der Marke „Invest" in den Imagedimensionen Kundennähe und Zuverlässigkeit um einen Skalenwert X (auf einer 7er-Skala) bei der Zielgruppe der Privatkunden im Alter zwischen 25 und 35 innerhalb eines Jahres.
- Erhöhung der Kundenbindung bei vermögenden Privatkunden um 30 Prozent innerhalb eines Jahres, gemessen am Zufluss von neuem Anlagegeld.
- Steigerung des Absatzes von Anlageprodukten bei den Privatkunden um 20 Prozent innerhalb eines Jahres.

Durch diese vollständigen Zielformulierungen werden für die weitere Kommunikationsplanung konkrete Aussagen gemacht. Eine Verbesserung der Markenbekanntheit bei der allgemeinen Bevölkerung um 15 Prozent innerhalb von sechs Monaten bedingt beispielsweise einen verstärkten Einsatz der Mediawerbung in reichweitenstarken Titeln und nationalen Fernsehsendern. Auch ist das derzeitige Sponsoringengagement gezielter zur Bekanntmachung der Marke auszuschöpfen. Zur Verbesserung der wahrgenommenen Kundennähe und Zuverlässigkeit der Marke ist eine stark emotional getriebene Kommunikation anzustreben. Auch sind Kommunikationswege zu suchen, mit denen gezielt die Zielgruppe zwischen 25 und 35 angesprochen werden kann. Die Erhöhung der Kundenbindung bei vermögenden Privatkunden um 30 Prozent ist ein ehrgeiziges Ziel und bedarf vielfältiger beziehungsorientierter Kommunikationsanstrengungen (z.B. verstärkter Einsatz von exklusiven Events für Privatkunden, gezielte Beratungsgespräche usw.). Zur Steigerung des Absatzes von Anlageprodukten bei den Privatkunden ist insbesondere nach Wegen der persönlichen Ansprache zu suchen.

Lösungshinweise Aufgabe 5-2

📖 **Bruhn (2009), S. 169-176**

Kommunikationsmaßnahmen verfolgen vor allem **psychologische Zielsetzungen**. Diese sind darauf ausgerichtet, basierend auf der Initiierung eines Kontakts, kognitive, affektive und konative Verarbeitungsprozesse in Gang zu setzen und entsprechende Wirkungen beim Rezipienten auszulösen.

Kognitiv-orientierte Ziele richten sich auf die Informationsaufnahme, -verarbeitung und -speicherung, wie z.B. Erhöhung der Wahrnehmung, Kenntnis und Wissensstrukturen von Angeboten eines Unternehmens. Für die Marke „Call a Drink" lassen sich beispielhaft folgende konative Ziele formulieren:

- Erhöhung der Markenbekanntheit bei den über 30-jährigen privaten Endabnehmern um 20 Prozent innerhalb von 12 Monaten durch eine Werbekampagne.
- Erhöhung der Markenbekanntheit bei potenziellen Geschäftskunden um 20 Prozent innerhalb von 12 Monaten durch persönliche Ansprache.
- Steigerung des Informationsstands der verschiedenen Zielgruppen über die Leistungen von „Call a Drink" (z.B. garantierte Lieferzeiten, Ausbau des Angebots) um 20 Prozent nach Beendigung einer dreimonatigen Werbekampagne.

Affektiv-orientierte Ziele orientieren sich an der Veränderung bzw. am Aufbau von Einstellungen, Images und Präferenzen bei den anvisierten

Zielgruppen. Ziel ist die klare Abgrenzung vom Wettbewerb. Folgende affektive Ziele sind für die Marke „Call a Drink" denkbar:

*   Steigerung der Zufriedenheit mit den Leistungen von „Call a Drink" um 10 Prozent durch eine 6-monatige Zufriedenheitsstudie bei Privat- und Geschäftskunden.
*   Positionierung der Marke „Call a Drink" als zuverlässigen, erschwinglichen und kundenorientierten Zustelldienst für sämtliche Produkte rund um Party und Feste durch eine Mediawerbekampagne innerhalb von 12 Monaten.

Konativ-orientierte Ziele betreffen unmittelbar die Verhaltenssteuerung der Zielgruppen. Sie beziehen sich z.B. auf das Kauf- oder Informationsverhalten. Konative Ziele der Marke „Call a Drink" sind beispielsweise:

*   Erhöhung des Anteils von Stammkunden um 20 Prozent innerhalb von 12 Monaten durch Eröffnung eines Kundenclubs für VIP-Kunden mit zusätzlichen Serviceleistungen (z.B. spezielle Monatsangebote, Kundenmagazin, VIP-Events).
*   Erhöhung der durchschnittlichen Anzahl der Kaufmenge von einen auf zwei Artikel pro Kunde durch spezielle Angebote (z.B. bei Kauf von 5 Artikeln, ein Artikel frei) innerhalb eines Jahres.

Lösungshinweise Aufgabe 5-3

📖 **Bruhn (2009), S. 176-189**

Mit dem Einsatz verschiedener Kommunikationsinstrumente werden in der Regel unterschiedliche Zielsetzungen verfolgt. Für die „Kraxel Corporation" lassen sich unter anderem folgende **instrumentespezifische Zielsetzungen** ableiten. Es sei angemerkt, dass die Informationen in der Aufgabenstellung nicht ausreichen, um die Ziele vollständig zu operationalisieren. Deshalb bleiben einige Zielformulierungen unspezifisch.

Werbekampagne

*   Erhöhung der Bekanntheit der Marke „Kraxel" bei der Zielgruppe der 25- bis 59-Jährigen, die an Outdoor-Aktivitäten interessiert sind, zu den höheren Einkommensschichten gehören, trend- und modebewusst sind und zugleich hohe Qualitätsansprüche an ihre Outdoor-Bekleidung haben.

- Etablierung der Positionierung der Marke in den Köpfen der Zielgruppe als hochwertige Outdoor-Bekleidungsmarke, die Funktionalität mit unverwechselbarem Design verbindet, gemessen durch die wahrgenommene Qualität und Funktionalität sowie das Design der Bekleidung im Vergleich zu den stärksten Wettbewerbern.
- Vermittlung des hohen Preises als angemessenen Preis aufgrund der Qualität und des hohen Innovationsgrads der Bekleidung, gemessen durch das wahrgenommene Preis-Leistungs-Verhältnis.
- Generierung von Aufmerksamkeit und Interesse für die neue Marke, gemessen an der Anzahl der Besuche auf der Markenwebsite.

Verkaufsförderung

- Erhöhung der Markenbekanntheit bei den anvisierten Sportfachhandelsketten (Hochpreissegment, gut sortiert, in Top-Innenstadtlagen).
- Generierung von Interesse für die Marke bei den Sportfachhandelsketten, gemessen an Anfragen für die Zusendung von Informationsmaterial und an Terminvereinbarungen mit Vertriebsmitarbeitenden.
- Überzeugung der Händler von den Produktvorzügen und der Einzigartigkeit der Marke, gemessen an der wahrgenommenen Positionierung der Marke als Anbieter hochwertiger, innovativer und trendiger Outdoor-Bekleidung im Vergleich zu den stärksten Wettbewerbern.
- Sicherstellung eines hohen Distributionsgrads durch Listung bei 80 Prozent der anvisierten Sportfachhandelsketten.
- Initiierung von Erstkäufen bei der Zielgruppe der 25- bis 59-Jährigen.
- Motivierung der Zielgruppe zum Besuch von Verkaufsstellen, gemessen an der Anzahl der Besucher bei Eventveranstaltungen in den Shops.

Multimediakommunikation

- Initiierung von dauerhaften Kundendialogen, gemessen an der Anzahl der Personen, die einen Newsletter abonnieren und an den Anfragen an Mitarbeitende über die Markenwebsite.
- Erzeugen von Interesse für die Produkte und die Firmengeschichte der Marke „Kraxel", gemessen an den Besuchen auf der Markenwebsite.

Sponsoring

- Erhöhung der Bekanntheit der Marke „Kraxel" bei der Zielgruppe der 25- bis 59-Jährigen, die an Outdoor-Aktivitäten interessiert sind, zu den höheren Einkommensschichten gehören, trend- und modebewusst sind und zugleich hohe Qualitätsansprüche an ihre Outdoor-Bekleidung stellen.

- Übertragung der Imagemerkmale Professionalität, Sportlichkeit und Leistungsfähigkeit von den gesponserten Bergführern auf die Marke „Kraxel", gemessen am wahrgenommenen Fit zwischen der Marke „Kraxel" und der Profession der Bergsteiger.

Kapitel 6
Zielgruppenplanung
in der Kommunikationspolitik
(Aufgaben)

Aufgabe 6-1
Konzept der Zielgruppenplanung

Das Unternehmen „Kraftkorn" ist ein neuer Anbieter von Müsli. Das Unternehmen hat sich auf die Produktion von hochwertigem Bio-Müsli spezialisiert. Die Zutaten für die verschiedenen Müslisorten stammen aus streng kontrolliertem Anbau. Bislang hat das Unternehmen nur auf positive Mund-zu-Mund-Kommunikation zur Vermarktung seiner Produkte gesetzt. Im neuen Geschäftsjahr plant das Unternehmen das Geschäft durch eine breite Werbekampagne auszubauen. Sie werden als externer Berater für die Zielgruppenplanung herangezogen.

(a) Skizzieren Sie die **Bedeutung und Ziele der Zielgruppenplanung** im Rahmen der Kommunikationspolitik für die Marke „Kraftkorn".

(b) Erläutern Sie allgemein das **Vorgehen im Rahmen der Zielgruppenplanung** für die Marke „Kraftkorn".

Aufgabe 6-2
Zielgruppenidentifikation, Zielgruppenbeschreibung und Zielgruppenerreichbarkeit

Die Fitnessstudiokette „All for One" ist in vielen Großstädten mit Fitnesscentern vertreten. Die Studios erfüllen höchste Ansprüche. Neben hochwertigen Kraftsportgeräten haben alle Studios einen großräumigen Wellnessbereich mit Sauna, Ruhezonen, Behandlungsräumen (z.B. Massage und Kosmetik) und Swimmingpool. Darüber hinaus wird eine Vielzahl von Kursen angeboten (z.B. Aerobic, Joga, Spinning). Besonderes Augenmerk liegt auf der individuellen, typengerechten Betreuung jedes einzelnen Kunden. Der Kundenkreis der Kette ist heterogen im Hinblick auf die Nutzenerwartungen. Einige Kunden nehmen primär das Angebot zum Muskelaufbau (Kraftsportgeräte) in Anspruch. Diese

Kundengruppe zeichnet sich durch ein stark ausgeprägtes Körperbewusstsein aus. Andere Kunden trainieren eher gesundheitsbewusst. Bei diesen Kunden steht das ganzheitliche körperliche Wohlgefühl, d.h. Ausdauer, Kraft und Entspannung, im Zentrum. Sie nehmen dementsprechend eine Vielzahl unterschiedlicher Leistungen der Fitnesskette in Anspruch (z.B. Kraftsport, Wellness, Fitnesskurse). Eine letzte Kundengruppe schätzt primär das umfassende Wellness- und Ernährungsberatungsangebot der Fitnesskette. Diese stark genuss- und ernährungsorientierte Kundengruppe besteht vorwiegend aus Frauen. Bislang hat das Unternehmen seine Kommunikationsmaßnahmen an folgender Zielgruppe ausgerichtet:

„16- bis 80-Jährige, die Fitnessstudios besuchen und Wert auf Qualität legen".

Die Kommunikationsmaßnahmen haben in der Vergangenheit nicht zur gewünschten Akquisition von neuen Kunden geführt. Die Unternehmensführung vermutet, dass eine falsche Zielgruppenplanung hierfür verantwortlich ist. Sie wendet sich mit diesem Problem an Sie als freiberufliche(n) Kommunikationsberater(in) mit der Bitte, die Zielgruppenplanung zu beurteilen und Verbesserungsvorschläge zu erarbeiten.

(a) Nehmen Sie zur derzeitigen **Zielgruppenplanung** kritisch Stellung. Beurteilen Sie hierzu, inwieweit diese eine effektive und effiziente Kommunikationsplanung ermöglicht.

(b) Erarbeiten Sie Vorschläge, auf Basis welcher Kriterien eine **Zielgruppenidentifikation** für die Fitnessstudiokette sinnvoll ist. Begründen Sie Ihre Entscheidung, indem Sie die Kriterien hinsichtlich der Kaufverhaltensrelevanz, Handlungsfähigkeit, zeitlichen Stabilität, Messbarkeit und Erreichbarkeit bewerten. Grenzen Sie auf Basis dieser Kriterien die unterschiedlichen Zielgruppen von „All for One" voneinander ab.

(c) Diskutieren Sie exemplarisch einige Merkmale, die zur **Zielgruppenbeschreibung** der von Ihnen identifizierten Zielgruppen herangezogen werden können.

(d) Treffen Sie schließlich mit Hilfe des Affinitätenkonzepts Aussagen über die **Zielgruppenerreichbarkeit**.

Aufgabe 6-3
Einsatz von Typologien

Seit der Liberalisierung des deutschen Strommarkts im Jahre 1998 sind die Stromanbieter gezwungen, eine stärkere Kunden- und Zielgruppenorientierung zu realisieren. Das Marktforschungsunternehmen *Nordlight Research* hat in seiner Studie „Private Stromkunden in Deutschland 2008" eine Typologie von deutschen Stromkunden identifiziert. Die Ergebnisse der Studie sind im nachfolgenden Pressetext zusammengefasst:

Eine differenzierte Betrachtung der deutschen Stromverbraucher zeigt, dass diese mittlerweile sehr unterschiedlich „ticken" und der Strom längst nicht mehr einfach nur aus der Steckdose kommt. In der Bevölkerung lassen sich demnach fünf verschiedene Typen von Stromkunden abgrenzen, die sich durch unterschiedliche Einstellungen und Präferenzen in punkto Qualität, Preis und Anbieter des Produkts Strom auszeichnen.

So zeigen die „Pragmatiker" mit einem Bevölkerungsanteil von 39 % nur wenig emotionales Interesse am Produkt Strom und entscheiden nach nutzenorientierten bzw. funktionalen Kriterien. „Markenbewusste" (22 %) legen hingegen großen Wert darauf, von namhaften Unternehmen mit Strom beliefert zu werden und haben ebenso wie die Pragmatiker starkes Interesse an Mehrwertleistungen der Anbieter (wie z.B. telefonische Energieberatung oder stromnahe Zusatzprodukte). Der „Unabhängige" (19 %) kennt sich besonders gut zum Thema Strom und Stromtarife aus und ist zudem überdurchschnittlich umweltbewusst, sodass er in besonderem Maße „Grüner Energie" zuneigt. „Discount-Shopper" (11 %) sind hingegen strikt preisorientiert und besonders wechselaffin, während sich der „Scheue" (9 %) durch die zunehmenden Wahlmöglichkeiten im Strommarkt überfordert fühlt und zudem häufig formale oder technische Probleme bei einem Anbieterwechsel befürchtet.

Schaubild 6-1: Pressemitteilung der Nordlight Research GmbH vom 14.08.2008
(Quelle: http://www.nordlight-research.com)

(a) Erläutern Sie am Beispiel der Typologie von Stromkunden den **Begriff der Zielgruppentypologie**.

(b) Diskutieren Sie, inwieweit die Zielgruppentypologie von Stromkunden die **Anforderungen an Segmentierungskriterien** (Kaufverhaltensrelevanz, Handlungsfähigkeit, zeitliche Stabilität, Messbarkeit, Wirtschaftlichkeit und Zugänglichkeit) erfüllt.

Kapitel 6
Zielgruppenplanung in der
Kommunikationspolitik
(Lösungshinweise)

Lösungshinweise Aufgabe 6-1

📖 **Bruhn (2009), S. 191-193**

Im Anschluss an die Festlegung der Kommunikationsziele sind im Rahmen der **Zielgruppenplanung** jene Zielgruppen zu ermitteln und zu beschreiben, bei denen die angestrebten Zielsetzungen erreicht werden können. Unter Zielgruppen werden die mit einer Kommunikationsbotschaft anzusprechenden Empfänger (Rezipienten) der Kommunikation bezeichnet. Grundlage der Zielgruppenplanung bilden die Marktsegmente, die ein Unternehmen idealtypisch im Zuge der strategischen Marketingplanung abgegrenzt hat. Die definierten Marktsegmente stellen den maximalen Umfang der kommunikationsbezogenen Zielgruppen dar.

Teilaufgabe (a)

Kommunikationsmaßnahmen sind stets zielgruppenorientiert auszurichten, da es keine generelle, sondern nur eine **zielgruppenspezifische Wirksamkeit** von Kommunikationsmaßnahmen gibt. Das Bio-Müsli von „Kraftkorn" richtet sich an Kunden, die Wert auf eine gesunde Ernährung legen und qualitätsbewusst sind. Durch eine an den spezifischen Eigenschaften und Bedürfnissen dieser Zielgruppe orientierte Auswahl und Gestaltung der Kommunikationsinhalte sowie -mittel wird eine höhere Wirkung erzielt als bei einer undifferenzierten kommunikativen Marktbearbeitung (z. B. allgemeine Ansprache von sämtlichen Müslikunden). Je detaillierter und transparenter die Zielgruppenplanung erfolgt, desto höher ist die Wahrscheinlichkeit, eine Form der kommunikativen Ansprache zu finden, die auf die Bedürfnisse, Erwartungen und Wünsche der anvisierten Zielgruppe(n) eingeht. Hierdurch wird das Risiko von Streuverlusten minimiert und somit die Effizienz und Effektivität der Kommunikationsarbeit gesteigert.

Teilaufgabe (b)

Im Rahmen der Zielgruppenplanung für die Marke „Kraftkorn" hat zunächst die **Zielgruppenidentifikation** zu erfolgen, d.h., es sind diejenigen Personen zu identifizieren, die zur Realisierung der Unternehmens- und Marketingziele werblich anzusprechen sind. Bei der Marke „Kraftkorn" handelt es sich dabei in erster Linie um sämtliche Personen, die Wert auf eine gesunde Ernährung legen und qualitätsbewusst sind. Zu unterscheiden ist hierbei zwischen Verwender und Käufer von Bio-Müsli, da es sich um ein Verbrauchsgut des täglichen Bedarfs handelt. Da davon auszugehen ist, dass in Mehrpersonenhaushalten Entscheidungen über die Markenwahl von den Verwendern beeinflusst, aber primär von den Käufern getätigt werden, die nicht unbedingt Verwender von Müsli sind, hat sich die Kommunikation an beide Zielgruppen zu richten.

Der Zielgruppenidentifikation schließt sich die **Zielgruppenbeschreibung** an. Hierbei ist zu versuchen, möglichst genaue Informationen über die Zielgruppe zu generieren, wie z.B. Alter, Einkommen und Geschlecht. Müslis werden von Männern und Frauen meist mittleren Alters konsumiert. Beim Bio-Müsli von Kraftkorn handelt es sich um ein hochwertiges Premium-Müsli. Dies impliziert einen vergleichsweise hohen Preis. Daher richtet sich das Müsli primär an wenig preissensible Kunden.

Die Zielgruppenidentifikation und -beschreibung stellen die Voraussetzung für eine Analyse der **Zielgruppenerreichbarkeit** dar. In dieser letzen Phase hat „Kraftkorn" in Erfahrung zu bringen, über welche Medien die Zielgruppen am besten anzusprechen sind (z.B. über Fitnessmagazine wie *Fit for Fun*).

Lösungshinweise Aufgabe 6-2

📖 **Bruhn (2009), S. 193-210**

Die Zielgruppenplanung gliedert sich idealtypisch in die **Phasen der Zielgruppenidentifikation, -beschreibung und -erreichbarkeit**. Im Rahmen der Zielgruppenidentifikation sind jene Personen zu identifizieren, die zur Realisierung der Unternehmens- und Marketingziele kommunikativ anzusprechen sind. Durch die Zielgruppenbeschreibung wird in einem nächsten Schritt versucht, möglichst genaue Informationen über die Zielgruppe zu generieren. Die Analyse der Zielgruppenerreichbarkeit hat in einem letzten Schritt zum Ziel, die Kommunikationsinstrumente und -mittel zu bestimmen, die sich zur Ansprache der anvisierten Zielgruppen besonders eignen.

Teilaufgabe (a)

Die Kommunikation der Fitnessstudiokette „All for One" ist derzeit auf die Zielgruppe der 16- bis 80-jährigen Fitnessstudiobesucher ausgerichtet, die Wert auf Qualität legen. Diese **Zielgruppenplanung** ist als zu undifferenziert zu bewerten, da sich der Kundenkreis der Fitnessstudiokette aus verschiedenen Zielgruppen mit unterschiedlichen Bedürfnissen bzw. Erwartungen zusammensetzt. Dementsprechend sind auch die Kommunikationsinhalte und -mittel zielgruppenspezifisch auszurichten, um die Effektivität und Effizienz der Kommunikationsarbeit sicherzustellen. Daher empfiehlt sich eine differenzierte Zielgruppenplanung, bei denen die verschiedenen Kundengruppen von Fitnessstudiobesuchern voneinander abgegrenzt und beschrieben werden.

Teilaufgabe (b)

Die **Zielgruppenidentifikation** hat zum Ziel, Gruppen von Kommunikationsrezipienten voneinander abzugrenzen, die im Hinblick auf die (Kommunikations-) Bedürfnisse in sich weitgehend homogen und gegenüber anderen Zielgruppen heterogen sind. Die Kriterien, anhand derer die Zielgruppen gebildet und voneinander abgegrenzt werden, haben verschiedene Anforderungen zu erfüllen (z.B. Kaufverhaltensrelevanz, Handlungsfähigkeit, zeitliche Stabilität u.a.m.).

Für die Fitnessstudiokette „All for One" bietet es sich an, die Zielgruppenidentifikation auf Basis der psychografischen Kriterien **Gesundheits-, Körper-, Genuss- und Ernährungsbewusstsein** vorzunehmen. Anhand dieser Einstellungskriterien lassen sich Zielgruppen voneinander abgrenzen, die unterschiedliche Motive mit dem Besuch eines Fitnessstudios verfolgen **(Kaufverhaltensrelevanz)**. Darüber hinaus lassen sich anhand dieser Kriterien Ansatzpunkte für den gezielten, differenzierten Kommunikationseinsatz ableiten **(Handlungsfähigkeit)**. So ist beispielsweise zur Ansprache primär gesundheitsbewusster Fitnessstudiokunden das umfassende Angebot für das Training von Ausdauer, Kraft und Entspannung zu betonen. Körperbewusste Kunden sind über die Ausstattung mit hochwertigen, innovativen Kraftsportgeräten zu informieren. Die **zeitliche Stabilität** dieser Kriterien ist ebenfalls gegeben. Zwar ist davon auszugehen, dass das Motiv zur Nutzung eines Fitnessstudios in der Regel mit dem Alter variiert (z.B. im jungen Alter primär körperbewusst, später eher Gesundheits- und Genussorientierung), jedoch ergeben sich diese Veränderungen eher über einen längeren Zeitraum, sodass diese Einstellungskriterien relativ dauerhaft und stabil sind. Da es sich bei den (Einstellungs-) Kriterien um hypothetische Konstrukte handelt, ist deren Erhebung **(Messbarkeit)** mit einem gewissen Aufwand verbunden. Es ist jedoch davon auszugehen, dass der Nutzen die Kosten der Erhebung überschreitet und somit die **Wirtschaftlichkeit** gegeben ist. Schließlich lassen sich anhand der Ausprägung dieser Kriterien Rückschlüsse über die **Erreichbarkeit** der Zielgruppe ziehen, da die verschiedenen Typen unterschiedliche Informationsplattformen nutzen. So werden z.B. genuss- und ernährungsbewusste Kunden andere Zeitschriften verstärkt nachfragen als primär körperbewusste Kunden.

Auf Basis dieser Kriterien lassen sich **drei unterschiedliche Zielgruppen** identifizieren:

* Gesundheitsbewusste Kunden,
* Körperbewusste Kunden,
* Genuss- und ernährungsbewusste Kunden.

Teilaufgabe (c)

Im Rahmen der **Zielgruppenbeschreibung** sind genaue Informationen über verschiedene Merkmale der einzelnen identifizierten Zielgruppen zu generieren, um diese genauer beschreiben und somit kommunikativ ansprechen zu können.

Zur näheren Charakterisierung der verschiedenen Zielgruppen von „All for One" lässt sich eine Vielzahl von Kriterien heranziehen. Erkenntnisreich sind z.B. **demografische Merkmale**, wie das Durchschnittsalter und das Geschlecht. Zwar ist davon auszugehen, dass die unterschiedlichen Typen von Fitnessstudiobesuchern unabhängig vom Geschlecht und Alter sind; es ist jedoch anzunehmen, dass z.B. körperbewusste Fitnessstudiokunden, die den Fokus auf Krafttraining legen, eher jüngeren Alters und männlich sind. Dagegen werden genuss- und ernährungsbewusste Kunden eher Frauen mittleren und älteren Alters sein. Neben diesen demografischen Merkmalen lassen sich auch **sozioökonomische Merkmale**, wie z.B. Beruf und Einkommen, zur Beschreibung der Zielgruppen heranziehen. Da die Fitnessstudiokette höchste

Ansprüche erfüllt und somit als Premiummarke positioniert ist, richtet sie sich primär an Personen mit höheren Einkommen und relativ wenig preissensible Kunden.

Teilaufgabe (d)

Bei der Analyse der **Zielgruppenerreichbarkeit** ist zu ermitteln, durch welche Kommunikationsinstrumente und -mittel die verschiedenen Zielgruppen am besten erreicht werden können.

Hierzu dient das **Affinitätenkonzept**, das die Relation zwischen den Nutzerschaften der einzelnen Kommunikationsinstrumente bzw. -mittel und den Zielgruppen des Unternehmens beschreibt. Es ist demnach zu analysieren, welche Nutzerschaften von bestimmten Kommunikationsinstrumenten bzw. -mitteln hohe Überschneidungen mit der Zielgruppe von „All for One" haben. Ist die Überschneidung bzw. der Affinitätsgrad hoch, werden Streuverluste minimiert.

Zur Ansprache der Zielgruppe von körperbewussten Kunden eignen sich im Rahmen der Mediawerbung z.B. Zeitschriften, die sich speziell dem Muskelaufbau widmen. Gesundheitsbewusste Kunden können mit Anzeigen angesprochen werden, die in Fitnessmagazinen (z.B. *Fit for Fun*) platziert werden. Zur speziellen Ansprache von genuss- und ernährungsbewussten Kunden eignen sich beispielsweise Frauenzeitschriften und Lifestyle-Magazine.

Lösungshinweise Aufgabe 6-3

📖 **Bruhn (2009), S. 203-208**

Typologien werden häufig zur Zielgruppenbeschreibung eingesetzt, um nähere Anhaltspunkte für die kommunikative Bearbeitung der identifizierten Zielgruppen zu erhalten. Je nach Art der zur Typologisierung von Zielgruppen herangezogenen Kriterien, lassen sich unterschiedliche Arten von Typologisierungsstudien unterscheiden (z.B. persönlichkeits-, kaufverhaltens- und kommunikationsverhaltensbezogene Typologien).

Teilaufgabe (a)

Unter dem **Begriff einer Typologie** wird die Aufteilung einer Grundgesamtheit in Teilgruppen mittels einer Kombination von Merkmalen bezeichnet. Die Idee der Typologisierung von Zielgruppen besteht entsprechend darin, eine mehrdimensionale, auf verschiedenen Merkmalen beruhende Einteilung potenziell anzusprechender Zielgruppen zu erhalten. Die Einteilung erfolgt in der Form, dass die Mitglieder gleicher Teilgruppen über alle Variablen bzw. Merkmale hinweg homogen sind und sich von den Mitgliedern der anderen Teilgruppen möglichst stark unterscheiden. Die einzelnen Teilgruppen werden als Typen und die Gesamtheit aller Typen als Typologie bezeichnet.

Bei der Typologisierung der Stromkunden von *Nordlight Research* werden die Stromkunden auf Basis von Einstellungen und Präferenzen in punkto Qualität, Preis und Anbieter des Produkts Strom in die Teilgruppen bzw. Typen „Pragmatiker", „Markenbewusste", „Unabhängige", „Discount Shopper" und „Scheue" unterteilt.

Teilaufgabe (b)

An Segmentierungskriterien werden unterschiedliche Anforderungen gestellt. Werden die Kaufverhaltensrelevanz, Handlungsfähigkeit, zeitliche Stabilität, Messbarkeit, Wirschaftlichkeit und Zugänglichkeit als Beurteilungskriterien herangezogen, so ist die Typologisierung von Stromkunden wie folgt zu beurteilen:

- **Kaufverhaltensrelevanz**: Die Ergebnisse der Studie unterteilt die Grundgesamtheit von Stromkunden in verschiedene Teilgruppen von Konsumenten, die unterschiedliche Einstellungen und Präferenzen im Hinblick auf das Produkt Strom haben. Insgesamt ist davon auszugehen, dass die Stromkundentypologie einen hohen Bezug zur Kaufentscheidung hat. So entscheiden die „Pragmatiker" primär auf Basis von funktionalen Kriterien. „Markenbewusste" sind hingegen markengetrieben. „Unabhängige" fragen insbesondere „Grüne Energie" nach. „Discount Shopper" lassen sich bei ihrer Kaufentscheidung vor allem durch den Preis leiten. Lediglich bei der Kundengruppe „Scheue" sind die kaufverhaltensrelevanten Kriterien nicht direkt ersichtlich.
- **Handlungsfähigkeit**: Die Ausprägung der Segmentierungskriterien hat Ansatzpunkte für den gezielten und differenzierten Einsatz der Kommunikation zu liefern. Die Stromkundentypologie lässt einige

Rückschlüsse für die Kommunikationsplanung zu. So ist z.b. im Rahmen der Situationsanalyse in Erfahrung zu bringen, wie hoch der Anteil der verschiedenen Kundengruppen bei *Nordlight Research* ist. Im Rahmen der Botschaftsgestaltung sind z.b. „Pragmatiker" primär mit rationalen Botschaften anzusprechen, während die Gruppe der „Markenbewussten" für emotionale Markenkommunikation empfänglich ist. Bei den „Unabhängigen" ist anzunehmen, dass sie aufgrund ihres hohen Involvements ausführliche Informationen zum Stromangebot schätzen. „Discount Shopper" stellen preisorientierte Kunden dar. Sie sind daher insbesondere durch eine zielgerichtete Preiskommunikation zum Verbleib beim Unternehmen bzw. zum Wechsel zum Unternehmen zu überzeugen.

- **Zeitliche Stabilität**: Vor dem Hintergrund, dass die Zielgruppenplanung langfristig ausgerichtet ist, sind Segmentierungskriterien zu wählen, die über einen längeren Zeitraum hinweg Gültigkeit haben. Als Nachteil von Typologien erweist sich häufig deren Instabilität, d.h., Typologien sind wechselnden Trends, Veränderungen und dem gesellschaftlichen Wertewandel unterworfen. So ist z.B. davon auszugehen, dass der Anteil der „Unabhängigen" in Zukunft zunehmen wird, da das ökologische Bewusstsein steigt.
- **Messbarkeit**: Die Konsumententypologie beruht auf Einstellungen und Präferenzen von Stromkunden. Zur Operationalisierung von Einstellungen und Präferenzen haben sich in der Wissenschaft verschiedene Verfahren etabliert (z.B. multidimensionale Skalierung). Die Messbarkeit ist somit sichergestellt.
- **Wirtschaftlichkeit**: Die Erhebung von Einstellungen der Stromkunden zum Produkt Strom im Allgemeinen sowie zu einer bestimmten Strommarke im Speziellen bedingt einen hohen finanziellen Aufwand für die Datenerhebung, -analyse und -interpretation. Durch die Konzentration auf die Interessensgebiete der Konsumenten lassen sich auch die Zahlungsbereitschaften bei den Käufern nutzen. Für eine abschließende Beurteilung der Wirtschaftlichkeit ist jedoch eine individuelle Kosten-Nutzen-Analyse notwendig.
- **Zugänglichkeit**: Die zur Typologisierung herangezogenen Segmentierungskriterien haben schließlich darüber Auskunft zu geben, mit welchen Kommunikationsmaßnahmen die Zielgruppen erreicht werden können. Aus der Segmentierung der Stromkunden lassen sich erste Implikationen für die Auswahl von Werbeträgern ableiten. Bei der umweltbewussten und mit Stromthemen und -tarifen vertrauten Zielgruppe der „Unabhängigen" ist beispielsweise davon auszugehen, dass sich diese vor allem durch informative Anzeigen in Fachzeitschriften ansprechen lassen.

Kapitel 7
Entwicklung von Kommunikationsstrategien für einzelne Kommunikationsinstrumente
(Aufgaben)

Aufgabe 7-1
Begriff und Elemente einer Kommunikationsstrategie

Der amerikanische Snowboardhersteller „Fast & Furious" vertreibt seine Produkte bislang ausschließlich in den USA. Für das kommende Jahr plant das Unternehmen den Markteintritt im deutschsprachigen Raum (Deutschland, Schweiz, Österreich). In den USA hat sich „Fast & Furious" zu einer Kultmarke mit eigenem Lifestyle entwickelt, deren Snowboards insbesondere aufgrund des auffallenden Graffiti-Designs in der Boarder-Szene nachgefragt werden. Getreu dem Slogan der Marke „Individual Boards for Individual Riders" werden alle Snowboards mit einem individuellen Graffiti versehen, sodass jedes Snowboard nur einmal auf der Welt existiert. In den USA sind die Snowboards im Hochpreissegment positioniert und richten sich an anspruchsvolle Snowboardfahrer, die nicht nur auf höchste Qualität, sondern auch auf ein ausgefallenes, die Persönlichkeit unterstreichendes Design ihrer Ausrüstung Wert legen. Den Markteintritt im deutschsprachigen Raum plant das Unternehmen über eine breite Werbekampagne in ausgewählten TV-Sendern *(MTV Europe, Viva, Eurosport)* sowie Printanzeigen in Snowboard-Magazinen zu begleiten.

Als Kommunikationsfachmann zeichnen Sie sich für die **Entwicklung der Werbestrategie** für den Markteintritt der Marke „Fast & Furious" im deutschsprachigen Raum verantwortlich.

(a) Erläutern Sie am Beispiel von „Fast & Furious" das **Ziel und Verständnis** einer Kommunikationsstrategie im Allgemeinen bzw. einer Werbestrategie im Speziellen.

(b) Konkretisieren Sie die Kommunikationsstrategie für die Marke „Fast & Furious". Erläutern Sie hierzu, welche **Dimensionen einer Werbestrategie** sich für die Marke „Fast & Furious" unterscheiden lassen und beschreiben Sie mögliche Ausprägungen der einzelnen Dimensionen.

Aufgabe 7-2
Typen von Kommunikationsstrategien

Als Inhaber einer großen Werbeagentur wollen Sie sich ein Bild über die derzeitige Werbestrategie ausgewählter Unternehmen verschaffen. In Schaubild 7-1 bis 7-5 sind aktuelle Anzeigenmotive von Unternehmen unterschiedlicher Branchen dargestellt.

Schaubild 7-1: Anzeigenmotiv von Air Berlin

Schaubild 7-3: Anzeigemotiv von Salzgitter

Schaubild 7-2: Anzeigenmotiv von UBS

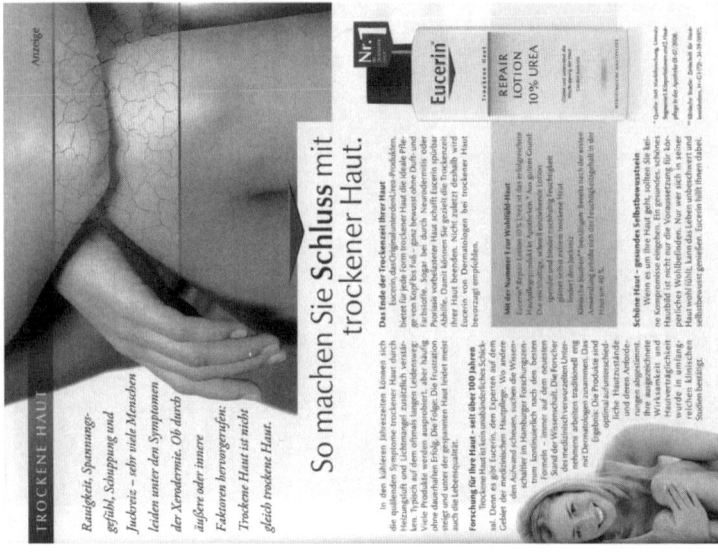

Schaubild 7-5: Anzeigenmotiv von Eucerin

Schaubild 7-4: Anzeigenmotiv von Coral

Diskutieren Sie, welche **Werbestrategien** (Bekanntmachungs-, Informations-, Imageprofilierungs-, Konkurrenzabgrenzungs-, Zielgruppenerschließungs-, Kontaktanbahnungs- oder Beziehungspflegestrategie) mit den Anzeigenmotiven von den Unternehmen verfolgt werden.

Aufgabe 7-3
Instrumentespezifische Kommunikationsstrategien

Als Inhaber einer Kommunikationsagentur betreuen Sie verschiedene Kunden bei ihren Kommunikationsstrategien:

(a) Zurzeit unterstützen Sie zwei verschiedene Mandanten bei ihrer **Sponsoringstrategie**. Der Automobilhersteller „Fahrwerk" möchte mit Hilfe von Sponsoringmaßnahmen die Erschließung von jugendlichen Zielgruppen im Alter zwischen 18 und 29 Jahren für seinen neuen Kleinwagen „Miniatur" vorantreiben. Der zweite Kunde, der Schreibwarenhersteller „Helios", bietet hochwertige Kugelschreiber und Füllfederhalter an. Im Vergleich zu den Wettbewerbern, wie z.B. *Mont Blanc*, wird die Marke als weniger exklusiv sowie traditions- und qualitätsverbunden wahrgenommen. Über eine geeignete Sponsoringstrategie will das Unternehmen versuchen, eine Imageprofilierung bei den Zielgruppen herbeizuführen. Erläutern Sie, welche Sponsoringengagements sich für die beiden Mandanten zur Zielgruppenerschließung („Fahrwerk") bzw. Imageprofilierung („Helios") anbieten.

(b) Für die Fluglinie „Golden Sky" sind Sie beratend bei der Entwicklung der **Direct-Marketing-Strategie** tätig. Die Fluglinie bietet ausschließlich First-Class-Flüge zwischen Frankfurt und New York an. In den letzten Jahren beklagt die Fluglinie einen massiven Rückgang ihrer Stammkunden, die zu günstigeren Fluglinien wechseln. Vor diesem Hintergrund beabsichtigt das Unternehmen, über Direct-Marketing-Maßnahmen eine Verbesserung der Kundenbindung zu erzielen.
Skizzieren Sie beispielhafte Direct-Marketing-Maßnahmen, die sich im Rahmen einer **Betreuungsstrategie** zur Kundenbindung einsetzen lassen.

(c) Das insbesondere bei Jugendlichen beliebte Fast-Food-Unternehmen „Supersize" steht in der öffentlichen Kritik, mit seinen Fast-Food-Produkten einen wesentlichen Beitrag zur zunehmenden Verfettung von Jugendlichen zu leisten. Die Unternehmensleitung überdenkt, wie im Rahmen der **PR-Strategie** auf die Vorwürfe zu reagieren ist.

Erläutern Sie die unterschiedlichen **PR-Strategieoptionen** (Innovationsstrategie, Anpassungsstrategie, Widerstandsstrategie und Ausweichstrategie), die dem Unternehmen „Supersize" zur Verfügung stehen und treffen Sie eine Aussage, welche strategische Ausrichtung „Supersize" zu empfehlen ist.

Kapitel 7
Entwicklung von Kommunikationsstrategien für einzelne Kommunikationsinstrumente
(Lösungshinweise)

Lösungshinweise Aufgabe 7-1

📖 **Bruhn (2009), S. 225-229**

Neben der Entwicklung eines strategischen, integrierten Kommunikationskonzepts für das Gesamtunternehmen ist für jedes Kommunikationsinstrument eine eigene **Kommunikationsstrategie** zu entwickeln. Diese ist dabei „Down-up" in das strategische Kommunikationskonzept für das Gesamtunternehmen zu integrieren, d.h., die instrumentespezifische Kommunikationsstrategie ist auf die übergeordneten kommunikativen Zielsetzungen hin sowie mit anderen Kommunikationsinstrumenten abzustimmen.

Teilaufgabe (a)

Der **Begriff der Kommunikationsstrategie** bringt zum Ausdruck, dass es sich um einen verbindlichen Verhaltensplan handelt, der auf Basis der Ergebnisse der kommunikativen Situationsanalyse die zentrale Wirkungs- bzw. Stoßrichtung eines Kommunikationsinstruments über mehrere Planungsperioden festlegt. Die Werbestrategie für den Markteintritt der Marke „Fast & Furious" gibt somit den verbindlichen, langfristigen Handlungsrahmen für die operative Ausgestaltung von Werbemaßnahmen vor.

Ziel der Kommunikationsstrategie ist es, die Werbeanstrengungen auf die übergeordneten strategischen Kommunikationsziele hin zu kanalisieren, um somit einen zielgerichteten Einsatz der Mediawerbung zu garantieren.

Teilaufgabe (b)

Die Werbestrategie hat verbindliche Aussagen über die Schwerpunktlegung der Mediawerbung zu folgenden **Entscheidungstatbeständen bzw. -dimensionen** zu treffen:

- Werbeobjekt (Welche Marke bzw. Leistung wird mit der Mediawerbung primär kommunikativ unterstützt?),
- Werbezielgruppen (Welche Zielgruppen werden mit der Mediawerbung primär angesprochen?),
- Werbebotschaft (Welche zentralen Inhalte werden mit der Mediawerbung transportiert?),
- Werbemaßnahmen (Welche Mediawerbemaßnahmen und -mittel werden primär zur Erreichung der Werbeziele eingesetzt?),
- Werbetiming (Wann und wie häufig wird die Mediawerbung eingesetzt?),
- Werbeareal (Wird die Mediawerbung primär lokal, regional, national oder international ausgerichtet?).

Das zentrale **Werbeobjekt** stellt das Gesamtunternehmen „Fast & Furious" bzw. die Snowboards der Marke „Fast & Furious" dar. Primäre **Werbezielgruppe** sind anspruchsvolle Snowboardfahrer, die Wert auf Qualität und ein ausgefallenes Design legen. Die **Kernwerbebotschaft** ergibt sich aus der Positionierung des Unternehmens. Sie hat die „Unique Selling Proposition" in eine „Unique Communication Proposition" bzw. für die Werbung in eine „Unique Advertising Proposition" (UAP) umzusetzen. Die Marke „Fast & Furious" positioniert sich als Snowboardmarke, die Wert auf individuelles Design, Qualität und Lifestyle legt. Der bestehende Slogan der Marke „Individual Boards for Individual Riders" kann in diesem Zusammenhang als Kernbotschaft verstanden werden, der insbesondere auf das Positionierungsmerkmal „Individualität" abhebt. Diese Kernbotschaft gilt es durch die dominanten **Werbemaßnahmen** an die Zielgruppen zu transportieren. Als Leitmedien werden die Massenmedien Printanzeigen und Fernsehspots gewählt, die sich insbesondere sowohl zum Aufbau von Markenbekanntheit als auch zum Transport von emotionalen Markenbotschaften eignen. Über diese Leitmedien hinaus bietet sich der Einsatz weiterer Werbemedien, wie z. B. Onlinewerbung, an. Im Hinblick auf das **Werbeareal** ist zu entscheiden, ob die Werbeaktivitäten primär lokal, regional, national oder international ausgerichtet werden. Für den Markteintritt im deutschsprachigen Raum bietet sich auf Basis von Effizienz- und Effektivitätsüberlegungen eine international ausgerichtete Werbekampagne an. Beim **Werbetiming** ist ein konzentrierter Werbeeinsatz zu empfehlen (z. B. September bis Februar), da die Nachfrage nach Snowboards in der Regel saisonal bedingt ist.

Lösungshinweise Aufgabe 7-2

📖 Bruhn (2009), S. 229-233

Die von Unternehmen anvisierten Kommunikationsstrategien können verschiedene strategische Zielsetzungen verfolgen. Je nach Kommunikationsinstrument lassen sich verschiedene **Typen von Kommunikationsstrategien** unterscheiden, die eine unterschiedliche Schwerpunktlegung des Kommunikationsinstruments bewirken.

Die in Schaubild 7-1 bis 7-5 dargestellten Anzeigenmotive lassen sich folgenden **Typen von Werbestrategien** zuordnen:

- **Bekanntmachungsstrategie**
  Bei der Bekanntmachungsstrategie zielt der Werbeeinsatz auf die Erhöhung von Kenntnissen ab und dient in erster Linie dazu, neue Produkte in der Einführungsphase einem breiten Publikum bekannt zu machen (Einführungswerbung) oder deren Kenntnisse durch so genannte Erinnerungswerbung zu aktualisieren. Entsprechend dieser Zielsetzung ist die Werbung in der Regel aufmerksamkeitsstark ausgerichtet. Eine Bekanntmachungsstrategie ist bei dem Anzeigenmotiv von *Coral* für das Produkt *Optimal Color* erkennbar. Die Anzeige betont den Neuigkeitswert des Produkts und die Produktvorteile; sie zielt primär auf die Erhöhung von Bekanntheitswerten für das Produkt im Rahmen der Produkteinführung ab.

- **Informationsstrategie**
  Die Informationsstrategie hat zum Ziel, detaillierte Informationen über Produkteigenschaften bzw. Serviceleistungen zu vermitteln. Die Werbestrategie ist in diesem Zusammenhang stark informativ und rational ausgerichtet. Häufig steht die Überzeugung der Werbeadressaten von den Produkt- bzw. Serviceeigenschaften im Vordergrund (Persuasionswerbung). Das Anzeigenmotiv von *Eucerin* besticht durch detaillierte Produktinformationen – erkennbar durch die Textlastigkeit der Anzeige. Der interessierte Leser erhält die Möglichkeit, sich eingängig mit dem Produkt (Inhaltsstoffe, Wirkungsweisen usw.) auseinander zu setzen.

- **Imageprofilierungsstrategie**
Dieser Strategietyp stellt spezielle Nutzendimensionen, wie z.B. Natürlichkeit oder Exklusivität, in den Vordergrund der Kommunikation. Hierbei geht es nicht primär um die Vermittlung von Kenntnissen, sondern vielmehr darum, positive Einstellungen zur Marke zu evozieren und ein klares Markenimage zu vermitteln bzw. zu aktualisieren. Die Gestaltung der Kommunikationsbotschaft ist bei diesem Strategietyp in der Regel stark emotional. Eine Imageprofilierungsstrategie verfolgt der Stahltechnologiekonzern *Salzgitter* mit seiner Anzeigenkampagne. Die Vermittlung der Markenpositionierung (innovativ, leistungsorientiert u.a.m.) steht im Vordergrund der Anzeigenkampagne.

- **Zielgruppenerschließungsstrategie**
Im Rahmen der Zielgruppenerschließungsstrategie stehen die Ansprache und Erschließung von bestehenden oder neuen Zielgruppen im Mittelpunkt der Kommunikationsanstrengungen. Die werblichen Aktivitäten sind in diesem Fall vorrangig an den zielgruppenspezifischen Bedürfnissen auszurichten, damit die Zielpersonen die Stimuli überhaupt wahrnehmen bzw. verarbeiten. Ein Beispiel für eine Zielgruppenerschließungsstrategie ist das Anzeigenmotiv von *Air Berlin*. Die Anzeige richtet sich ausschließlich an Geschäftskunden, die beruflich die Dienste der Fluglinie in Anspruch nehmen. Es wird auf die zentralen Leistungen der Fluglinie hingewiesen, die insbesondere für Geschäftskunden von Relevanz sind (komfortabel, schnell, zuverlässig).

- **Beziehungspflegestrategie**
Die Beziehungspflegestrategie konzentriert sich auf den Aufbau und die Pflege von Kontakten bzw. Beziehungen zu den Kunden. Hier steht die langfristige Bindung der Kunden durch den Aufbau von Vertrauen, Zufriedenheit und Commitment im Mittelpunkt. Häufig werden hierzu dialogorientierte Kommunikationsmaßnahmen eingesetzt, die den wechselseitigen Austausch sowie die damit verbundene emotionale Annäherung fördern. Eine Beziehungspflegestrategie lässt das Anzeigenmotiv von *UBS* erkennen. Im Rahmen der derzeitigen Finanzkrise wird versucht, um Vertrauen bei den Kunden zu werben und die langfristige Bindung der Kunden sicherzustellen.

Lösungshinweise Aufgabe 7-3

📖 Bruhn (2009), S. 233-244

Für jedes Kommunikationsinstrument lassen sich verschiedene **instrumentespezifische Typen von Kommunikationsstrategien** unterscheiden. Kommunikationsstrategien sind dementsprechend auf die Besonderheiten der einzelnen Kommunikationsinstrumente auszurichten.

Teilaufgabe (a)

Zentraler Bestandteil der **Strategiefindung im Sponsoring** stellt die Auswahl geeigneter Förderbereiche dar. Die Auswahl von Förderbereichen orientiert sich an thematischen Verbindungslinien zwischen Sponsor und Gesponserten. Nach dem Affinitätskonzept lassen sich unterschiedliche Verbindungslinien und – damit verbunden – verschiedene Sponsoringstrategien unterscheiden.

Für den Kleinwagen „Miniatur" wird eine **Zielgruppenerschließungsstrategie** verfolgt. Es wird versucht, mit Hilfe von Sponsoringengagements die Ansprache von jugendlichen Zielgruppen im Alter zwischen 18 und 29 Jahren zu unterstützen. Ziel ist es, die anvisierte Zielgruppe durch das Sponsoringengagement auf den neuen Kleinwagen aufmerksam zu machen. Dementsprechend sind Sponsoringbereiche auszuwählen, die die Zielgruppe kommunikativ ansprechen. Denkbar ist z.B. das Sponsoring von Rockkonzerten, jugendlichen Sportevents (z.B. Snowboard-Contests) oder studentischen Initiativen.

Der Schreibwarenhersteller „Helios" sucht hingegen nach einem **Sponsoringengagement zur Imageprofilierung**. Hierzu sind Förderbereiche zu wählen, die Imagemerkmale wie Exklusivität, Qualität und Tradition transportieren und somit für einen Imagetransfer geeignet sind. Denkbar ist beispielsweise das Sponsoring von Golf- und Poloturnieren oder Segelregatten. Auch ist es zielführend, wenn es gelingt, Füllfederhalter von „Helios" bei der Unterzeichnung von öffentlich-wirksamen Verträgen (z.B. internationale Vereinbarungen zwischen Regierungen) als Leihgabe bereit zu stellen.

Teilaufgabe (b)

Direct Marketing ist darauf ausgerichtet, einen direkten Kontakt zur Zielgruppe herzustellen und auf diese Weise einen Dialog zwischen den Kommunikationspartnern zu initiieren. Mit dem zweiseitigen Austausch werden unterschiedliche strategische Zielsetzungen verfolgt. Als **strategische Stoßrichtungen des Direct Marketing** werden die Gewinnung von Interessenten und Neukunden (Akquisitionsstrategie), die Information über Produkte und Leistungen (Informationsstrategie), die Initiierung und Intensivierung der Kundenbeziehung (Betreuungsstrategie) und die Förderung des Abverkaufs (Abverkaufsstrategie) unterschieden.

Die Fluglinie „Empire" zielt mit der **Betreuungsstrategie** darauf ab, die Kontakte zu bestehenden Kunden zu pflegen und zu intensiveren, um damit die Kundenbindung zu erhöhen. Zur Erreichung dieser strategischen Zielsetzung kommen beispielsweise folgenden **Direct-Marketing-Maßnahmen** in Frage:

* Persönliche Ansprache von Kunden, die über einen längeren Zeitraum nicht mehr mit der Fluglinie geflogen sind, per Mailing,
* Einrichtung von Beschwerdehotlines,
* Versenden von Geschenk-Mailings an Vielflieger (z. B. „zweiter Fluggast zum halben Preis"),
* Einrichtung eines Meilenprogramms für Vielflieger,
* Durchführung von Zufriedenheitsbefragungen bei bestehenden Kunden.

Teilaufgabe (c)

Im Rahmen der **PR-Strategie** ist über die langfristige Ausgestaltung der Beziehung zu den einzelnen Anspruchsgruppen des Unternehmens zu entscheiden. Je nach Einfluss der Zielgruppe und Stärke des Unternehmens lassen sich die Innovations-/Antizipationsstrategie, Anpassungsstrategie, Widerstandsstrategie und Ausweichstrategie unterscheiden.

Sofern sich das Fast-Food-Unternehmen „Supersize" für eine **Innovations-/Antizipationsstrategi e** entscheidet, wird das Unternehmen proaktiv gesellschaftliche Problemfelder identifizieren, um frühzeitig innovative Lösungen für gesellschaftliche Fragestellungen präsentieren zu können. Diese Strategieoption kommt für „Supersize" nicht mehr in Frage, da das Unternehmen bereits in der Kritik steht.

Bei der **Anpassungsstrategie** wird auf gesellschaftliche Forderungen erst reagiert, wenn diese konkretisiert und gegenüber dem Unternehmen artikuliert werden. Es handelt sich im Gegensatz zur Innovationsstrategie meist um eine reaktive PR-Strategie, da keine Zeit oder Möglichkeit für eine innovative Lösung bleibt. Das Unternehmen „Supersize" kann beispielsweise auf die gesellschaftlichen Anschuldigungen reagieren, indem die Unternehmensführung Programme initiiert, die Jugendliche und Eltern über die Gefahren eines übermäßigen Verzehrs von Fast-Food-Produkten aufklärt. Denkbar ist auch das verstärkte Angebot von fettreduzierten Speisen zu günstigen Preisen.

Wenn das Unternehmen die gesellschaftlichen Anschuldigen schlichtweg ignoriert, wird eine **Widerstandsstrategie** verfolgt. In diesem Fall wird nicht die Verständigung, sondern die Konfrontation mit den entsprechenden Anspruchsgruppen gesucht. „Supersize" würde in diesem Fall Argumente hervorbringen, die gegen eine Mitschuld an der Verfettung von Jugendlichen sprechen (z.B. „Zu wenig Sport ist das eigentliche Problem."; „Der steigenden Alkoholkonsum ist Schuld."). Die Erfolgsaussichten sind jedoch bei dieser Strategie eher schlecht, da langfristig mit Akzeptanz- und Imageverlusten gegenüber dem Unternehmen zu rechnen ist.

Eine **Ausweichstrategie**, bei der sich das Unternehmen aus den in Kritik stehenden Bereichen zurückzieht, kommt für „Supersize" nicht in Frage, da dies mit der Aufgabe des Geschäftsmodells gleichzusetzen ist.

In der Gesamtschau ist somit die **Anpassungsstrategie für „Supersize"** zu empfehlen. Langfristig ist jedoch anzustreben, dass das Unternehmen versucht, gesellschaftliche Problemfelder frühzeitig im Sinne einer Innovationsstrategie zu antizipieren.

Kapitel 8
Budgetierung in der Kommunikationspolitik
(Aufgaben)

Aufgabe 8-1
Problemstellung und Aufgabe der Budgetierung

Das Schweizer Unternehmen „Milkdrinks GmbH" ist Marktführer im Bereich hochwertiger Milchmixgetränke aus Bio-Milch und stets bemüht, mit innovativen Milchmixgetränken den Markt zu überraschen. Das derzeitige Angebot gliedert sich in drei verschiedene Produktlinien, die sich an unterschiedliche Nachfragerbedürfnisse richten. Unter der Produktlinie „Sport" werden Milchmixgetränke angeboten, die sich speziell an Sportler wenden. Die Produktlinie „Wellness" steht für Milchmixgetränke, die auf die Wünsche wellnessbewusster Kunden abgestimmt sind. „Kaffeegenuss" stellt eine Produktlinie dar, die verschiedene Milchmix-Kaffeespezialitäten anbietet.

Für das nächste Jahr plant das Unternehmen eine weitere Produktlinie im Markt einzuführen, um seine Marktführerschaft auch in Zukunft behaupten zu können. Ziel ist es, unter der Produktlinie „Milch mit Schuss" verschiedene alkoholhaltige Milchmixgetränke anzubieten, die sowohl kalt als auch warm zu genießen sind. Derzeit sind unter der Produktlinie drei Milchmixgetränke mit Baileys-, Rum- und Amaretto-Geschmack geplant.

Für den Launch der neuen Produktlinie ist eine nationale Kommunikationskampagne in Planung, bei der durch Mediawerbung und Event Marketing die neue Produktlinie vorgestellt wird. Bisher folgte die Budgetierung der Kommunikationskampagnen keinem systematischen Prozess; vielmehr wurden Budgetierungsentscheidungen „aus dem Bauch heraus" und ad hoc getroffen – mit der Folge, dass es in der Vergangenheit zu einer Vielzahl von budgetierungsbedingten Fehlentscheidungen gekommen ist. So wurde die angestrebte Zielgruppe vielfach nicht in dem Maße wie geplant erreicht. Zudem war das Management häufig über die letztendliche Summe der Kommunikationsausgaben überrascht.

Sie als neue(r) Kommunikationsverantwortliche(r) des Unternehmens schlagen daher vor, bei der Einführung der neuen Produktlinie einen

stärkeren Stellenwert der zielgerichteten Budgetierung im Planungsprozess der Kommunikationskampagne einzuräumen.

(a) Die Budgetierung der Kommunikation folgt keinem Selbstzweck.
Überzeugen Sie das Management von der Bedeutung der Kommunikationsbudgetierung, indem Sie auf die **Funktionen der Budgetierung** eingehen.

(b) Da es sich bei der Budgetierung um ein komplexes und weitrei-
chendes Entscheidungsproblem handelt, ist es zweckmäßig, dieses
in Teilentscheidungen zu gliedern. Stellen Sie dar, welche **Entscheidungen im Rahmen der Budgetierung** für die Einführungskampagne im Einzelnen zu treffen sind und strukturieren Sie diese. Gehen
Sie dabei auf die Interdependenzen zwischen den Teilentscheidungen ein.

(c) Nachdem Sie das Management von der Bedeutung einer zielgerichteten und strukturierten Kommunikationsbudgetierung überzeugt
haben, fragt Sie der Geschäftsführer unerwartet nach Ihrer Einschätzung, ob Sie für die Einführungskampagne der neuen Produktlinie eher mit einem vergleichsweise umfangreichen oder zu-
rückhaltenden Kommunikationsbudget rechnen. Tendenzaussagen
zur Budgetierungshöhe lassen sich anhand verschiedener **Einflussgrößen**, die auf die Höhe des Kommunikationsbudgets einwirken,
ableiten. So haben unter anderem der Standardisierungsgrad der
Produkte, die Zahl der Endabnehmer, das zusätzliche Serviceangebot, der Absatzanteil über den Handel, der Preis sowie der Marktanteil Einfluss auf die Höhe des Werbebudgets. Erläutern Sie
zunächst, warum diese Aspekte Einfluss auf die Höhe des Kommunikationsbudgets nehmen. Ziehen Sie dann diese Einflussgrößen
heran, um abzuschätzen, ob das benötigte Kommunikationsbudget
vergleichsweise hoch oder gering für die Einführungskampagne
ausfallen wird.

Aufgabe 8-2
Heuristische Ansätze der Budgetierung

Der Zigarettenhersteller „Lucky Luke AG" beabsichtigt, das Werbebudget für das nächste Jahr zu bestimmen. Die jährlichen Werbeausgaben
wurden in der Vergangenheit stets so festgelegt, dass sie sechs Prozent
vom Umsatz des Vorjahres ausmachen. Sie sind seit diesem Jahr Werbe-
verantwortliche(r). Ihnen stehen die in Schaubild 8-1 dargestellten Daten zur Verfügung.

	Werte des Vorjahres	Werte des aktuellen Jahres	Geplante Werte für das folgende Jahr
Absatzmenge (in ME)	10 Mio.	8 Mio.	11 Mio.
Preis (in GE)	4	4	3,5
Umsatz (in GE)	40 Mio.	36 Mio.	38,5 Mio.
Gewinn (in GE)	15 Mio.	12 Mio.	15 Mio.
Rücklagen (in GE)	8 Mio.	7 Mio.	9 Mio.
Gewinnausschüttung	keine	keine	keine
Durchschnittliche Werbeausgaben der Branche (in GE)	7 Mio.	7 Mio.	8 Mio.

Schaubild 8-1: Kennzahlen der „Lucky Luke AG"

(a) Wie beurteilen Sie die in der Vergangenheit angewendete **Vorgehensweise** zur Bestimmung des Werbebudgets? Begründen Sie Ihre Antwort.

(b) Bestimmen Sie auf Basis der in Schaubild 8-1 dargestellten Informationen das Werbebudget für das nächste Jahr auf Basis der **Restwertmethode** und würdigen Sie diese Methode kritisch.

(c) Erläutern Sie die allgemeine Vorgehensweise bei der **Werbeanteil-Marktanteil-Methode**. Welche Informationen sind nötig, um das Werbebudget der „Lucky Luke AG" auf Basis dieser Methode berechnen zu können? Welche Vor- und Nachteile sind mit konkurrenzbezogenen Ansätzen der Werbebudgetierung allgemein verbunden?

(d) Angenommen, die **Wettbewerb-Paritäts-Methode** wird zur Werbebudgetierung herangezogen. Tendieren Sie eher zu einem Werbebudget, das die gleiche Höhe hat wie das der Konkurrenz oder ist ein Werbebudget angebracht, das höher ist als das der Konkurrenz?

(e) Erläutern Sie, warum die **Ziel-Maßnahmen-Kalkulation** das rationalste heuristische Budgetierungsverfahren darstellt und erklären Sie beispielhaft die Vorgehensweise für die „Lucky Luke AG".

Aufgabe 8-3
Analytische Ansätze der Budgetierung – Marginalanalytisches Modell

Die Schweizer Handelskette für Sportartikel „Swiss Sport" ist relativ neu auf dem Markt und möchte auch nach der Fußball-EM 2008 verschiedene Marketingziele (z.B. Umsatzsteigerung, Marktanteilssteigerung usw.) realisieren. Hierzu plant die Handelskette eine offensive Kommunikationsstrategie. Eines der obersten Marketingziele besteht in der Absatzsteigerung und Gewinnmaximierung für einen revolutionären Laufschuh. Sie sind Assistent/in des Produktmanagers für den Laufschuh und werden gebeten, Ihren Produktmanager bei der Bestimmung der gewinnoptimalen Höhe des Werbebudgets für das kommende Jahr zu unterstützen. Folgende Informationen stehen Ihnen hierfür zur Verfügung:

Geplante Absatzmenge:	$x = 200.000$ Laufschuhe
Kostenfunktion:	$K(x) = 30x + 750.000$
Preis:	$p = 120$ GE/Laufschuh
Werbeelastizität:	$\lambda = 0,06$

(a) Bei den analytischen Ansätzen der Budgetierung wird zwischen zielorientierten Ansätzen und Optimierungsmodellen unterschieden. Skizzieren Sie den Unterschied zwischen diesen beiden Ansätzen und erläutern Sie, um welchen Ansatz es sich beim **marginalanalytischen Modell** handelt.

(b) Erläutern Sie, was unter der **Werbeelastizität** verstanden wird. Interpretieren Sie die Werbeelastizität von $\lambda = 0,06$ im vorliegenden Beispiel.

(c) Berechnen Sie die **gewinnoptimale Höhe des Werbebudgets** für die Laufschuhe.

(d) Erläutern Sie, worin sich das **marginalanalytische Modell** und das *Dorfman-Steiner*-**Modell** unterscheiden?

Aufgabe 8-4
Analytische Ansätze der Budgetierung – *Weinberg*-Modell

Der Zahnpastahersteller „Kaudas AG" befindet sich seit Jahren auf einem erfolgreichen Wachstumskurs. Auch für das kommende Jahr plant das Unternehmen auf dem hart umkämpften Markt für Zahnpasta seine Stellung weiter auszubauen. Als Ziel wird eine Marktanteilssteigerung von 15 Prozent formuliert.

a) Zur Bestimmung des notwendigen Werbebudgets zur Erreichung einer bestimmten Marktanteilssteigerung bietet sich das *Weinberg*-Modell an. Erläutern Sie kurz, die **Grundidee der Werbebudgetierung auf Basis des *Weinberg*-Modells**. Gehen Sie hierbei insbesondere auf die „Konkurrenzänderungsrate" ein.

b) Berechnen Sie mit Hilfe des *Weinberg*-Modells das **notwendige Werbebudget** für die „Kaudas AG", um die angestrebte Marktanteilssteigerung zu realisieren. Hierzu stehen Ihnen folgende Informationen und Formeln zur Verfügung:

- Es handelt sich beim Zahnpastamarkt um einen gesättigten Markt.
- Die Konkurrenz hat einen aktuellen Gesamtumsatz (U_k) von 250 Mio. GE.
- Die Werbeausgaben der Konkurrenz (W_k) werden für das aktuelle Jahr auf insgesamt 6 Mio. GE und für das kommende Jahr auf 7 Mio. GE geschätzt.
- Der eigene Umsatz (U_u) beläuft sich für das aktuelle Jahr auf 50 Mio. GE.
- Die eigenen Werbeausgaben für das derzeitige Jahr liegen bei 1,5 Mio. GE.

$$e = \frac{W_u}{U_u} : \frac{W_k}{U_k} \qquad\qquad W_u = e \times U_u \times \frac{W_k}{U_k}$$

Legende:
e = Konkurrenzänderungsrate
U_u = Umsatz des eigenen Unternehmens
U_k = Umsatz der Konkurrenz
W_u = Werbe-/Kommunikationsaufwendungen des eigenen Unternehmens
W_k = Werbe-/Kommunikationsaufwendungen der Konkurrenz

Aufgabe 8-5
Analytische Ansätze der Budgetierung – *Vidale-Wolfe*-Modell

Die Firma „Wachsschnell" hat sich auf die Herstellung von Babynahrung spezialisiert. In den vergangenen Jahren verzeichnet das Unternehmen konstante Umsatzrückgänge für den Babybrei „Morgenglück". Das Management sieht diese Entwicklung mit Sorge, da der Babybrei der stärkste Umsatzbringer des Unternehmens ist. Primäres Ziel ist es daher, den Umsatzrückgang durch gesteigerte Werbeausgaben zu stoppen. Derzeit liegt der Umsatz für den Babybrei bei 3,4 Mio. GE. Analysen haben ergeben, dass durch die Steigerung der Ausgaben für Mediawerbung der Umsatz auf maximal 5,8 Mio. GE erhöht werden kann und dass bei einem Aussetzen der Werbung der aktuelle Umsatz um 12 Prozent sinken würde. Für die Werbewirkungsintensität wurde ein Parameter von 3 ermittelt.

Zur Berechnung des Werbebudgets, das erforderlich ist, um den Umsatz konstant zu halten, greifen Sie als Marketingleiter auf das *Vidale-Wolfe*-Modell zurück. Das Modell beschreibt die Veränderungen des Umsatzes (U) im Zeitablauf (dU/dt) in Abhängigkeit von den zeitpunktabhängigen Werbeausgaben (W_t). Folgende Gleichung liegt dem Modell zu Grunde:

$$\frac{dU}{dt} = r \times W_t \, \frac{(M - U_t)}{M} - \lambda \times U_t$$

Legende:
r   = Wirkungskonstante
W_t = Werbeausgaben in Periode t
M   = Sättigungsniveau
U_t = Umsatz in Periode t
λ = Umsatz-Abnahmerate

(a) Ihr(e) Praktikant(in) ist mit dem *Vidale-Wolfe*-Modell nicht vertraut und bittet Sie, die **Gleichung** zu erläutern.
(b) Berechnen Sie mit Hilfe des *Vidale-Wolfe*-Modells, welches **Werbebudget** notwendig ist, um den Umsatz konstant zu halten.
(c) Bei der Präsentation Ihrer Ergebnisse vor der Geschäftsführung werden Sie gefragt, inwiefern das Modell die **Realität** wiedergibt. Nehmen Sie hierzu kritisch Stellung.

Aufgabe 8-6
Kritische Würdigung der Budgetierungsproblematik

Der Bierproduzent „Ackerbräu" wendet zur Bestimmung des Kommunikationsbudgets analytische Verfahren an. Eine Abweichungsanalyse am Ende der Planungsperiode ergibt, dass die mit den finanziellen Mitteln erhofften Werbewirkungen nicht im vollen Umfang erreicht wurden.

Das Management bittet Sie als Kommunikationsleiter(in) Gründe aufzuzeigen, warum es zu dieser Abweichung gekommen ist. Nehmen Sie hierzu kritisch Stellung, indem Sie auf die **Budgetierungsproblematik** eingehen.

Kapitel 8
Budgetierung in der Kommunikationspolitik
(Lösungshinweise)

Lösungshinweise Aufgabe 8-1

📖 Bruhn (2009), S. 245-249

Die **Budgetierung in der Kommunikationspolitik** beinhaltet die Festlegung notwendiger finanzieller Mittel zur Deckung der Analyse-, Planungs-, Durchführungs- und Kontrollkosten sämtlicher kommunikationspolitischer Aktivitäten einer Planungsperiode, um vorgegebene kommunikationspolitische Ziele zu erreichen. Die Höhe des Kommunikationsbudgets ergibt sich folglich aus den im Rahmen der Kommunikationsstrategie für Kommunikationsmaßnahmen anfallenden Kosten, um die definierten Kommunikationsziele zu erreichen. Neben der Bestimmung der Budgethöhe umfasst die Budgetierung in der Kommunikationspolitik auch die Budgetallokation, d.h. die Verteilung des Budgets in sachlicher und zeitlicher Hinsicht auf Produkte, Kundensegmente, Kommunikationsträger und -mittel sowie Absatzgebiete. Da kommunikationspolitische Entscheidungen mit hoher Unsicherheit und zunehmenden Risiken behaftet sind, hat es die Aufgabe von Kommunikationstreibenden zu sein, die Kommunikationsbudgetierung durch eine Reduzierung der Unsicherheit mittels umfassender Informationsgewinnung und -verarbeitung sowie einer sorgfältigen und systematischen Planung zu unterstützen.

Teilaufgabe (a)

Mit der Budgetierung in der Kommunikationspolitik sind unterschiedliche **Funktionen** für die „Milkdrinks GmbH" verbunden:

- **Planungsfunktion**: Durch die Festlegung der Höhe sowie der Allokation des Kommunikationsbudgets wird Einfluss auf die zukünftige Ausrichtung der Kommunikationspolitik der „Milkdrinks GmbH" genommen. Darüber hinaus kommt die Planungsfunktion im Ziel der Budgetierung zum Ausdruck, einen möglichst effektiven und effizienten Transport der Kommunikationsbotschaft zu den Zielgruppen zu gewährleisten, d.h., mit der Budgetplanung wird versucht sicherzustellen, dass die anvisierte(n) Zielgruppe(n) mit den richtigen Kommunikationsinstrumenten, -trägern und -mitteln, mit der richtigen Frequenz, zur richtigen Zeit bei minimalen Streuverlusten und zu optimalen Kosten erreicht wird (werden).

- **Informationsfunktion**: Aus den Budgetierungsentscheidungen der „Milkdrinks GmbH" lassen sich Rückschlüsse auf die Bedeutung der Kommunikationspolitik im Allgemeinen sowie einzelner Kommunikationsinstrumente und -mittel im Speziellen ziehen. Sofern z.b. ein Großteil des Kommunikationsbudgets für dialogorientierte Kommunikationsinstrumente, wie z.b. Eventkommunikation oder Persönliche Kommunikation, aufgewendet wird, ist daraus zu schließen, dass der Dialog zwischen Kunden und Unternehmen und somit der Aufbau und die Pflege von langfristigen Kundenbeziehungen im Vordergrund steht. Wird die Mehrheit der finanziellen Mittel hingegen für Medien der Massenkommunikation verwendet, wie z.B. Radio- oder Fernsehspots, deutet dies auf eine eher transaktionsorientierte, auf den einzelnen Kaufabschluss ausgerichtete Kommunikationsstrategie hin.

- **Steuerungsfunktion**: Durch die Erstellung und Verteilung von Kommunikationsbudgets erfolgt eine Steuerung bzw. Lenkung von Verhaltensweisen durch Vorgabe eines konkreten Handlungsrahmens, ohne die dafür notwendigen Handlungen und Entscheidungen im Einzelnen vorzugeben. Die Budgetierung leistet somit einen Beitrag, Entscheidungsträger zum zielorientierten Handeln und zur Ergebnisverantwortung heranzuziehen.

- **Koordinationsfunktion**: Im Rahmen der Budgetierung erfolgt die sachliche und zeitliche Verteilung des Kommunikationsbudgets auf einzelne Produkte, Kundensegmente, Kommunikationsträger und -mittel. Die Budgetierung übernimmt daher die Aufgabe der Abstimmung verschiedener über- und untergeordneter Organisationseinheiten, die an der Kommunikation eines Unternehmens beteiligt sind (z.B. Produktmanager, Kommunikationsfachabteilungen, Key Account Manager, Landesverantwortliche). Hierdurch werden die einzelnen Teilbereiche aufeinander abgestimmt, sodass die von verschiedenen Organisationseinheiten in unterschiedlichen Angelegenheiten und oft unabhängig voneinander getroffenen Kommunikationsentscheidungen zusammenwirken und zur Erfüllung der übergeordneten Kommunikations- und Marketingziele beitragen.

- **Motivationsfunktion**: Die Budgetierung trägt zur Motivation der Mitarbeitenden bei, da sie Handlungsspielräume bietet, in denen eigenverantwortlich gehandelt und entschieden werden kann.

- **Kontrollfunktion**: Mit der Budgetierung wird ein Limit für die Kommunikationsausgaben im Voraus festgelegt. Somit übt das Kommunikationsbudget eine Überwachungsfunktion aus. Sofern es zu Abweichungen zwischen Plan- und Ist-Budget kommt, sind Abweichungsanalysen möglich, aus denen sich Rückschlüsse für zukünftige Kommunikationskampagnen ziehen lassen.

Teilaufgabe (b)

Im Rahmen der kommunikationsbezogenen Budgetierung hat sich die „Milkdrinks GmbH" mit vier **interdependenten Entscheidungstatbeständen** auseinander zu setzen.

- Zunächst ist die **Höhe des Kommunikationsbudgets** für die Einführungskampagne festzulegen. Zur Bestimmung des Kommunikationsbudgets können verschiedene Verfahren herangezogen werden. Es werden heuristische und analytische Ansätze der Kommunikationsbudgetierung unterschieden.
- Die Höhe des Kommunikationsbudgets gibt den Rahmen für die **interinstrumentelle Allokation** vor. Unter der interinstrumentellen Allokation wird die Verteilung des Kommunikationsbudgets auf die einzelnen Kommunikationsinstrumente verstanden. Für die Einführungskampagne ist vorgesehen, die neue Produktlinie mit Hilfe von Mediawerbung und Event Marketing bei der Zielgruppe bekannt zu machen. Im Rahmen der interinstrumentellen Allokation ist daher festzulegen, welcher Anteil des Kommunikationsbudgets jeweils auf die beiden Kommunikationsinstrumente fällt (Festlegung von Instrumentebudgets).
- In einem dritten Schritt sind Entscheidungen über die **Intermediaselektion**, d.h. die Verteilung des für die einzelnen Kommunikationinstrumente vorgesehenen Budgets auf die einzelnen Erscheinungsformen der Kommunikationinstrumente, zu treffen. Im Fall der „Milkdrinks GmbH" ist festzulegen, welcher Anteil des jeweiligen Instrumentebudgets für die verschiedenen Erscheinungsformen der Mediawerbung (Fernsehen, Radio, Print, Außenwerbung, Internet) bzw. des Event Marketing (anlassorientiertes, anlass- und markenorientiertes und markenorientiertes Event Marketing) aufgebracht wird.
- Nachdem die Budgets für die jeweiligen Erscheinungsformen der Kommunikationsinstrumente feststehen, folgen Entscheidungen über die **Intramediaselektion**. Die Intramediaselektion hat die Aufteilung von Budgets der jeweiligen Erscheinungsformen auf die ein-

zelnen Kommunikationsträger zum Ziel. Sofern beispielsweise die Entscheidung getroffen wurde, Fernseh- und Radiowerbung für die Einführungskampagne zu nutzen, ist nun in dieser Phase zu entscheiden, welche Hörfunk- und Fernsehsender mit welchem Budget wann und wie oft belegt werden (Mediaplan). Für das Event Marketing stehen analoge Entscheidungen an (Eventplan).

Teilaufgabe (c)

Schaubild 8-2 gibt einen Überblick über die Wirkungsrichtung verschiedener, empirisch ermittelter Einflussgrößen auf das Werbebudget. Diese Einflussgrößen gelten jedoch ebenso für die Budgetierungshöhe für die anderen Instrumente der Kommunikationspolitik.

Höhe des Werbebudgets / Einflussgrößen	Reduzierend	Steigernd
Standardisierungsgrad der Produkte	niedrig	hoch
Zahl der Endabnehmer	klein	groß
Durchschnittliche Einkaufsmengen	groß	klein
Zusätzliches Serviceangebot	gering	umfassend
Absatzanteil über den Handel	niedrig	hoch
Preis	niedrig	hoch
Stückdeckungsbeitrag	niedrig	hoch
Marktanteil	hoch	niedrig
Umsatzanteil neuer Produkte	niedrig	hoch

*Schaubild 8-2: Einflussgrößen für die Höhe des Werbebudgets
(Quelle: Farris/Buzzell (1979): Why Advertising and Promotional Costs vary, in: Journal of Marketing, Vol. 43, No. 4, S. 114ff.)*

Bei einem hohen **Standardisierungsgrad der Produkte** wird normalerweise primär auf Massenmedien zur Stimulierung der Nachfrage zurückgegriffen. Für Produkte mit geringer Standardisierung, wie z.B. bei Industriegütern, ist es hingegen nötig, individualisierte Formen der Kommunikation einzusetzen, um die Produkte auf die individuellen Bedürfnisse der einzelnen Nachfrager abzustimmen. Die Produkte der „Milkdrinks GmbH" haben einen hohen Standardisierungsgrad und sind folglich primär über kostenintensive Massenmedien zu bewerben.

Güter bzw. Leistungen, die sich an eine hohe **Zahl an Endabnehmern**, d.h. an ein breites, disperses Nachfragerpublikum wenden, wie im Fall der alkoholischen Milchmixgetränke der „Milkdrinks GmbH", werden in der Regel durch Kommunikation in Massenmedien (z.B. TV-Werbung) beworben. Die damit verbundenen Produktions- sowie Belegungskosten sind – verglichen mit anderen Formen der Kommunikation – generell verhältnismäßig hoch.

Je höher die **durchschnittlichen Einkaufsmengen**, desto geringer sind in der Regel die Kommunikationsaufwendungen für das entsprechende Produkt. Produkte, die einen hohen Anteil am Warenkorb des Konsumenten einnehmen, sind mit finanziellen Risiken für den Konsumenten verbunden. Mit zunehmendem finanziellen Risiko der Kaufentscheidung greifen Konsumenten zur Fundierung ihrer Kaufentscheidung vermehrt auf andere Informationsquellen als Mediawerbung zurück (z.B. Warentests, Empfehlungen, bisherige Erfahrungen mit dem Produkt). Es ist davon auszugehen, dass die durchschnittlichen Einkaufsmengen für die alkoholischen Milchmixgetränke der „Milkdrinks GmbH" eher niedrig sind, sodass sich die Kaufentscheidung durch medienwirksame Kommunikationsanstrengungen in Massenmedien nachhaltig beeinflussen lässt.

Ein **zusätzliches Serviceangebot** erfordert in der Regel höhere Kommunikationsaufwendungen, um das Serviceangebot den Nachfragern vorzustellen. Das Angebot der „Milkdrinks GmbH" umfasst keine zusätzlichen Services, sodass sich hiermit keine Steigerung der Kommunikationsaufwendungen begründen lässt.

Ein hoher **Absatzanteil über den Handel** bedarf in der Regel hoher Kommunikationsaufwendungen: Unternehmen mit überdurchschnittlichen Kommunikationsanstrengungen sind normalerweise stärker im Handel vertreten, da durch die intensive Kommunikationsarbeit die konsumentenbezogene Nachfrage im Handel gesichert wird (Pull-Effekt). Um das Listing der neuen Produktlinie der „Milkdrinks GmbH" in vielen Handelsfilialen zu fördern, sind dementsprechend intensive Kommunikationsanstrengungen notwendig.

Wenn ein Unternehmen darauf zielt, einen hohen **Preis** für das Produkt am Markt zu etablieren, sind hierzu in der Regel extensive und intensive Kommunikationsanstrengungen nötig, um den Konsumenten für die Hochwertigkeit des Produkts zu sensibilisieren und ein positives Image aufzubauen bzw. zu halten. Die „Milkdrinks GmbH" ist Anbieter von hochwertigen Milchmixgetränken aus Bio-Milch. Es ist davon auszugehen, dass die Preise über dem Marktdurchschnitt liegen. Die Positionierung im höherpreisigen Segment steigert die Kommunikationskosten.

Ein hoher **Stückdeckungsbeitrag** lässt in der Regel auf ein vergleichsweise höheres Kommunikationsbudget schließen, da hohe Kommunikationsausgaben mit dem Ziel verfolgt werden, das Produkt in den Augen der Nachfrager von den Wettbewerbern (kommunikativ) zu differenzieren (z. B. durch den Aufbau eines präferenzprägenden Markenimages). Für Produkte bzw. Leistungen mit hohen Stückdeckungsbeiträgen ist das Management in der Regel eher bereit, höhere Kommunikationsaufwendungen aufzubringen, um die Stellung am Markt zu behaupten bzw. auszubauen. Es ist davon auszugehen, dass der Stückdeckungsbeitrag der Produkte der neuen Produktlinie – jedenfalls zu Beginn – noch nicht allzu hoch ist. Dies würde ein eher niedrigeres Budget implizieren.

Mit zunehmendem **Marktanteil** lassen sich höhere kommunikationsbezogene Skaleneffekte (Economies of Scale) realisieren (z. B. bessere Konditionen bei häufiger Belegung von Medien). Die „Milkdrinks GmbH" ist Marktführer im Bereich hochwertiger Milchmixgetränke. Dies lässt den Rückschluss zu, dass kommunikationsbezogene Skaleneffekte realisiert werden können, die die finanziellen Aufwendungen für die Kommunikation senken.

Schließlich hat der **Umsatzanteil neuer Produkte** Einfluss auf die Höhe des Kommunikationsbudgets. Neuartige Produkte bzw. Services bedürfen – im Vergleich zu bereits etablierten Marken – eher stärkerer Kommunikationsanstrengungen, um sie am Markt erfolgreich zu positionieren. Die neue Produktlinie der „Milkdrinks GmbH" gilt es am Markt einzuführen. Neben dem Ziel, die Bekanntheit für die neuen Produkte zu steigern, sind die Konsumenten von den Vorzügen des Produkts zu überzeugen, da es sich um eine Innovation handelt. Die Realisierung dieser Kommunikationsziele bedarf eines eher höheren Kommunikationsbudgets.

Im **Ergebnis** lässt sich festhalten, dass die Einführungskampagne der neuen Produktlinie der „Milkdrinks GmbH" tendenziell hohe Kommunikationsaufwendungen mit sich bringen wird. Dies ist insbesondere auf den hohen Standardisierungsgrad der Produkte, die hohe Zahl der Endabnehmer, den hohen Absatzanteil über den Handel sowie den verhältnismäßig hohen Preis zurückzuführen.

Lösungshinweise Aufgabe 8-2

📖 **Bruhn (2009), S. 250-256**

Zur Festlegung von Werbebudgets stehen zwei verschiedene **Methoden** zur Verfügung:

- **Analytische Ansätze** basieren auf Werbereaktionsfunktionen und ermöglichen durch Methoden der Marginalanalyse die Bestimmung des Optimums auf analytischem Wege.
- **Heuristische Ansätze** basieren auf vereinfachten Budget- bzw. Faustregeln und suchen nicht nach „optimalen", sondern nach „befriedigenden" Lösungen.

Die Prozentsatz-vom-Umsatz-Methode, die Restwertmethode, die Werbeanteil-Marktanteil-Methode sowie die Wettbewerb-Paritäts-Methode stellen heuristische bzw. praktische Ansätze zur Werbebudgetierung dar.

Teilaufgabe (a)

Bisher griff die „Lucky Luke AG" zur Bestimmung des Werbebudgets auf die **Prozentsatz-vom-Umsatz-Methode** zurück, bei der das Werbebudget als fester Prozentsatz des vergangenen, derzeitigen oder künftig erwarteten Umsatzes abgeleitet wird. Die Höhe des Prozentsatzes orientiert sich in der Regel an Erfahrungswerten der Vergangenheit oder an Werten vergleichbarer Unternehmen bzw. Wettbewerber.

Die Prozentsatz-vom-Umsatz-Methode stellt das einfachste heuristische Verfahren zur Festlegung der Werbebudgethöhe dar. Nachteilig ist hingegen, dass es zu einer Umkehrung des Ursache-Wirkungs-Zusammenhangs kommt. Der Umsatz bestimmt die Budgethöhe und nicht – wie eigentlich notwendig – das Budget den Umsatz. Bei zurückgehenden Umsätzen reduziert sich dementsprechend das Werbebudget mit der Folge, dass sich die Tendenz zurückgehender Umsätze verstärkt. Darüber hinaus ist die Wahl der Höhe des Werbebudgets als Prozentsatz nicht logisch begründbar und vernachlässigt kommunikationsstrategische Überlegungen. So erfahren umsatzstarke Produkte eine hohe, umsatzschwache Produkte hingegen eine niedrige Budgetierung. Trotz dieser Nachteile wird die Prozentsatz-vom-Umsatz-Methode aufgrund der Einfachheit ihrer Anwendung in der Praxis häufig eingesetzt.

Teilaufgabe (b)

Bei der **Restwertmethode** hängt die Höhe des Werbebudgets von der geplanten Ertragslage ab. Zunächst ist abzuschätzen, mit welchem Umsatz in der nächsten Planungsperiode zu rechnen ist. Außerdem ist zu prognostizieren, welche Kosten in den unterschiedlichen, nicht-kommunikationsbezogenen Bereichen (z.B. Beschaffung, Produktion) anfallen werden und welcher Gewinn angestrebt wird. Die nach Abzug aller nicht-kommunikationsbezogenen Kosten verbleibenden Finanzmittel werden der Werbung zur Verfügung gestellt.

Die „Lucky Luke AG" rechnet für das folgende Jahr mit einem Gewinn von 15 Mio. GE. Davon werden Rücklagen in Höhe von 9 Mio. GE gebildet (z.B. zur Finanzierung einer neuen Verpackungsanlage). Informationen zu möglichen Rückstellungen liegen nicht vor. Eine Ausschüttung an Aktionäre ist nicht geplant. Es steht somit auf Basis der Restwertmethode ein Werbebudget von 6 Mio. GE für das kommende Jahr zur Verfügung.

Bezüglich der **Vor- und Nachteile** der Restwertmethode ist festzuhalten, dass das Verfahren einfach zu handhaben ist und Erfolgsgrößen explizit berücksichtigt. Zentraler Kritikpunkt ist jedoch, dass kein sachlogischer Zusammenhang zwischen den Zielsetzungen der Werbung und der Höhe des Werbebudgets besteht. Zudem wird der kausale Zusammenhang zwischen dem Werbebudget und dem erzielten Absatz bzw. Gewinn nicht beachtet.

Teilaufgabe (c)

Die **Werbeanteil-Marktanteil-Methode** ist ein konkurrenzbezogener Ansatz zur Werbebudgetierung. Sie setzt die festzulegende Budgethöhe ins Verhältnis zum vergangenen, gegenwärtigen oder geplanten Marktanteil. Verfolgt das Unternehmen eine passive Strategie, so wird in der Regel ein Werbebudget gewählt, das dem Marktanteil entspricht; bei einem Marktanteil von z.B. 10 Prozent wird dann ein Werbebudget in Höhe von 10 Prozent der Gesamtaufwendungen der Branche für Werbung veranschlagt. Bei einer aktiven Strategie liegt der die Budgethöhe bestimmende Werbeanteil hingegen über dem Marktanteil.

Die Anwendung der Werbeanteil-Marktanteil-Methode für die „Lucky Luke AG" setzt die **Kenntnis der gesamten Werbeaufwendungen einer Branche und des eigenen Marktanteils** voraus. Beide Informationen sind in Schaubild 8-1 nicht wiedergegeben, sodass keine Berechnung auf Basis dieser Methode erfolgen kann.

Der **Vorteil** konkurrenzbezogener Ansätze liegt in der expliziten Berücksichtigung der Konkurrenz bei der eigenen Budgetplanung. Wenn davon ausgegangen wird, dass Werbung die Marktverhältnisse beeinflusst, ist folglich auch das Werbeverhalten der Wettbewerber in das eigene Kalkül einzubeziehen. Konkurrenzbezogene Ansätze sind jedoch auch mit **Nachteilen** verbunden. So ist es schwierig, das zukünftige Verhalten der Konkurrenz zu prognostizieren. Darüber hinaus sind in vielen Märkten Daten über Marktanteile nicht bekannt. Schließlich werden Unterschiede zwischen den Unternehmen einer Branche (z.B. unterschiedliche Ziele, Kostenlagen, Ressourcen) nicht berücksichtigt.

Teilaufgabe (d)

Bei der **Wettbewerb-Paritäts-Methode** orientiert sich die Höhe des eigenen Budgets an den Ausgaben der Konkurrenz. Das Verfahren beruht auf der Überlegung, dass ein Unternehmen mindestens die gleichen Kommunikationsanstrengungen wie die Konkurrenz durchzuführen hat, um den Marktanteil zu halten. In der Praxis wird sich meistens an den durchschnittlichen Werbeaufwendungen der Branche orientiert.

Die durchschnittlichen Werbeaufwendungen der Branche für das kommende Jahr werden auf 8 Mio. GE geschätzt. Es ist daher ratsam, dass die „Lucky Luke AG" mindestens den gleichen Betrag für Werbung aufwendet. Da aus Schaubild 8-1 hervorgeht, dass das Unternehmen eine Absatzsteigerung von über 37 Prozent anvisiert, sind höhere Werbeaufwendungen als die durchschnittlichen geplanten Werbeaufwendungen der Branche angebracht, um die ambitionierten Absatzziele zu erreichen.

Teilaufgabe (e)

Bei der **Ziel-Maßnahmen-Methode** handelt es sich um die rationalste heuristische Methode zur Werbebudgetbestimmung, da der Ursache-Wirkungs-Zusammenhang zwischen Werbung (Ursache) und der Erreichung von Werbezielen (Wirkung) in Zusammenhang gesetzt wird.

Die **Vorgehensweise** bei dieser Planungsmethode stellt sich wie folgt dar. Zunächst werden die Kommunikationsziele für die Planungsperiode festgelegt. Im Anschluss werden jene Kommunikationsmaßnahmen bestimmt, die erforderlich sind, um die verfolgten Kommunikationsziele zu erreichen. Als nächstes werden die Kosten bestimmt, die für die erforderlichen Kommunikationsmaßnahmen nötig sind. Die Summe dieser Kommunikationskosten bildet das angestrebte, für die verfolgten Ziele erforderliche Budget. Sofern die erforderlichen finanziellen Mittel die verfügbaren Mittel übersteigen, sind die angestrebten Kommunikationsziele zu überarbeiten und das Budgetierungsverfahren beginnt von vorne. Diese Vorgehensweise ist prinzipiell so oft zu wiederholen, bis die Kosten für die Kommunikation akzeptabel sind.

Lösungshinweise Aufgabe 8-3

📖 Bruhn (2009), S. 262-267

Analytische Ansätze der Kommunikationsbudgetierung – wie das **marginalanalytische Modell** oder *Dorfman-Steiner*-**Modell** – basieren auf einer mathematischen Modellierung des Zusammenhangs zwischen dem Kommunikationsbudget und entsprechenden Zielgrößen (z.B. Bekanntheitsgrad oder Absatz). Aufgrund ihrer Komplexität und dem damit einhergehenden Planungsaufwand werden diese Ansätze meist nur von größeren Unternehmen im Konsumgüterbereich angewendet, bei denen die erforderlichen Informationen meist in Form von Paneldaten vorliegen.

Teilaufgabe (a)

Mit Hilfe von **zielorientierten, analytischen Verfahren** wird versucht, das Werbebudget so zu bestimmen, dass ein vorher gesetztes Ziel, z.B. ein bestimmter Marktanteil, erreicht wird. **Optimierungsmodelle** versuchen hingegen, jene Höhe des Werbebudgets zu bestimmen, bei der der Gewinn maximiert wird.

Marginalanalytische Modelle der Werbebudgetierung beruhen zumeist auf der **Gewinnmaximierung**: Die Werbeausgaben werden so lange erhöht, bis die Grenzkosten der Werbung für die zusätzlich abgesetzte Produkteinheit den Grenzerlösen dieser Produkteinheit entsprechen (optimales Werbebudget). Mit anderen Worten: Die Werbeausgaben werden erhöht, so lange ein Gewinnzuwachs erzielt wird. Damit zählt das marginalanalytische Modell zu den Optimierungsmodellen.

Teilaufgabe (b)

Die **Werbeelastizität** (λ) gibt an, um wie viele Einheiten sich eine Zielgröße (z.B. Absatz) ändert, wenn das Werbebudget um eine Einheit variiert wird:

$$\lambda = \frac{\text{prozentuale Absatzänderung}}{\text{prozentuale Werbeänderung}} = \frac{dx}{dW} \times \frac{W}{x}$$

Steigt beispielsweise bei einer Erhöhung des Werbebudgets um 20 Prozent der Absatz um 2 Prozent, so beträgt die Werbeelastizität 0,1. Es handelt sich bei der Werbeelastizität somit um eine relative und nicht absolute Größe. Im vorliegenden Fall beträgt die Werbeelastizität 0,06. Dies bedeutet, dass sich bei einer Erhöhung der Werbeausgaben um eine Einheit der Absatz um 0,06 Einheiten erhöht.

Teilaufgabe (c)

Die Festlegung des gewinnoptimalen Budgets lässt sich durch Heranziehen der **Gewinnfunktion** wie folgt modellieren:

(1) $G = p \times x(W) - K(x(W)) - W$

Wird zur Bestimmung des optimalen Kommunikationsbudgets die Gewinnfunktion nach W abgeleitet und gleich Null gesetzt, so ergibt sich nach einigen Umformungen folgende Gleichung für das **gewinnoptimale Kommunikationsbudget** (W*):

(2) $W^* = \lambda \times (p - K') \times x$

mit $K' = \dfrac{dK}{dx}$ als Grenzkosten der Absatzmenge.

Das optimale Kommunikationsbudget ist demnach umso höher, je größer die Werbeelastizität und der Stückdeckungsbeitrag $(p - K')$ des beworbenen Produkts sind. Dies lässt sich damit begründen, dass die Werbeelastizität eine Aussage über die Wirkungsstärke zwischen Kommunikation und erzielten Absatz trifft und somit Auskunft über die verhaltensbeeinflussende Wirkung der Werbung gibt. Der zweite Effekt geht auf die Gewinnsteigerung ein, die durch die werbungsbedingte Absatzsteigerung erzielt wird. Diese Wirkung ist abhängig vom Stückdeckungsbeitrag, d.h., je größer dieser ist, desto stärker führt eine zusätzlich verkaufte Mengeneinheit zu einer Steigerung des Gewinns.

Das optimale Kommunikationsbudget für die Turnschuhe berechnet sich durch Einsetzen in Formel (2) wie folgt:

$W^* = 0,06 \times (120 - 30) \times 200.000 = 1.080.000$ GE

mit $K' = 30$.

Teilaufgabe (d)

Das *Dorfman-Steiner*-**Modell** stellt eine Erweiterung des marginalanalytischen Standardmodells dar. Neben dem gewinnmaximalen Werbebudget wird zudem der gewinnmaximale Preis ermittelt.

Das Budgetierungsmodell zählt zu den **polyinstrumentalen Budgetierungsmodellen**, die nicht nur den Einfluss der Kommunikation auf die Veränderung unternehmerischer Zielgrößen untersuchen, sondern darüber hinaus weitere Marketinginstrumente (z.B. Preis) berücksichtigen. Solche Modelle werden auch als Marketingmix-Modelle bezeichnet.

Ein weiterer Unterschied betrifft den Ablauf der Optimierung. Während beim marginalanalytischen Modell die Optimierung des Modells simultan verläuft, erfolgt beim *Dorfman-Steiner*-Modell eine **sukzessive Optimierung** der einzelnen Variablen. Zunächst wird der gewinnmaximale Preis ermittelt, der in einem zweiten Schritt bei der Berechnung des gewinnmaximalen Werbebudgets berücksichtigt wird.

Lösungshinweise Aufgabe 8-4

📖 **Bruhn (2009), S. 269-271**

Das *Weinberg*-**Modell** stellt einen weiteren analytischen Ansatz zur Werbebudgetierung dar. Es handelt sich um einen zielorientierten Ansatz, bei dem die Marktanteilssteigerung im Zentrum des Interesses steht.

Teilaufgabe (a)

Die zentrale Fragestellung beim *Weinberg*-Modell lautet: Welches Werbebudget ist notwendig, um eine bestimmte angestrebte **Marktanteilssteigerung** zu erreichen? Das Modell geht von der Annahme eines gesättigten Marktes aus. Dies bedeutet, dass der Gesamtumsatz der betrachteten Branche konstant bleibt. In der Folge basieren Marktanteilssteigerungen eines Unternehmens auf Umsatzverschiebungen, d.h., eine Umsatzsteigerung des eigenen Unternehmens geht mit einer Umsatzreduzierung bei der Konkurrenz einher und vice versa.

Die Marktanteilsveränderung (M_u) ist abhängig von der so genannten **„Konkurrenzänderungsrate"** (e). Die Konkurrenzänderungsrate gibt das Verhältnis des Anteils der eigenen Werbeausgaben (W_u) am eigenen Umsatz (U_u) zum Anteil der Werbeausgaben der Konkurrenz (W_k) an der Umsatzhöhe der Konkurrenz (U_k) an:

$$(1) \quad e = \frac{W_u}{U_u} : \frac{W_k}{U_k}$$

Unter der Annahme, dass alle Unternehmen der Branche die gleiche Werbeproduktivität erzielen, steigt (sinkt) der Marktanteil bei e > 1 (e < 1). Zur Berechnung der Konkurrenzänderungsraten wird zumeist auf Vergangenheitsdaten oder Schätzungen zurückgegriffen.

Sind die zukünftigen Werbeausgaben und Umsätze der Konkurrenz bekannt, determiniert die vorgegebene Marktanteilssteigerung das **Werbebudget**:

$$(2) \quad W_u = e \times U_u \times \frac{W_k}{U_k}$$

Teilaufgabe (b)

In einem ersten Schritt ist die **Konkurrenzänderungsrate** (e) zu bestimmen. Hierzu werden in Formel (1) die entsprechenden Daten aus der aktuellen Planungsperiode eingesetzt:

$$(1) \quad e = \frac{W_u}{U_u} : \frac{W_k}{U_k}$$

$$e = \frac{1,5}{50} : \frac{6}{250} = 1,25$$

Die Konkurrenzänderungsrate (e) beträgt somit 1,25.

In einem zweiten Schritt wird das notwendige **Werbebudget** zur gewünschten Marktanteilssteigerung im nächsten Jahr (t + 1) berechnet. Dies geschieht anhand folgender Formel:

$$(2) \quad W_u = e \times U_u \times \frac{W_k}{U_k}$$

Die Konkurrenzänderungsrate (e) sowie die geschätzten Werbeausgaben der Konkurrenz (W_k) für das kommende Jahr sind bekannt. Den beabsichtigten Umsatz der „Kaudas AG" (U_u) sowie den Gesamtumsatz der Konkurrenz (U_k) in der Folgeperiode gilt es noch zu berechnen.

Das Unternehmen beabsichtigt eine Steigerung seines derzeitigen Marktanteils um 15 Prozent in der nächsten Planungsperiode. Der derzeitige Marktanteil liegt bei 16,7 Prozent (50 : 300 = 0,167). Es wird somit ein Marktanteil von 19,21 Prozent angestrebt (16,7% × (1 + 0,15) = 19,21%). Der **geplante Umsatz** der „Kaudas AG" (U_U) für die nächste Planungsperiode beträgt somit 57,63 Mio. GE (300 × 0,1921 = 57,63).

Aufgrund der Prämisse eines gesättigten Marktes kommt es durch die Marktanteilssteigerung der „Kaudas AG" zu einer Umsatzminderung bei der Konkurrenz. Der Gesamtumsatz der Konkurrenz (U_k) in der Folgeperiode berechnet sich durch einfache Subtraktion des beabsichtigten Umsatzes der „Kaudas AG" (U_u) vom Gesamtumsatz der Branche (50 + 250 = 300). Der **Gesamtumsatz der Konkurrenz (U_k)** in t + 1 beträgt folglich 242, 37 GE. Damit liegen alle Daten für die Berechnung des zukünftigen Werbebudgets der „Kaudas AG" vor:

$$W_u = 1,25 \times 57,63 \times \frac{7}{242,37} = 2,08$$

Zur Erreichung einer Marktanteilssteigerung von 15 Prozent in der nächsten Planungsperiode ist ein Werbebudget von 2,08 Mio. GE notwendig. Dies bedeutet eine Steigerung des Werbebudgets gegenüber dem Vorjahr um 38,7 Prozent.

Lösungshinweise Aufgabe 8-5

📖 Bruhn (2009), S. 277-280

Das auf empirischen Untersuchungen beruhende *Vidale-Wolfe*-**Modell** stellt – im Gegensatz zum marginalanalytischen Modell sowie dem *Weinberg*-Modell – einen dynamischen Ansatz zur Werbebudgetierung dar. Das Modell berücksichtigt explizit die Verringerung der Werbewirkung im Zeitablauf. Zentrale Zielgröße ist der Umsatz.

Teilaufgabe (a)

Die Gleichung verdeutlicht, dass die Umsatzveränderung immer von **zwei gegenläufigen Effekten** abhängt.

Der **erste Term der Gleichung** gibt die Zunahme des Umsatzes in Abhängigkeit vom Werbebudget wieder. Die Zunahme des durch die Werbung induzierten Umsatzes ist dabei umso geringer, je näher der Umsatz bereits am Sättigungsniveau liegt (M). Das Sättigungsniveau bezeichnet jenen Umsatz, der mit Hilfe eines ganz bestimmten Werbeeinsatzes maximal zu erreichen ist. Mit zunehmender Annäherung an das Sättigungsniveau sinkt die Zahl der potenziellen Kunden, die sich mittels Werbeeinsatz zusätzlich ansprechen lassen. Die Wirkungskonstante (r) gibt in diesem Zusammenhang Aufschluss über die Werbewirkungsintensität.

Der **zweite Term der Gleichung** bezieht sich auf den Umsatzrückgang, der sich vor allem aufgrund von Abwanderungen bisheriger Kunden sowie verringerten Kaufhäufigkeiten ergibt. Der Umsatzrückgang wächst mit der Höhe des bereits erreichten Umsatzvolumens.

Die **marginalanalytische Ableitung der Gleichung** liefert diejenige Budgethöhe, bei der der Anteil der verlorenen Käufer kompensiert wird, d.h. dasjenige Werbebudget, um den Umsatzrückgang auszugleichen ($dU/dt = 0$):

$$(1) \quad W_t = \frac{\lambda \times U_t \times M}{r \times (M - U_t)}$$

Die Gleichung (1) verdeutlicht, dass das zum Halten eines bestimmten Umsatzniveaus erforderliche Werbebudget umso höher ist, je näher die Umsätze am Sättigungsniveau liegen und je größer das Verhältnis von Abnahmerate zur Wirkungskonstanten ist.

Teilaufgabe (b)

Aus der Aufgabenstellung gehen folgenden **Informationen** hervor:

$r = 3$
$M_t = 5{,}8$ Mio. GE
$U_t = 3{,}4$ Mio. GE
$\lambda = 0{,}12$

Die **Berechnung des Werbebudgets bei konstantem Umsatz** erfolgt durch Einsetzen der Daten in die Gleichung:

$$(1) \quad 0 = 3 \times W_t \, \frac{(5{,}8 \text{ Mio} - 3{,}4 \text{ Mio})}{5{,}8 \text{ Mio}} - 0{,}12 \times 3{,}4 \text{ Mio}$$

und Auflösen nach W_t:

$$(2) \quad W_t = \frac{0{,}12 \times 3{,}4 \text{ Mio} \times 5{,}8 \text{ Mio}}{3 \times (5{,}8 \text{ Mio} - 3{,}4 \text{ Mio})} = \frac{2.366.400 \text{ Mio}}{7{,}2 \text{ Mio}} = 328.667 \text{ GE}$$

Um den Umsatz für den Babybrei „Morgenglück" konstant zu halten, sind 328.667 GE für Werbung aufzuwenden.

Teilaufgabe (c)

Die **Realitätsnähe des Modells** wird durch die explizite Berücksichtigung der nachlassenden Werbewirkung im Zeitablauf erhöht (dynamisches Modell). Der Realität widersprechend sind jedoch die alleinige Ansprache potenzieller Kunden ($M - U_t$) und die Vernachlässigung aktueller Kunden im Modellansatz. Damit wird angenommen, dass die Werbung nur bei Nicht-Kunden wirkt. Dies ist in der Realität so nicht gegeben. Weiterhin wird davon ausgegangen, dass jeder Käufer die gleiche Menge abnimmt, d.h., der Mengenumsatz pro Käufer wird nicht gesteigert. Für Babybrei-Produkte ist davon auszugehen, dass die Verbrauchsrate einigermaßen konstant ist, sodass diese Einschränkung des *Vidale-Wolfe*-Modells im vorliegenden Fall kein schwerwiegendes Problem darstellt. Eine gewichtige Einschränkung betrifft jedoch die Nicht-Berücksichtigung weiterer Marketinginstrumente: Verkaufserfolge hängen von dem gemeinsamen Einsatz aller Marketinginstrumente ab. Der Umsatz für den Babybrei „Morgenglück" lässt sich auch durch andere Marketinginstrumente, wie z.B. Preisaktionen oder Produktverbesserungen, steigern. Darüber hinaus berücksichtigt der Ansatz keine Aktivitäten der Konkurrenz, wie es z.B. das *Weinberg*-Modell tut. Eine starke Konkurrenzwerbung wird jedoch nicht ohne Einfluss auf die Umsatz-Abnahmerate (λ), die Werbewirkungskonstante (r) und das Sättigungsniveau (M) sein. Insgesamt ist das Modell somit mit Einschränkungen im Hinblick auf die Abbildung der Realität verbunden.

Lösungshinweise Aufgabe 8-6

📖 **Bruhn (2009), S. 288-290**

Die Anwendung von Budgetierungsverfahren in der Kommunikation ist mit gewissen **Problemen** verbunden, die in der Folge die Prognosegenauigkeit beeinträchtigen. Neben dem Problem der Datenerhebung, dem Komplexitätsproblem von analytischen Ansätzen sowie Interdependenzproblemen, sind im vorliegenden Fall insbesondere das Mess-, Unsicherheits- und Wirkungsproblem der Budgetierung von Relevanz:

- **Messproblem**: Zur Bestimmung der Budgethöhe erfordern insbesondere analytische Ansätze eine exakte Messung der für die mathematische Modellierung notwendigen Parameter. Dies kann in der Realität mit gewissen Problemen verbunden sein. So erfordert beispielsweise das *Vidale-Wolfe*-Modell die Ermittlung der Umsatz-Abnahmerate, der Werbewirkungskonstanten und des Sättigungsniveaus. Hierzu ist ein erheblicher Informationsaufwand notwendig. So ist zur Bestimmung der Umsatz-Abnahmerate gegebenenfalls die Werbung ganz auszusetzen. Ähnliche Messprobleme ergeben sich bei anderen analytischen Budgetierungsansätzen. Beim *Weinberg*-Modell sind zur Modellierung des optimalen Werbebudgets die Werbeausgaben der Konkurrenz zu ermitteln; auch der marginalanalytische Ansatz benötigt eine Vielzahl von Informationen. In der Folge beruht die Messung der Parameter häufig auf Schätzungen oder Näherungslösungen, die die Realität nicht eindeutig wiedergeben. Darüber hinaus basieren analytische Budgetierungsansätze auf der Ermittlung der Werbereaktionsfunktion, deren valide Abbildung mit Problemen verbunden ist.
- **Unsicherheitsproblem**: Die Auswirkungen der Budgetierung sind nicht immer vollständig abzuschätzen. Die der Budgetierung zu Grunde gelegten Parameter können sich in der Zeit verändern, da die Marktverhältnisse nicht konstant bleiben. So kann die eigene Werbung z.B. verstärkte Konkurrenzwerbung hervorrufen.
- **Wirkungsproblem**: Eng mit dem Unsicherheitsproblem verbunden ist die Schwierigkeit, die Wirkung der Kommunikation exakt im Voraus zu bestimmen, da störende und nicht vorhersehbare Einflussgrößen die Planung der Budgetierung beeinträchtigen. Vorstellbar ist beispielsweise, dass die angestrebten psychologischen Wirkungen (z.B. Bekanntheitssteigerung, Imageverbesserung) aufgrund von unerwarteten Produktionsausfällen nicht in angemessener Weise erreicht werden. Zudem ist zu beachten, dass Werbewirkungen häufig mit zeitlichen Verzögerungen eintreten, die erst in späteren Planungsperioden sichtbar werden.

Kapitel 9
Budgetallokation in der Kommunikationspolitik
(Aufgaben)

Aufgabe 9-1
Interinstrumentelle Allokation

Sie sind Kommunikationsleiter(in) eines großen, finanzkräftigen Kosmetikherstellers und sind verantwortlich für die Einführungskampagne der Gesichtscreme „CleanTeen". Die Creme ist speziell auf die Bedürfnisse von Teenagern mit unreiner Haut ausgerichtet. Im Rahmen der interinstrumentellen Allokation wird über die Verteilung des Kommunikationsbudgets auf die verschiedenen Kommunikationsinstrumente diskutiert. Zur Auswahl stehen die Kommunikationsinstrumente Mediawerbung, Verkaufsförderung und Sponsoring.

Entwickeln Sie zur Entscheidungsunterstützung ein **Scoring-Modell**. Suchen Sie hierzu in einem ersten Schritt nach geeigneten Bewertungskriterien, anhand derer eine vergleichende Bewertung der verschiedenen Kommunikationsinstrumente vorgenommen werden kann. Gewichten Sie in einem zweiten Schritt die einzelnen Bewertungskriterien auf einer Skala von 1 (irrelevant) bis 10 (sehr relevant) anhand ihrer Relevanz. Bewerten Sie dann die einzelnen Kommunikationsinstrumente auf Basis der Bewertungskriterien auf einer Skala von 1 (sehr schlecht) bis 10 (sehr gut). Begründen Sie jeweils Ihre einzelnen Entscheidungen. Welche Kommunikationsinstrumente sind auf Basis Ihres Scoring-Modells besser, welche eher schlechter für die Einführungskampagne geeignet?

Aufgabe 9-2
Intermediaselektion

Sie sind Kontakter/in in einer großen Mediaagentur. Zu Ihren Kunden zählen der Kosmetikhersteller „Schönsein", der Zahnpastahersteller „Morgens & Abends" und der Pharmakonzern „Protect". Alle drei Kunden beabsichtigen eine Mediawerbekampagne mit unterschiedlichen Zielsetzungen durchzuführen:

- Der Kosmetikhersteller „Schönsein" plant, eine neue Marke im Markt einzuführen. Unter dem Label „Jungbrunnen" werden zukünftig Pflegeprodukte speziell für die Frauenhaut ab 50 angeboten. Geplant ist eine Werbekampagne, die stark emotional geprägt ist. Das Budget für die Werbekampagne ist überdurchschnittlich hoch.

- Der Zahnpastahersteller „Morgens & Abends" registriert seit Monaten eine zurückgehende Bekanntheit seiner umsatzstärksten Marke „DentaZahn" in weiten Bevölkerungskreisen. Mit der Mediawerbekampagne erhofft sich der Konzern, die Bekanntheit der Marke wieder zu erhöhen. Geplant ist eine aufmerksamkeitsstarke Kampagne, die primär das Image der Marke (Tradition, Vertrauen, Innovation) transportiert und aktualisiert.

- Der weltweite Pharmakonzern „Protect" hat ein neues Traineeprogramm entwickelt, das sich an Wirtschaftswissenschaftler mit Bachelor-Abschluss richtet.

Im Rahmen der **Intermediaverteilung** diskutieren Sie mit Ihren Kunden über die Verteilung des Kommunikationsbudgets auf verschiedene Kategorien von Kommunikationsmedien der Werbung. Zur Diskussion steht jeweils Werbung in Publikumszeitschriften, Tageszeitungen, Fernsehen, Radio, Internet und Außenmedien. Begründen Sie anhand der Kriterien Zielgruppenerreichbarkeit, Funktion des Mediums, Darstellungsmöglichkeiten sowie Wirtschaftlichkeit die Eignung der verschiedenen Medienkategorien für die beabsichtigten Mediakampagnen der einzelnen Kunden.

Aufgabe 9-3
Intramediaselektion – Reichweiten und Kontaktverteilung

Der Versicherungskonzern „Sicherheitshalber AG" verfolgt das Ziel, mit einer Werbekampagne im TV die Bekanntheit für seine Versicherungsprodukte zur Altersvorsorge zu erhöhen. Hierzu schaltet die „Sicherheitshalber AG" am Samstagabend einen Fernsehwerbespot in drei verschiedenen Werbeblöcken auf dem Sender „Action TV" vor, während und nach dem Samstagabendspielfilm. Am Montagmorgen liegen durch die *GfK*-Fernsehforschung folgende Informationen zu den Zuschauerkontakten mit dem Fernsehwerbespot vor:

- Anzahl der Zuschauer, die **nur Werbeblock 1** gesehen haben: 850.000
- Anzahl der Zuschauer, die **nur Werbeblock 2** gesehen haben: 2.500.000

- Anzahl der Zuschauer, die **nur Werbeblock 3** gesehen haben: 550.000
- Anzahl der Zuschauer, die **Werbeblock 1 und 2** gesehen haben: 1.400.000
- Anzahl der Zuschauer, die **Werbeblock 2 und 3** gesehen haben: 950.000
- Anzahl der Zuschauer, die **Werbeblock 1 und 3** gesehen haben: 635.000
- Anzahl der Zuschauer, die **Werbeblock 1, 2 und 3** gesehen haben: 450.000

(a) Berechnen Sie anhand dieser Daten die **kumulierte Reichweite**, die **Bruttoreichweite** und die **Durchschnittskontakte** für den Fernsehwerbespot und interpretieren Sie die Kennzahlen.

(b) Stellen Sie die **Kontaktverteilung** für die Werbekampagne der „Sicherheitshalber AG" grafisch dar, indem Sie auf der Abszisse die Reichweite und auf der Ordinate die Kontakte (ein Kontakt, zwei Kontakte, drei Kontakte) abtragen. Erläutern Sie die Kontaktverteilung verbal.

(c) Analysen haben ergeben, dass die Steigerung der Bekanntheit für die Altersvorsorgeprodukte einer **„Effektiven Kontaktfrequenz"** von zwei Kontakten pro Zuschauer bedarf. Ab drei Kontakten nimmt die Werbewirkung nur noch unterproportional zu. Wie beurteilen Sie vor diesem Hintergrund die Kontaktverteilung?

Aufgabe 9-4
Intramediaselektion – Ermittlung von Reichweiten auf Basis des hypergeometrischen Modells und Binomialmodells

Das Unternehmen „YogoFit", das sich auf die Herstellung von probiotischen Jogurtgetränken spezialisiert hat, beabsichtigt in der Genusszeitschrift „Schleckerissimo", die sechsmal im Jahr erscheint, Anzeigen zu schalten. Eine repräsentative Umfrage ergab folgendes Leseverhalten in Bezug auf die pro Jahr gelesenen Ausgaben der Zeitschrift:

Eine Ausgabe:	79.000	Personen
Zwei Ausgaben:	36.000	Personen
Drei Ausgaben:	25.000	Personen
Vier Ausgaben:	19.000	Personen
Fünf Ausgaben:	16.000	Personen
Sechs Ausgaben:	98.000	Personen

(a) Berechnen Sie anhand des **hypergeometrischen Modells**, wie viele
Leser

- bei einer einmaligen Schaltung einer Anzeige
- bei einer zweimaligen Schaltung einer Anzeige

erreicht werden. Gehen Sie hierbei davon aus, dass jemand, der angibt, z.B. zwei Ausgaben pro Jahr zu lesen, dies mit Sicherheit jedes Jahr macht und dass alle möglichen Lesekombinationen

Jan/Mär	Mär/Mai	Mai/Jul	Jul/Sep	Sep/Nov
Jan/Mai	Mär/Jul	Mai/Sep	Jul/Nov	
Jan/Jul	Mär/Sep	Mai/Nov		
Jan/Sep	Mär/Nov			
Jan/Nov				

die gleiche Eintrittswahrscheinlichkeit haben. Für die Berechnung steht Ihnen folgende Formel zur Verfügung:

$$Z_i^{k;m} = \frac{\binom{m}{k}\binom{s-m}{r_i-k}}{\binom{s}{r_i}}$$

mit:

Z = Wahrscheinlichkeit für Werbemittelkontakt
m = Anzahl der Schaltungen
k = Anzahl der Kontakte
i = Nutzergruppe
s = max. Anzahl an Schaltungen
r_i = Anzahl der gelesenen Ausgaben eines Mediums

(b) Berechnen Sie anhand des **Binomialmodells**, wie viele Leser bei einer einmaligen Schaltung einer Anzeige erreicht werden. Gehen Sie hierbei davon aus, dass jemand, der z.B. angibt, zwei Ausgaben der Fachzeitschrift pro Jahr zu lesen, dies lediglich im langjährigen Durchschnitt vornimmt. Zur Berechnung steht Ihnen folgende Formel zur Verfügung:

$$\hat{Z}_i^{k;m} = \binom{m}{k} \times w_i^k \times (1-w_i)^{m-k}$$

mit:

Z = Wahrscheinlichkeit für Werbemittelkontakt
m = Anzahl der Schaltungen

k = Anzahl der Kontakte
w = Nutzungswahrscheinlichkeit
i   = Nutzergruppe
r_i = Anzahl der gelesenen Ausgaben eines Mediums

Aufgabe 9-5
Intramediaselektion – Tausenderpreise

Sie als Kommunikationsleiter(in) für den Herrenduft „Zeus" möchten einen Fernsehspot einmalig im Format einer Unterbrecherwerbung schalten. Hierzu streben Sie einen Tausend-Kontakt-Preis (TKP) von 45 GE an. *RTL* bietet Ihnen in einer neuen Unterhaltungsshow die Schaltung einer Unterbrecherwerbung mit einer durchschnittlichen Bruttoreichweite von 2 Mio. Kontakten an. Alternativ offeriert Ihnen *Sat.1* die Schaltung einer Unterbrecherwerbung in einer Daily Soap. Hierbei würden Sie 3 Mio. Kontakte (Bruttoreichweite) erzielen.

(a) Bei welchen **Schaltpreisen** wären Sie indifferent zwischen der Schaltung auf *RTL* und *Sat.1*?

(b) Worin unterscheidet sich allgemein der Tausend-Kontakt-Preis vom **Tausend-Nutzer-Preis (TNP)**? Erläutern Sie, warum im vorliegenden Beispiel der Tausend-Kontakt-Preis dem Tausend-Nutzer-Preis entspricht.

Aufgabe 9-6
Intramediaselektion – Rangreihenverfahren

Sie sind Produktmanager(in) für den neuen Wellnessdrink „Balance", der auf Basis pflanzlicher Extrakte die Gewichtsreduktion unterstützt. Eine Marktanalyse hat ergeben, dass die potenzielle Zielgruppe des Produkts zu 70 Prozent aus Frauen und zu 30 Prozent aus Männern besteht. Für die Produkteinführung planen Sie die Schaltung von Printanzeigen in verschiedenen Zeitschriftentiteln. Insgesamt steht ein Budget von 650.000 GE zur Verfügung. Für die vier Zeitschriften, die sich in der engeren Wahl befinden, stehen Ihnen die in Schaubild 9-1 dargestellten Mediadaten zur Verfügung.

(a) Berechnen Sie den gewichteten und ungewichteten **Tausend-Kontakt-Preis** für die einzelnen Zeitschriften und treffen Sie eine Aussage, welche Zeitschriftenbelegung am wirtschaftlichsten ist.

(b) Erstellen Sie einen Streuplan für die Schaltung von Printanzeigen mit Hilfe des gewichteten Tausend-Kontakt-Preises und unterziehen Sie das hier verwendete **Rangreihenverfahren** anschließend einer kritischen Würdigung.

Zeitschrift	Leser	Anteil Männer	Anteil Frauen	Preis für 1/1 Seite Anzeige (in GE)	Ausgaben pro Jahr
„Fitday"	670.000	310.000	360.000	24.000	6
„Jung & Schön"	580.000	270.000	310.000	17.000	6
„Madame"	850.000	200.000	650.000	28.000	12
„BigLife"	500.000	300.000	200.000	22.000	12

Schaubild 9-1: Mediadaten über Werbeträger für Wellnessdrink „Balance"

Aufgabe 9-7
Intramediaselektion – Optimierungsverfahren

Als Mediaplaner(in) des Spirituosenherstellers „ZumWohl AG" sind Sie verantwortlich für die Werbestreuplanung. Für das kommende Jahr planen Sie die Schaltung von Printanzeigen für die Marke „Apfelgeist" in den Zeitschriften „GENUSS" und „DEGUSTIF". Hierfür steht ein Jahresbudget von 650.000 GE zur Verfügung. Die in Schaubild 9-2 wiedergegebenen Mediadaten dienen Ihnen als Grundlage.

Zeitschrift	Preis für 1/1 Seite Anzeige (in GE)	Ausgaben pro Jahr
GENUSS	18.000	26
DEGUSTIF	21.000	26

Schaubild 9-2: Mediadaten für die Zeitschriften „GENUSS" und „DEGUSTIF"

Als Zielfunktion ist gegeben:

$Z = 2 \times$ GENUSS $+ 4$ DEGUSTIV (mit Z = Werbewirkung)

Für die Zeitschrift „GENUSS" wird eine Mindestbelegung von viermal, für die Zeitschrift „DEGUSTIF" von achtmal gefordert.

Ermitteln Sie mit Hilfe des grafischen Ansatzes der **Linearen Programmierung** den optimalen Werbestreuplan.

Aufgabe 9-8
Zeitlicher Kommunikationseinsatz

Die „Drahtesel GmbH" ist ein mittelständiges Unternehmen, das sich auf die Herstellung von Mountainbikes spezialisiert hat. Insgesamt ist der Fahrradmarkt ein gesättigter Markt. In den vergangenen Jahren hat das Unternehmen den Druck von ausländischen, insbesondere fernöstlichen Fahrradproduzenten zu spüren bekommen und mit starken Umsatzeinbußen zu kämpfen gehabt. Die Geschäftsführung der „Drahtesel GmbH" beabsichtigt durch entsprechende Werbemaßnahmen, die Umsatzentwicklung für seine Mountainbikes wieder zu stabilisieren und langfristig auszubauen. Neben dem Aufbau von Markenbewusstsein zielt die Werbekampagne darauf ab, das Image der Marke „Drahtesel" bei den Nachfragern zu verfestigen. Konkret geplant ist eine Werbekampagne, die Anfang nächsten Jahres startet und bis Ende des Jahres läuft. Die Mediaagentur, die das Unternehmen betreut, macht den in Schaubild 9-3 wiedergegebenen Vorschlag zur zeitlichen Verteilung des Werbebudgets.

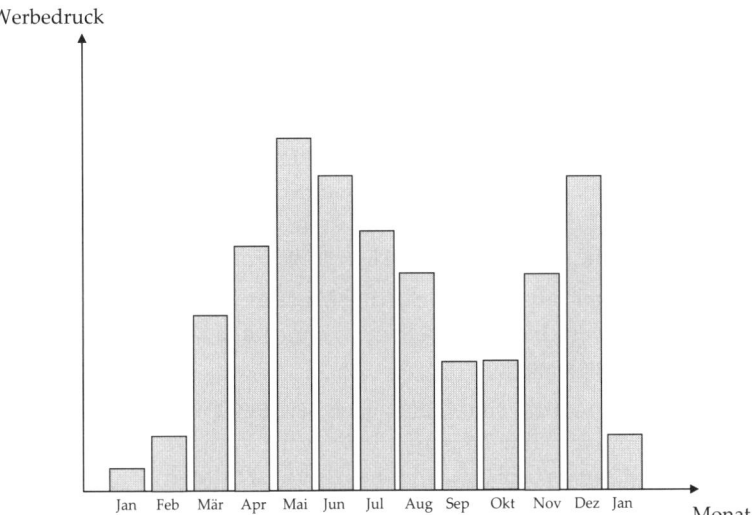

Schaubild 9-3: Zeitliche Verteilung des Werbebudgets bei der „Drahtesel GmbH"

(a) Diskutieren Sie, ob es sich um einen konzentrierten, gleichverteilten oder pulsierenden Werbeeinsatz handelt, indem Sie auf die Unterschiede zwischen den verschiedenen **Arten des zeitlichen Werbeeinsatzes** eingehen.

(b) Denken Sie, dass die zeitliche Verteilung des Werbeeinsatzes **zielführend** ist? Begründen Sie Ihre Aussagen.

Kapitel 9
Budgetallokation in der Kommunikationspolitik
(Lösungshinweise)

Lösungshinweise Aufgabe 9-1

📖 Bruhn (2009), S. 295-298

Bei der **interinstrumentellen Budgetallokation** geht es um die sachliche und zeitliche Verteilung des Kommunikationsbudgets auf einzelne Kommunikationsinstrumente. Diese Entscheidung hat strategischen Charakter, da die Auswahl von bestimmten Kommunikationsinstrumenten im Regelfall für einen längeren Zeitraum gültig ist (mindestens ein Jahr). Häufige Entscheidungsmodifikationen sind mit hohen Planungs-, Durchführungs- und Organisationskosten verbunden und stehen im Widerspruch zu einer anzustrebenden Integrierten Kommunikation, die die Langfristigkeit von Instrumenteentscheidungen zwecks Lerneffekten ins Zentrum stellt. Die interinstrumentelle Allokation erfolgt in der Praxis meist anhand heuristischer Entscheidungsverfahren. Zur Auswahl geeigneter Kommunikationsinstrumente lassen sich verschiedene qualitative Methoden heranziehen, darunter Scoring-Modelle, Vergleichs-Checklisten und Portfolioanalysen.

Im vorliegenden Fall wird das **Scoring-Verfahren** für einen qualitativen Vergleich der verschiedenen in Frage kommenden Kommunikationsinstrumente herangezogen.

In einem ersten Schritt sind hierzu geeignete **Bewertungskriterien** auszuwählen und im Hinblick auf ihre Relevanz im Anwendungskontext auf einer Skala von 1 bis 10 mit **Gewichtungsfaktoren** (GF) zu bewerten. Schaubild 9-4 gibt einen Überblick über eine Auswahl geeigneter und gewichteter Bewertungskriterien.

Kategorie	Bewertungskriterium	GF	Begründung
Kunden	Potenzial zur Neukundengewinnung	10	Gewinnung von Kunden ist Hauptziel bei Produkteinführung
	Gelegenheit zur Kundenbindung	5	Kundenbindung ist langfristiges Ziel

Kategorie	Bewertungskriterium	GF	Begründung
Konkurrenz	Präsenz der Haupt-konkurrenten	5	Abgrenzung von Konkurrenz kann durch differenzierende Botschaftsgestaltung erreicht werden
	Reaktion der Konkurrenz	3	Reaktion von Konkurrenz wird eher gering ausfallen
Kommunikationsziele	Potenzial zur Bekanntheitssteigerung	10	Zentrales Ziel in der Einführungsphase
	Potenzial zum Imageaufbau	8	Image bei Teenagern häufig kaufentscheidend, jedoch Bekanntheit zunächst wichtiger
	Potenzial zur Verhaltenssteuerung	8	Verhaltensauslösung (Kauf, Empfehlungen) letztendliches Ziel
	Potenzial zur Informationsvermittlung	6	Produkt bedarf gewisser Informationsvermittlung
Kommunikationsinstrument	Kosten	6	Kosten in der Einführungsphase von geringerer Bedeutung
	Möglichkeit zur Gestaltung	9	Ansprechende Kommunikation für Teenager wichtig
	Akzeptanz bei der Zielgruppe	10	Zielgruppenspezifisches Produkt
	Erreichbarkeit der Zielgruppe	10	Zielgruppenspezifisches Produkt
Unternehmensintern	Nutzung mit anderen Kommunikationsinstrumenten	7	Großes Unternehmen, Integrierte Kommunikation ist wichtig
	Erfahrung mit Kommunikationsinstrument	4	Großes Konsumgüterunternehmen wird Erfahrung mit allen Arten von Kommunikationsinstrumenten haben
	Kundenkontakte der Mitarbeitenden	2	Für das Produkt von untergeordneter Bedeutung

Schaubild 9-4: Beispiele für Bewertungskriterien und deren Gewichtung für die interinstrumentelle Allokation bei „CleanTeen"

In einem zweiten Schritt sind die zur Auswahl stehenden Kommunikationsinstrumente Mediawerbung (MW), Verkaufsförderung (VKF) und Sponsoring (SP) anhand dieser Kriterien auf einer Skala von 1 bis 10 zu bewerten. Die vergebenen **Punktwerte** (PW) sind durch Multiplikation mit den **Gewichtungsfaktoren** (GF) zu **gewichteten Punktwerten** (Gew. PW) umzuwandeln. Die Summe der gewichteten Punktwerte bildet dann einen Maßstab zur Beurteilung der Wichtigkeit eines Instruments im Anwendungskontext. Schaubild 9-5 stellt das vollständige Scoring-Modell für „CleanTeen" dar.

Bewertungs-kriterium	GF	PW			Gew. PW			Begründung
		MW	VKF	SP	MW	VKF	SP	
Potenzial zur Neukunden-gewinnung	10	10	8	5	100	80	50	Zielgruppen-spezifische und breite Ansprache durch Media-werbung
Gelegenheit zur Kundenbindung	5	5	6	8	25	30	40	Dialoginstrumente hierzu besser
Präsenz der Hauptkon-kurrenten	5	1	8	8	5	40	40	Konkurrenz stark in klassischen Medien mit Wer-bung präsent
Reaktion der Konkurrenz	3	5	4	8	15	12	24	Sponsoring bedarf langfristiger Pla-nung
Potenzial zur Bekanntheits-steigerung	10	10	6	7	100	60	70	Zielgruppenspezi-fische und breite Ansprache durch Mediawerbung
Potenzial zum Imageaufbau	8	9	4	9	72	32	72	Verkaufsförde-rung hat geringe Imagefunktion
Potenzial zur Verhaltenssteu-erung	8	7	10	4	56	80	32	Verkaufsförde-rung am stärksten
Potenzial zur Informations-vermittlung	6	7	9	2	42	54	12	Persönlicher Kun-denkontakt bei Verkaufsförde-rung

Bewertungs-kriterium	GF	PW			Gew. PW			Begründung
		MW	VKF	SP	MW	VKF	SP	
Kosten	6	3	6	6	18	36	36	Hohe Kosten der Mediawerbung für Produktion und Platzierung
Möglichkeit zur Gestaltung	9	8	7	2	72	63	18	Sponsoring bietet geringe Gestaltungsmöglichkeiten
Akzeptanz bei der Zielgruppe	10	7	8	8	70	80	80	Keine großen Unterschiede
Erreichbarkeit der Zielgruppe	10	10	5	9	100	50	90	Teenager nutzen häufig klassische Medien. Zielgruppenspezifisches Sponsoring möglich
Nutzung mit anderen Kommunikationsinstrumenten	7	10	10	10	70	70	70	Alle Kommunikationsinstrumente eignen sich für Integration
Erfahrung mit Kommunikationsinstrument	4	10	8	7	40	32	28	Große Konsumgüterhersteller haben i.d.R. mit allen Kommunikationsinstrumenten Erfahrung
Kundenkontakte der Mitarbeitenden	2	0	10	8	0	20	16	Am stärksten bei Verkaufsförderung
Summe der gewichteten Punktwerte					**785**	**739**	**678**	

Schaubild 9-5: Scoring-Modell zur Entscheidungsunterstützung
für die interinstrumentelle Allokation bei „CleanTeen"

Auf Basis des Scoring-Modells eignet sich die Mediawerbung am ehesten, die verfolgten Ziele bei „Clean Teen" zu erreichen. Verkaufsförderung schneidet nur leicht schlechter ab. Sponsoring ist hingegen für die Einführung des neuen Produkts weniger geeignet. Für die Mediawerbung ist folglich der größte Teil des Kommunikationsbudgets aufzuwenden. Der Verkaufsförderung fällt der restliche Teil des Kommunikationsbudgets zu. Für Sponsoringaktivitäten sind hingegen keine finanziellen Mittel aufzubringen.

Lösungshinweise Aufgabe 9-2

📖 **Bruhn (2009), S. 298-301**

Nachdem im Rahmen der interinstrumentellen Allokation das Budget auf die einzelnen Kommunikationsinstrumente verteilt wurde, erfolgt bei der **Intermediaselektion** die Verteilung der nun zur Verfügung stehenden Instrumentebudgets auf die jeweiligen Erscheinungsformen eines Instruments. Die Intermediaselektion hat meist taktischen Charakter, d.h., sie unterliegt in der Regel einem Planungszeitraum von ein bis zwei Jahren. Wie auch bei der interinstrumentellen Allokation kommen zur Bewältigung der Intermediaselektion heuristische Verfahren, wie z.b. Checklisten, Punktbewertungsverfahren oder Portfolios, zum Einsatz.

Im vorliegenden Fall ist eine **Checkliste** zu erstellen, anhand derer sich Aussagen darüber treffen lassen, welche Kategorien von Kommunikationsmedien für die jeweiligen Werbekampagnen besser bzw. schlechter geeignet sind. In Schaubild 9-6 sind die zur Diskussion stehenden Kategorien von Kommunikationsmedien anhand der verschiedenen Kriterien bewertet.

Medium ⟍ Kriterium	Zielgruppen- erreichbarkeit	Eignung zur kognitiven/ affektiven Ansprache	Darstel- lungs- möglich- keiten	Wirtschaft- lichkeit
Publi- kumszeit- schriften	• Hohe Präzision der Zielgruppeneingren- zung • Geringe Streuverluste	• Sowohl in- formative als auch emotionale Ansprache möglich	• Text und Bild	• Relativ niedrige Tausend- Kontakt- Preise
Tageszei- tungen	• Eingeschränkte Ziel- gruppenansprache • Nur wenige Tageszei- tungen zielgruppen- spezifisch aus- gerichtet	• Sowohl in- formative als auch emotionale Ansprache möglich	• Text und Bild	• Relativ hohe Tau- send- Kontakt- Preise

Schaubild 9-6: Checkliste zur Auswahl von Werbemedien

Kriterium / Medium	Zielgruppen-erreichbarkeit	Eignung zur kognitiven/ affektiven Ansprache	Darstellungs-möglich-keiten	Wirtschaftlichkeit
Fernsehen	• Massenmedium • Je nach Platzierung Zielgruppenansprache möglich	• Primär emotionale Ansprache	• Text, Bild und Ton	• Mittlere Tausend-Kontakt-Preise
Radio	• Eingeschränkte Zielgruppenansprache • Regionale Ansprache	• Primär informative Ansprache	• Nur Ton	• Relativ niedrige Tausend-Kontakt-Preise
Internet	• Steigende Reichweite • Zielgruppenansprache möglich	• Sowohl informative als auch emotionale Ansprache möglich	• Text, Bild und Ton	• Relativ niedrige Tausend-Kontakt-Preise
Außenmedien	• Massenmedium • Geringe Präzision der Zielgruppenansprache	• Primär emotionale Ansprache	• Text und Bild	• Relativ niedrige Tausend-Kontakt-Preise

Schaubild 9-6: Checkliste zur Auswahl von Werbemedien (Forts.)

Auf Basis dieser Checkliste lassen sich folgende **Empfehlungen für die Intermediaselektion** in Bezug auf die verschiedenen Werbekampagnen ableiten:

• **Kosmetikhersteller „Schönsein":** Die neue Marke richtet sich an eine ausgewählte Zielgruppe (Frauen ab 50, Bewusstsein für gepflegtes Äußeres). Dementsprechend ist die Zielgruppenerreichbarkeit von entscheidender Bedeutung. Darüber hinaus sind Medien zu bevorzugen, die vor allem eine emotionale, multisensuale Ansprache ermöglichen. Aus diesem Grund bieten sich insbesondere die Kommunikationsmedien Fernsehen, Publikumszeitschriften und Internet an. Das Fernsehen erlaubt eine multisensuale Ansprache über Text, Ton und bewegte Bilder. Dies erhöht die Emotionalisierungskraft der Werbebotschaft. Darüber hinaus kann durch eine zielgerichtete Platzierung der Werbung (z.B. vor/während/nach Lifestyle-Magazinen) eine hohe Zielgruppenerreichbarkeit sichergestellt werden. Eine hohe Zielgrup-

penerreichbarkeit bietet auch die Platzierung von Werbung in ausge-
wählten Publikumszeitschriften (z.B. *Brigitte Woman, Cosmopolitan*).
Durch entsprechende Bildgestaltung kann auch hier eine emotionale
Ansprache erfolgen, wenngleich ohne Ton. Das Internet ist eher ein
Begleitmedium, das die Kampagne in Fernsehen und Print unter-
stützt.

- **Zahnpastahersteller „Morgens & Abends":** Die Werbekampagne hat
  zum Ziel, die Bekanntheit der Marke „DentaZahn" zu erhöhen und
  das Image der Marke zu transportieren. Da es sich um ein Massen-
  produkt handelt, sind Massenmedien zu wählen, die eine emotionale
  Botschaftsgestaltung erlauben. Hohe Reichweiten bieten vor allem
  Fernsehen, Tageszeitungen, Publikumszeitschriften und Außenwerbemedien. Tageszeitungen sind nur wenig für die emotionale Ansprache
  geeignet, da Bilder – wenn überhaupt – nur in Schwarz-Weiss-Druck
  möglich sind. Das Kommunikationsbudget ist folglich primär auf
  Fernseh-, Print- und Außenwerbemedien zu verteilen.

- **Pharmakonzern „Protect":** Die Werbekampagne für das Traineeprogramm erfordert den Einsatz von Medien, die eine hohe Zielgruppenerreichbarkeit sicherstellen und die Möglichkeit bieten, detaillierte Informationen zu vermitteln. In diesem Zusammenhang ist die
  Werbung in Tageszeitungen, Publikumszeitschriften und Internetme-
  dien zielführend. Diese Medien ermöglichen eine hohe Präzision der
  Zielgruppeneingrenzung und die Vermittlung von detaillierten Informationen zum neuen Traineeprogramm. Die Platzierung der Werbung in zielgruppenaffinen Zeitschriftentiteln (z.B. *Junge Karriere,
  Hochschulanzeiger, Campus*), überregionalen Zeitungen (z.B. *FAZ,
  Financial Times, Handelsblatt*) und von der Zielgruppe frequentierten
  Internetseiten (z.B. Stellenanzeigen auf Internetjobbörsen, Werbeban-
  ner auf Internetseiten mit Inhalten, die sich an Studierende richten)
  stellen eine hohe Zielgruppenerreichbarkeit sicher.

Lösungshinweise Aufgabe 9-3

📖 **Bruhn (2009), S. 301-328**

Bei der **Intramediaselektion** geht es um die Aufteilung von Budgets auf
einzelne Kommunikationsträger. Während die interinstrumentelle Allokation und die Intermediaselektion in der Praxis meist anhand von
heuristischen, subjektiven Entscheidungsverfahren erfolgen, finden für
die Intramediaselektion analytische Verfahren der Budgetallokation regelmäßig Anwendung. Im Gegensatz zu den heuristischen Verfahren

der Budgetallokation basieren analytische Verfahren auf der Modellierung von empirisch fundierten Ursache-Wirkungs-Zusammenhängen, d.h., die getroffenen Entscheidungen lassen sich hinsichtlich ihrer Rationalität im Rahmen frei gelegter Annahmen schlüssig begründen. Ein weiterer Unterschied betrifft den Planungszeitraum. Die Intramediaselektion ist auf einen kurzfristigen Planungszeitraum (in der Regel ein Jahr) ausgelegt.

Die Intramediaselektion wird im Wesentlichen von Effizienzgesichtspunkten geleitet, geht es in diesem Entscheidungsfeld der Budgetallokation doch darum, die kommunikative Botschaft möglichst ökonomisch an die Zielgruppe zu übermitteln. Die Effizienz bzw. Wirtschaftlichkeit lässt sich anhand von **Kosten-Nutzen-Überlegungen** ermitteln. Der Nutzen eines Werbeträgers bzw. einer Werbeträgerkombination wird auf Basis von nutzenorientierten Bewertungskriterien (z.B. Auflage, Reichweite), die Kosten anhand von kostenorientierten Bewertungskriterien (z.B. Anzeigenpreis, Kosten pro Werbeminute) ermittelt. Durch die Gegenüberstellung von kosten- und nutzenorientierten Bewertungskriterien ergeben sich wirtschaftlichkeitsorientierte Bewertungskriterien (z.B. Tausenderpreise), anhand derer derjenige Werbeträger bzw. diejenige Werbeträgerkombination mit dem günstigsten Kosten-Nutzen-Verhältnis ausgewählt werden kann bzw. können.

Teilaufgabe (a)

Im vorliegenden Beispiel geht es um die **Ermittlung der Effektivität bzw. des Nutzens eines Werbeträgers**. Der Nutzen eines Werbeträgers wird in der Intramediaselektion vor allem durch die anhand des Werbeträgers realisierten Kontakte mit der Zielgruppe bestimmt. Der Werbekontakt stellt den Ausgangspunkt jeglicher psychologischer und/oder ökonomischer Werbewirkung dar.

In der Praxis kommt eine Vielzahl verschiedener **Kontaktmaßzahlen** unterschiedlicher Komplexität zum Einsatz. Die **Reichweite** stellt in diesem Zusammenhang eine aus dem Mediennutzenverhalten der Konsumenten abgeleitete, nutzenorientierte Kennzahl dar. Sie ist die gebräuchlichste Kontaktmaßzahl in der Praxis und gibt Aufschluss darüber, wie viele Personen insgesamt bzw. innerhalb der Zielgruppe durch die Belegung eines Mediums bzw. einer Werbeträgerkombination mindestens einmal erreicht wurden. Ein wirksames Medium bzw. eine leistungsstarke Werbeträgerkombination zeichnet sich dadurch aus, dass die Kontaktanzahl möglichst hoch ist.

In Abhängigkeit von der Anzahl der belegten Medien und der Schaltungen lassen sich unterschiedliche **Arten von Reichweiten** unterscheiden:

- **Nutzer pro Ausgabe** (eine Einschaltung in einem Medium)
- **Kumulierte Reichweite** (mehrere Schaltungen in einem Medium)
- **Nettoreichweite** (je eine Einschaltung in einem Medium)
- **Kombinierte Reichweite** (mehrere Schaltungen in mehreren Medien)

Im vorliegenden Fall ist die **kumulierte Reichweite** als Kontaktmaßzahl relevant, da der Versicherungskonzern den Fernsehspot bei einem Sender mehrmals schaltet (in drei Werbeblöcken). Die kumulierte Reichweite gibt die Gesamtanzahl jener Personen an, die bei mehrmaliger Belegung eines Werbeträgers im Zeitablauf mindestens einmal erreicht wird. Zwar kommt es bei mehrfacher Schaltung des Fernsehspots zu Neukontakten (z. B. Zuschauer, die erst zum zweiten Werbeblock den Sender einschalten), jedoch werden auch Wiederholungskontakte generiert (z. B. Zuschauer, die den Film in voller Länge und sämtliche Werbeblöcke anschauen). Diese Wiederholungskontakte, so genannte interne Überschneidungen, gilt es bei der Berechnung der kumulierten Reichweite herauszurechnen, da die kumulierte Reichweite Mehrfach- bzw. Wiederholungskontakte nur einmal berücksichtigt. Je nach Zahl der Schaltungen werden die zugehörigen kumulierten Reichweiten auch als so genannte K1-Werte, K2-Werte usw. bezeichnet. Der K1-Wert ist beispielsweise das Maß für die Anzahl der erreichten Personen bei einmaliger Einschaltung in einem Werbeträger. Der K2-Wert gibt hingegen die Anzahl der Personen an, die bei zweifacher Einschaltung mindestens einmal erreicht werden. Im vorliegenden Beispiel geht es folglich um die Ermittlung des K3-Werts.

(1) Berechnung der kumulierten Reichweite:

	Anzahl Zuschauer Werbeblock 1:	850.000
+	Anzahl Zuschauer Werbeblock 2:	2.500.000
+	Anzahl Zuschauer Werbeblock 3:	550.000
+	Anzahl Zuschauer Werbeblock 1 und 2:	1.400.000
+	Anzahl Zuschauer Werbeblock 2 und 3:	950.000
+	Anzahl Zuschauer Werbeblock 1 und 3:	635.000
+	Anzahl Zuschauer Werbeblock 1, 2 und 3:	450.000
=	**Kumulierte Reichweite**	**7.335.000**

Insgesamt wurden durch die Schaltung des Fernsehspots in drei Werbeblöcken 7.335.000 Zuschauer erreicht.

Neben der kumulierten Reichweite als Kontaktmaßzahl werden in der Werbepraxis verschiedene **Kennzahlen für den Werbedruck** als Effektivitätskriterium der Intramediaselektion zu Grunde gelegt. Die Bedeutung von Mehrfachkontakten mit einer Kommunikationsbotschaft zur Beeinflussung bzw. Verstärkung kognitiver, affektiver und konativer Reaktionen ist unbestritten. Interne Überschneidungen sind somit nicht immer als unerwünscht anzusehen. Die Bruttoreichweite und die Durchschnittskontakte sind in diesem Zusammenhang Kennzahlen für den Werbedruck.

Die **Bruttoreichweite** (auch als „Kontaktsumme" bezeichnet) beschreibt die Summe aller Kontakte aller Personen. Sie beinhaltet somit auch jene Personen, die mehrfach den Fernsehspot gesehen haben, während bei der kumulierten Reichweite jede Person nur einmal erfasst wird.

(2) Berechnung der Bruttoreichweite:

	Anzahl Zuschauer Werbeblock 1:	850.000
+	Anzahl Zuschauer Werbeblock 2:	2.500.000
+	Anzahl Zuschauer Werbeblock 3:	550.000
+	2 × (Anzahl Zuschauer Werbeblock 1 und 2):	2.800.000
+	2 × (Anzahl Zuschauer Werbeblock 2 und 3):	1.900.000
+	2 × (Anzahl Zuschauer Werbeblock 1 und 3):	1.270.000
+	3 × (Anzahl Zuschauer Werbeblock 1, 2 und 3):	1.350.000
=	**Bruttoreichweite**	**11.220.000**

Insgesamt wurden durch die Schaltung des TV-Spots in den drei Werbeblöcken 11.220.000 Kontakte erreicht. Hiervon sind 3.885.000 Mehrfachkontakte (interne Überschneidungen).

Während die Bruttoreichweite ein Maß für den absoluten Werbedruck darstellt, ist die Kennzahl der **Durchschnittskontakte** ein Maß für den durchschnittlichen Werbedruck. Die Durchschnittskontakte geben die Anzahl jener Kontakte an, die im Durchschnitt auf eine erreichte Person entfällt.

(3) Berechnung der Durchschnittskontakte:

Die Durchschnittskontakte ergeben sich im vorliegenden Fall durch die Division der Bruttoreichweite durch die kumulierte Reichweite:

Bruttoreichweite (11.220.000): kumulierte Reichweite (7.335.000) = 1,5 Durchschnittskontakte

Im Durchschnitt konnten mit der Schaltung des Fernsehspots in den drei Werbeblöcken 1,5 Kontakte pro Zuschauer realisiert werden.

Teilaufgabe (b)

Die **Kontaktverteilung** gibt Aufschluss darüber, welche Reichweite ein Mediaplan in einzelnen Kontaktklassen erzielt. Sie gibt an, wie viele Personen welche Kontaktanzahl haben. Schaubild 9-7 zeigt die Kontaktverteilung für die Werbekampagne des Versicherungskonzerns „Sicherheitshalber AG".

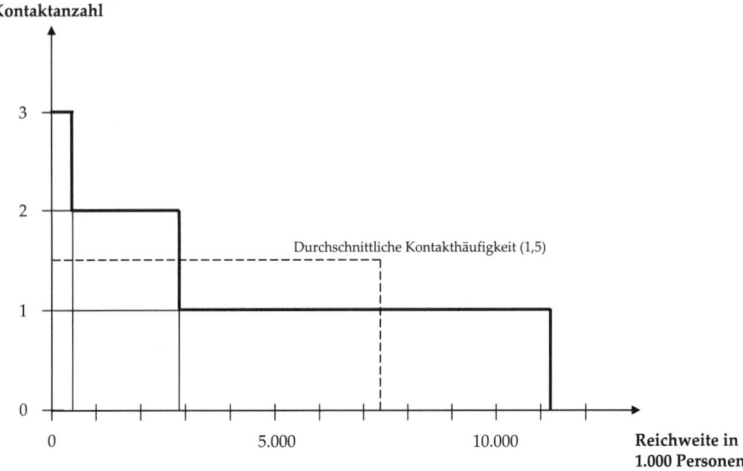

Schaubild 9-7: Kontaktverteilung für die Werbekampagne des Versicherungskonzerns „Sicherheitshalber AG"

Insgesamt wurden mit der Werbekampagne 11.220.000 Kontakte (Bruttoreichweite) realisiert. Von diesen Kontakten sind 3.885.000 Wiederholungskontakte (Personen, die Werbeblock 1 und 2, 2 und 3, 1 und 3 sowie 1, 2 und 3 gesehen haben). Von diesen Wiederholungskontakten sind 2.985.000 Doppelkontakte und 900.000 Dreifachkontakte. Im Durchschnitt entfallen somit auf jeden Zuschauer 1,5 Kontakte.

Teilaufgabe (c)

Die **„Effektive Kontaktfrequenz"** bezeichnet die Anzahl der Kontakte, bei der die maximale Werbewirkung bei den Zielpersonen erreicht wird. Zur Ermittlung der „Effektiven Kontaktfrequenz" sind Kenntnisse über die Kontaktmengenbewertungskurve notwendig. Die Kontaktmengenbewertungskurve beschreibt die aggregierte Werbewirkung (z.B. Erinnerungserfolg, Bekanntheitssteigerung) in Abhängigkeit von den realisierten oder erwarteten Kontakten (Werbedruck). Im vorliegenden Fall haben Analysen ergeben, dass die maximale Werbewirkung mit zwei Kontakten pro Person erreicht wird. Eine **optimale Kontaktverteilung** besteht, wenn der Kontaktbereich besonders stark besetzt ist, in dem die größten Erfolgswirkungen im Sinne der maximalen Werbewirkung zu erwarten sind.

Wie die **Kontaktverteilung für die Werbekampagne der „Sicherheitshalber AG"** zeigt, werden mit der Werbekampagne insgesamt 11.220.000 Kontakte erreicht (Bruttoreichweite). Die Mehrzahl der Personen, d.h. gut 53 Prozent, erhalten nur Einfachkontakte. Doppelkontakte, d.h. die effektive Kontaktfrequenz, werden bei rund 40 Prozent der Personen realisiert. Dreifachkontakte sind im vorliegenden Kontext hingegen ineffektiv, da davon auszugehen ist, dass die Werbewirkung ab zwei Kontakten nur noch unterproportional zunimmt. Bei der Werbekampagne der „Sicherheitshalber AG" ist der Anteil an Personen mit Dreifachkontakten an der Bruttoreichweite jedoch ziemlich gering (rund sechs Prozent). Im Ergebnis ist die Werbekampagne der „Sicherheitshalber AG" als wenig effektiv anzusehen, da zu viele Einfachkontakte im Vergleich zu Zweifachkontakten realisiert werden.

Lösungshinweise Aufgabe 9-4

📖 **Bruhn (2009), S. 308-312**

Das hypergeometrische Modell sowie das Binomialmodell stellen zwei **modellgestützte Verfahren zur Ermittlung von Reichweiten** dar. Der Unterschied der beiden Verfahren liegt in den zu Grunde liegenden Prämissen. Das Binomialmodell geht im Unterschied zum hypergeometrischen Modell nicht von konstanten Leseraten aus, sondern von der Annahme, dass Personengruppen bezüglich bestimmter Medien erfahrungsgemäß gewisse Nutzungswahrscheinlichkeiten aufweisen.

Teilaufgabe (a)

Beim **hypergeometrischen Modell** wird davon ausgegangen, dass alle Lesekombinationen die gleiche Eintrittswahrscheinlichkeit haben. Wenn jemand angibt, in einer Periode (hier: in einem Jahr) von den s Ausgaben eines Mediums (hier: 6 Ausgaben der Zeitschrift) immer r_i Ausgaben zu lesen (mit $r_i \leq s$), wobei alle Ausgabenkombinationen die gleiche Eintrittswahrscheinlichkeit haben, dann errechnet sich die

Wahrscheinlichkeit (Z), dass er/sie bei m Schaltungen in dem Medium (m ≤ s) genau k Kontakte (k ≤ m) mit der Werbebotschaft hat, nach dem hypergeometrischen Modell gemäß der in der Aufgabenstellung angegebenen Formel:

$$(1) \quad Z_i^{k;m} = \frac{\binom{m}{k}\binom{s-m}{r_i-k}}{\binom{s}{r_i}}$$

mit:
Z = Wahrscheinlichkeit für Werbemittelkontakt
m = Anzahl der Schaltungen
k = Anzahl der Kontakte
i = Nutzergruppe
s = max. Anzahl an Schaltungen
r_i = Anzahl der gelesenen Ausgaben eines Mediums

Die Wahrscheinlichkeit für **mindestens einen Kontakt** ergibt sich dann:

$$(2) \quad Z_i^{1\,m} = 1 - \frac{\binom{s-m}{r_i}}{\binom{s}{r_i}}$$

Einmalige Schaltung einer Anzeige

In einem **ersten Schritt** ist die Wahrscheinlichkeit für mindestens einen Kontakt bei den verschiedenen Nutzergruppen zu errechnen:

(a) Leser einer Ausgabe:

$$Z_1{}^{1;1} = 1 - \frac{\binom{6-1}{1}}{\binom{6}{1}} = 1 - \frac{\left(\frac{5!}{4!\cdot1!}\right)}{\left(\frac{6!}{5!\cdot1!}\right)} = 1 - \frac{\left(\frac{5\cdot4\cdot3\cdot2\cdot1}{(4\cdot3\cdot2\cdot1)\cdot(1\cdot1)}\right)}{\left(\frac{6\cdot5\cdot4\cdot3\cdot2\cdot1}{(5\cdot4\cdot3\cdot2\cdot1)\cdot(1\cdot1)}\right)} = 1 - \frac{5}{6} = \frac{1}{6}$$

(b) Leser von zwei Ausgaben:

$$Z_2{}^{1;1} = 1 - \frac{\binom{6-1}{2}}{\binom{6}{2}} = 1 - \frac{\left(\frac{5!}{3!\cdot2!}\right)}{\left(\frac{6!}{4!\cdot2!}\right)} = 1 - \frac{\left(\frac{5\cdot4\cdot3\cdot2\cdot1}{(3\cdot2\cdot1)\cdot(2\cdot1)}\right)}{\left(\frac{6\cdot5\cdot4\cdot3\cdot2\cdot1}{(4\cdot3\cdot2\cdot1)\cdot(2\cdot1)}\right)} = 1 - \frac{10}{15} = \frac{1}{3}$$

(c) Leser von drei Ausgaben:

$$Z_3^{1;1} = 1 - \frac{\binom{6-1}{3}}{\binom{6}{3}} = 1 - \frac{\left(\frac{5!}{2!\cdot3!}\right)}{\left(\frac{6!}{3!\cdot3!}\right)} = 1 - \frac{\left(\frac{5\cdot4\cdot3\cdot2\cdot1}{(2\cdot1)\cdot(3\cdot2\cdot1)}\right)}{\left(\frac{6\cdot5\cdot4\cdot3\cdot2\cdot1}{(3\cdot2\cdot1)\cdot(3\cdot2\cdot1)}\right)} = 1 - \frac{10}{20} = \frac{1}{2}$$

(d) Leser von vier Ausgaben:

$$Z_4^{1;1} = 1 - \frac{\binom{6-1}{4}}{\binom{6}{4}} = 1 - \frac{\left(\frac{5!}{1!\cdot4!}\right)}{\left(\frac{6!}{2!\cdot4!}\right)} = 1 - \frac{\left(\frac{5\cdot4\cdot3\cdot2\cdot1}{(1\cdot1)\cdot(4\cdot3\cdot2\cdot1)}\right)}{\left(\frac{6\cdot5\cdot4\cdot3\cdot2\cdot1}{(2\cdot1)\cdot(4\cdot3\cdot2\cdot1)}\right)} = 1 - \frac{5}{15} = \frac{2}{3}$$

(e) Leser von fünf Ausgaben:

$$Z_5^{1;1} = 1 - \frac{\binom{6-1}{5}}{\binom{6}{5}} = 1 - \frac{\left(\frac{5!}{0!\cdot5!}\right)}{\left(\frac{6!}{1!\cdot5!}\right)} = 1 - \frac{\left(\frac{5\cdot4\cdot3\cdot2\cdot1}{1\cdot(5\cdot4\cdot3\cdot2\cdot1)}\right)}{\left(\frac{6\cdot5\cdot4\cdot3\cdot2\cdot1}{(1\cdot1)\cdot(5\cdot4\cdot3\cdot2\cdot1)}\right)} = 1 - \frac{1}{6} = \frac{5}{6}$$

(f) Leser von sechs Ausgaben:

$$Z_6^{1;1} = 1$$

Wenn jede Ausgabe gelesen wird, liegt die Kontaktwahrscheinlichkeit bei 100 Prozent.

In einem **zweiten Schritt** kann nun die Anzahl der Personen ermittelt werden, die mit einer einmaligen Schaltung einer Anzeige erreicht werden (K1-Wert). Hierzu wird folgende Gleichung herangezogen:

$$(3) \quad Km = \sum_{i=1}^{n} P_i \times Z_i^{1m}$$

mit:

P_i = Anzahl der Personen
n = Anzahl der Ausgaben eines Mediums je Periode (n)

$$K1 = \frac{1}{6} \times 79.000 + \frac{1}{3} \times 36.000 + \frac{1}{2} \times 25.000 + \frac{2}{3} \times 19.000 + \frac{5}{6} \times 16.000 + 98.000$$
$$= 161.667$$

Mit einer einmaligen Schaltung werden 161.667 Personen erreicht.

Zweimalige Schaltung einer Anzeige

Analog zur vorigen Berechnung sind in einem **ersten Schritt** die Wahr-
scheinlichkeiten für mindestens einen Kontakt bei den verschiedenen
Nutzergruppen gemäß Formel (1) zu bestimmen:

(a) Leser einer Ausgabe:

$$Z_1^{1;2} = 1 - \frac{\binom{6-2}{1}}{\binom{6}{1}} = 1 - \frac{\left(\frac{4!}{3! \cdot 1!}\right)}{\left(\frac{6!}{5! \cdot 1!}\right)} = 1 - \frac{\left(\frac{4 \cdot 3 \cdot 2 \cdot 1}{(3 \cdot 2 \cdot 1) \cdot (1 \cdot 1)}\right)}{\left(\frac{6 \cdot 5 \cdot 4 \cdot 3 \cdot 2 \cdot 1}{(5 \cdot 4 \cdot 3 \cdot 2 \cdot 1) \cdot (1 \cdot 1)}\right)} = 1 - \frac{4}{6} = \frac{1}{3}$$

(b) Leser von zwei Ausgaben:

$$Z_2^{1;2} = 1 - \frac{\binom{6-2}{2}}{\binom{6}{2}} = 1 - \frac{\left(\frac{4!}{2! \cdot 2!}\right)}{\left(\frac{6!}{4! \cdot 2!}\right)} = 1 - \frac{\left(\frac{4 \cdot 3 \cdot 2 \cdot 1}{(2 \cdot 1) \cdot (2 \cdot 1)}\right)}{\left(\frac{6 \cdot 5 \cdot 4 \cdot 3 \cdot 2 \cdot 1}{(4 \cdot 3 \cdot 2 \cdot 1) \cdot (2 \cdot 1)}\right)} = 1 - \frac{6}{15} = \frac{3}{5}$$

(c) Leser von drei Ausgaben:

$$Z_3^{1;2} = 1 - \frac{\binom{6-2}{3}}{\binom{6}{3}} = 1 - \frac{\left(\frac{4!}{1! \cdot 3!}\right)}{\left(\frac{6!}{3! \cdot 3!}\right)} = 1 - \frac{\left(\frac{4 \cdot 3 \cdot 2 \cdot 1}{(1 \cdot 1) \cdot (3 \cdot 2 \cdot 1)}\right)}{\left(\frac{6 \cdot 5 \cdot 4 \cdot 3 \cdot 2 \cdot 1}{(3 \cdot 2 \cdot 1) \cdot (3 \cdot 2 \cdot 1)}\right)} = 1 - \frac{4}{20} = \frac{4}{5}$$

(d) Leser von vier Ausgaben:

$$Z_4^{1;2} = 1 - \frac{\binom{6-2}{4}}{\binom{6}{4}} = 1 - \frac{\left(\frac{4!}{0! \cdot 4!}\right)}{\left(\frac{6!}{2! \cdot 4!}\right)} = 1 - \frac{\left(\frac{4 \cdot 3 \cdot 2 \cdot 1}{1 \cdot (4 \cdot 3 \cdot 2 \cdot 1)}\right)}{\left(\frac{6 \cdot 5 \cdot 4 \cdot 3 \cdot 2 \cdot 1}{(2 \cdot 1) \cdot (4 \cdot 3 \cdot 2 \cdot 1)}\right)} = 1 - \frac{1}{15} = \frac{14}{15}$$

(e) Leser von fünf Ausgaben:

$$Z_5^{1;1} = 1$$

Wenn fünf Ausgaben gelesen werde, liegt die Kontaktwahrscheinlichkeit bei 100 Prozent.

(f) Leser von sechs Ausgaben:

$$Z_6^{1;1} = 1$$

Wenn sechs Ausgaben gelesen werde, liegt die Kontaktwahrscheinlichkeit bei 100 Prozent.

In einem **zweiten Schritt** wird mit Hilfe von Formel (3) die Anzahl der Personen ermittelt, die mit einer zweimaligen Schaltung einer Anzeige erreicht werden (K2-Wert):

$$K2 = \frac{1}{3} \times 79.000 + \frac{3}{5} \times 36.000 + \frac{4}{5} \times 25.000 + \frac{14}{15} \times 19.000 + 16.000 + 98.000$$

$$= 199.667$$

Mit einer zweimaligen Schaltung werden 199.667 Personen erreicht.

Teilaufgabe (b)

Das **Binomialmodell** geht im Vergleich zum hypergeometrischen Modell nicht von konstanten Leseraten, sondern von Nutzungswahrscheinlichkeiten aus: Jemand, der angibt, z.B. im Jahr fünf Ausgaben der sechsmal jährlich erscheinenden Zeitschrift „Schleckerissimo" zu lesen, nimmt dies lediglich im langjährigen Durchschnitt vor. Die Nutzungswahrscheinlichkeit beträgt zwar – wie die Leserate – 5/6; dies kann jedoch bedeuten, dass er/sie z.B. in einem Jahr eine Ausgabe, in einem anderen Jahr hingegen alle Ausgaben liest. Folglich kann im Rahmen des Binomialmodells nicht mehr sichergestellt werden, dass er/sie mit einer einmaligen Schaltung mit einer Wahrscheinlichkeit von 100 Prozent erreicht wird.

Zur Ermittlung der Reichweiten sind – analog zum hypergeometrischen Modell – zunächst die Kontaktwahrscheinlichkeiten bei den verschiedenen Nutzergruppen in Abhängigkeit der Belegungsanzahl zu errechnen. Die Wahrscheinlichkeit, dass eine Person bei einer Nutzungswahrscheinlichkeit w_i genau k Kontakte mit der Werbebotschaft hat, errechnet sich gemäß dem Binomialmodell wie folgt:

$$(1) \quad \hat{Z}_i^{k;m} = \binom{m}{k} \times w_i^k \times (1 - w_i)^{m-k}$$

mit:

Z = Wahrscheinlichkeit für Werbemittelkontakt
m = Anzahl der Schaltungen
k = Anzahl der Kontakte

w = Nutzungswahrscheinlichkeit
i   = Nutzergruppe
r_i = Anzahl der gelesenen Ausgaben eines Mediums

Die Wahrscheinlichkeit für **mindestens einen Kontakt** ergibt sich dann:

(2) $\hat{Z}_i^{1;m} = 1 - (1 - w_i)^m$

Die Multiplikation der nutzergruppenspezifischen Kontaktwahrscheinlichkeiten mit der Anzahl der Nutzer in den jeweiligen Nutzergruppen und die anschließende Summierung dieser Ergebnisse führt zu den kumulierten Reichweiten:

(3) $\hat{K}m = \sum_{i=1}^{n} \hat{Z}_i^{1m} \times P_i$

mit:
P_i = Anzahl der Personen
n   = Anzahl der Ausgaben eines Mediums je Periode (n)

1. Ermittlung der Kontaktwahrscheinlichkeiten bei einmaliger Schaltung

(a) Leser einer Ausgabe:

$$\hat{Z}_1^{1;1} = 1 - \left(1 - \frac{1}{6}\right)^1 = 1 - \frac{5}{6} = \frac{1}{6}$$

(b) Leser von zwei Ausgaben:

$$\hat{Z}_2^{1;1} = 1 - \left(1 - \frac{2}{6}\right)^1 = 1 - \frac{4}{6} = \frac{1}{3}$$

(c) Leser von drei Ausgaben:

$$\hat{Z}_3^{1;1} = 1 - \left(1 - \frac{3}{6}\right)^1 = 1 - \frac{3}{6} = \frac{1}{2}$$

(d) Leser von vier Ausgaben:

$$\hat{Z}_4^{1;1} = 1 - \left(1 - \frac{4}{6}\right)^1 = 1 - \frac{2}{6} = \frac{2}{3}$$

(e) Leser von fünf Ausgaben:

$$\hat{Z}_5^{1;1} = 1 - \left(1 - \frac{5}{6}\right)^1 = 1 - \frac{1}{6} = \frac{5}{6}$$

(f) Leser von sechs Ausgaben:

$$\hat{Z}_6^{1;1} = 1 - \left(1 - \frac{6}{6}\right)^1 = 1 - \frac{6}{6} = 1$$

2. Ermittlung der Reichweite

$$\hat{K}1 = \frac{1}{6} \times 79.000 + \frac{1}{3} \times 36.000 + \frac{1}{2} \times 25.000 + \frac{2}{3} \times 19.000 + \frac{5}{6} \times 16.000 +$$

$$98.000 = 161.667$$

Mit einer einmaligen Schaltung werden **161.667 Personen** erreicht.

Lösungshinweise Aufgabe 9-5

📖 **Bruhn (2009), S. 321-323**

Tausenderpreise stellen wirtschaftlichkeitsorientierte Entscheidungs-kriterien für die Intramediaselektion dar. Sie stellen die Kosten für die Platzierung bzw. Schaltung in einem Werbeträger ins Verhältnis zu je-weils 1.000 erreichten Personen. Das Ergebnis ist jener Betrag, der für die Erreichung von 1.000 Leistungseinheiten (verkaufte Exemplare, er-reichte Personen usw.) aufzuwenden ist. Die Kombination der Kosten- und Leistungsdimension ergibt den Wirtschaftlichkeitswert „GE pro 1.000 Leistungseinheiten". Diese rechnerische Normierung (Kosten für eine gleiche Leistungseinheit) ermöglicht die gegenüberstellende Be-wertung von Werbeträgern mit unterschiedlichen absoluten Kosten und Leistungen.

Teilaufgabe (a)

Der **Tausend-Kontakt-Preis** gibt an, welcher Betrag aufzuwenden ist, um 1.000 Kontakte zu erreichen. Die Kontakte sind dabei als Bruttokon-takte zu verstehen, d.h., es werden auch Mehrfachkontakte berücksich-tigt. Es ist daher nicht möglich, auf die Zahl der erreichten Personen zu schließen, da Mehrfach- und Einfachkontakte gleich behandelt werden.

Der TKP ergibt sich nach folgender **Formel**:

$$(1) \quad TKP = \frac{Insertionskosten}{Anzahl\ der\ erzielten\ Kontakte} \times 1.000$$

Durch Umformung der Formel (1) kann der **Schaltpreis (Insertionskosten)** errechnet werden – dargestellt durch Formel (2):

$$(2) \quad \text{Insertionskosten} = \frac{(\text{TKP} \times \text{Anzahl der erzielten Kontakte})}{1.000}$$

Schaltpreis *RTL*:

$$\text{Insertionskosten} = \frac{45 \text{ GE} \times 2 \text{ Mio}}{1.000} = 90.000 \text{ GE}$$

Schaltpreis *Sat.1*:

$$\text{Insertionskosten} = \frac{45 \text{ GE} \times 3 \text{ Mio}}{1.000} = 135.000 \text{ GE}$$

Bei einem **Schaltpreis** (Insertionskosten) von 90.000 GE bei *RTL* bzw. 135.000 GE bei *Sat.1* ist der Tausend-Kontakt-Preis, d.h. das Preis-Leistungs-Verhältnis, bei beiden Sendern gleich, sodass mit keiner Schaltung eine bessere Wirtschaftlichkeit erreicht wird.

Teilaufgabe (b)

Während der Tausend-Kontakt-Preis Mehrfachkontakte berücksichtigt, gibt der **Tausend-Nutzer-Preis** jenen Betrag an, der notwendig ist, um 1.000 verschiedene Nutzer zu erreichen; unabhängig davon, wie oft diese Personen einen Kontakt mit dem Werbeträger hatten. Im vorliegenden Beispiel stimmt der TNP mit dem TKP überein, da nur eine einmalige Schaltung erfolgt, d.h., es kommt zu keinen Mehrfachkontakten.

Lösungshinweise Aufgabe 9-6

📖 **Bruhn (2009), S. 324-325**

Das **Rangreihenverfahren** stellt eine Methode zur Entwicklung eines optimalen Streuplans dar, bei dem Einzelmedien oder Mediakombinationen anhand bestimmter Kriterien (z.B. Tausend-Kontakt-Preis) bewertet und in eine Reihenfolge gebracht werden.

Teilaufgabe (a)

Der gewichtete und ungewichtete Tausend-Kontakt-Preis sind **Wirtschaftlichkeitskennziffern der Intramediaselektion**. Beide Kennziffern stellen die Kosten für die Platzierung bzw. Schaltung in einem Werbeträger ins Verhältnis zum Nutzen, der mit dieser Platzierung bzw. Schaltung erreicht wird.

Der **ungewichtete Tausend-Kontakt-Preis (TKP$_{ungew.}$)** gibt an, welcher Betrag aufzuwenden ist, um 1.000 Kontakte zu erreichen und ergibt sich nach folgender Formel:

$$(1) \quad TKP_{ungew.} = \frac{\text{Insertionskosten}}{\text{Anzahl der erzielten Kontakte}} \times 1.000$$

Der **gewichtete Tausend-Kontakt-Preis (TKP$_{gew.}$)** – auch Tausend-Zielpersonen-Preis (TZP) genannt – gibt an, welcher Betrag aufzuwenden ist, um 1.000 Kontakte mit der Zielgruppe zu erreichen. Um den Aspekt von Streuverlusten Rechnung zu tragen, wird beim gewichteten TKP entsprechend des Zielgruppenanteils an der Nutzerschaft eines Werbeträgers eine Zielgruppengewichtung des TKP durchgeführt. Der gewichtete Tausend-Kontakt-Preis wird damit um Streuverluste bereinigt. Dies hat zur Folge, dass gewichtete TKPs höher ausfallen als die vergleichbaren ungewichteten TKPs. Zur Berechnung des gewichteten TKP wird die sich im Nenner befindliche Reichweite mit dem Anteil der in ihr enthaltenen Zielgruppe multipliziert:

$$(2) \quad TKP_{gew.} = \frac{\text{Insertionskosten}}{\text{Anzahl der erzielten Kontakte in der Zielgruppe}} \times 1.000$$

Berechnung des ungewichteten TKP für die einzelnen Zeitschriften:

$$TKP_{ungew.} \text{ „Fitday“} = \frac{24.000}{670.000} \times 1.000 = 35,82 \text{ GE}$$

$$TKP_{ungew.} \text{ „Jung \& Schön“} = \frac{17.000}{580.000} \times 1.000 = 29,31 \text{ GE}$$

$$TKP_{ungew.} \text{ „Madame“} = \frac{28.000}{850.000} \times 1.000 = 32,94 \text{ GE}$$

$$TKP_{ungew.} \text{ „BigLife“} = \frac{22.000}{500.000} \times 1.000 = 44,00 \text{ GE}$$

Berechnung des gewichteten TKP für die einzelnen Zeitschriften:

$$TKP_{gew.} \text{ „Fitday“} = \frac{24.000}{(310.000 \times 0,3 + 360.000 \times 0,7)} \times 1.000 = 69,57 \text{ GE}$$

$$\text{TKP}_{\text{gew.}} \text{„Jung\&Schön"} = \frac{17.000}{(270.000 \times 0,3 + 310.000 \times 0,7)} \times 1.000 = 57,05 \,\text{GE}$$

$$\text{TKP}_{\text{gew.}} \text{„Madame"} = \frac{28.000}{(200.000 \times 0,3 + 650.000 \times 0,7)} \times 1.000 = 54,37 \,\text{GE}$$

$$\text{TKP}_{\text{gew.}} \text{„BigLife"} = \frac{22.000}{(300.000 \times 0,3 + 200.000 \times 0,7)} \times 1.000 = 95,65 \,\text{GE}$$

Auf Basis des **ungewichteten Tausend-Kontakt-Preises** ist eine Belegung der Zeitschrift „Jung & Schön" am effizientesten, weil sie das beste Preis-Leistungs-Verhältnis bietet. Wird hingegen der **gewichtete Tausend-Kontakt-Preis** herangezogen, ist eine Belegung der Zeitschrift „Madame" empfehlenswert, da für einen Betrag von 54,37 GE tausend Zielgruppenkontakte erreicht werden. Die anderen Zeitschriften haben einen höheren gewichteten Tausend-Kontakt-Preis.

Teilaufgabe (b)

Die Vorgehensweise bei der Anwendung des **Rangreihenverfahrens** lässt sich wie folgt darstellen (vgl. Schaubild 9-8).

Als **Rangfolge** für die optimale Belegung der Medien auf Basis des gewichteten Tausend-Kontakt-Preises ergibt sich für den Wellnessdrink „Balance":

(1) „Madame„   (TKP$_{\text{gew.}}$ = 54,37 GE)
(2) „Jung & Schön" (TKP$_{\text{gew.}}$ = 57,05 GE)
(3) „Fitday"   (TKP$_{\text{gew.}}$ = 69,57 GE)
(4) „BigLife"   (TKP$_{\text{gew.}}$ = 95,65 GE)

Für die **Budgetverteilung** auf die Medien ergibt sich folgende Rechnung:

1. Belegung aller 12 Ausgaben von „Madame":
   12 × 28.000 = 336.000 GE
   → Restbudget von 314.000 GE

2. Belegung aller 6 Ausgaben von „Jung & Schön":
   6 × 17.000 = 102.000 GE
   → Restbudget von 212.000 GE

3. Belegung aller 6 Ausgaben von „Fitday":
   6 × 24.000 = 144.000 GE
   → Restbudget von 68.000 GE

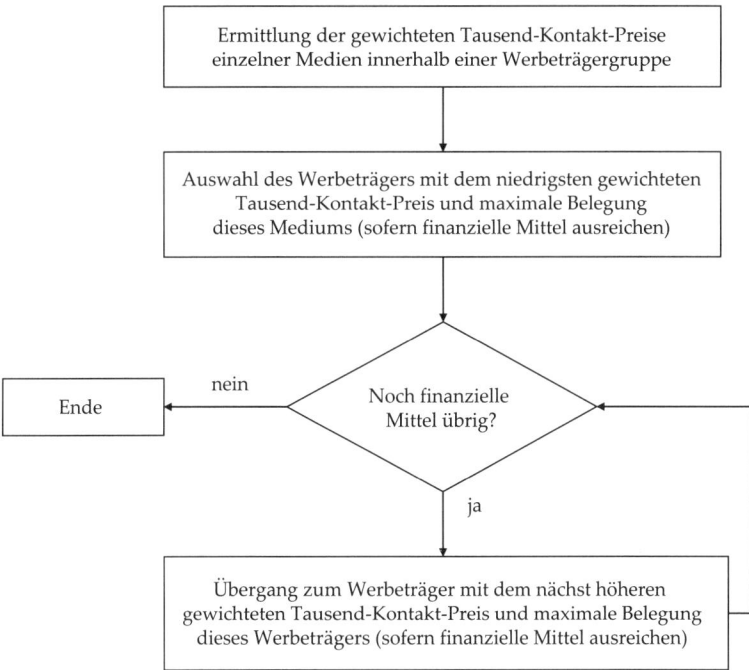

*Schaubild 9-8: Funktionsweise des Rangreihenverfahrens
am Beispiel des gewichteten Tausend-Kontakt-Preises
(Quelle: Sander (2004): Marketing-Management, Stuttgart, S. 596)*

4. Belegung von 3 Ausgaben von „BigLife":
   3 × 22.000 = 66.000 GE
   → Restbudget von 2.000 GE

Es bleibt ein **Restbudget** von 2.000 GE übrig, für das in keiner der Zeitschriften mehr geworben werden kann.

Bei einer **kritischen Würdigung** des Rangreihenverfahrens ergeben sich folgende Vor- und Nachteile: Die Vorteile des Rangreihenverfahrens sind in der leichten Handhabbarkeit und dem geringen Datenaufwand zu sehen. Diese Methode eignet sich vor allem für kleine Werbebudgets. Die Nachteile des Verfahrens ergeben sich insbesondere aus der mangelnden Berücksichtigung von Werbereaktionsfunktionen (z. B. Erst- und Wiederholungskontakte werden als gleichwertig angesehen). Darüber hinaus besteht die Gefahr, dass bei der isolierten Betrachtung eines einzigen Evaluierungskriteriums nur ein suboptimaler Streuplan gefunden werden kann. Auch bleibt häufig ein Restbudget übrig. Schließlich werden keine Belegungsrabatte berücksichtigt, die häufig bei mehrfacher Belegung eines Mediums eingeräumt werden.

Lösungshinweise Aufgabe 9-7

📖 **Bruhn (2009), S. 326-328**

Die Zielsetzung des **Optimierungsverfahrens** der Intramediaselektion besteht darin, einen optimalen Werbestreuplan im Hinblick auf eine vorgegebene Zielfunktion unter Beachtung von Nebenbedingungen zu ermitteln. Dabei ist das vorgegebene Werbebudget so auf die Werbeträger zu verteilen, dass die Werbewirkung maximiert wird. Dies erfolgt mit Hilfe von Lösungsalgorithmen, wie z.B. der Linearen Programmierung.

Die **Zielfunktion** in der Aufgabenstellung, die es zu optimieren gilt, lautet:

$$Z = 2 \times GENUSS + 4 \times DEGUSTIF \rightarrow max!$$

Die Zielfunktion besagt, dass zwei Schaltungen in der Zeitschrift „GENUSS" die gleiche Werbewirkung haben, wie vier Schaltungen in der Zeitschrift „DEGUSTIF" (z.B. aufgrund besserer Kontaktqualität). Wird die Zielfunktion nach einer der beiden Zeitschriften, z.B. DEGUSTIF, aufgelöst, ergibt sich folgende Gleichung:

$$DEGUSTIF = -\frac{1}{2} \times GENUSS \rightarrow max!$$

Aus der Aufgabenstellung geht zudem hervor, welche **Nebenbedingungen** es bei der Ermittlung der optimalen Lösung zu berücksichtigen gilt. Das Budget ist auf 650.000 GE beschränkt. Darüber hinaus sind minimale und maximale Belegungsgrenzen für die einzelnen Zeitschriften gegeben: Die maximale Belegungsgrenze ist durch die maximale Anzahl der Ausgaben festgelegt, d.h., bei beiden Zeitschriften sind maximal 26 Schaltungen pro Jahr möglich. Als untere Belegungsgrenze für die Zeitschrift „GENUSS" gilt eine viermalige Belegung, für die Zeitschrift „DEGUSTIF" eine achtmalige Belegung. Zusammenfassend lassen sich die **Belegungsgrenzen** wie folgt darstellen:

$$4 \leq GENUSS \leq 26 \text{ und } 8 \leq DEGUSTIF \leq 26$$

Bei der grafischen Lösung wird in einem **ersten Schritt** die maximale Anzahl von Schaltungen je Zeitschrift ermittelt und in das Diagramm eingetragen. Bei einem Budget von 650.000 GE ist es theoretisch möglich, 36 Schaltungen in der Zeitschrift „GENUSS" vorzunehmen (36 × 18.000 GE = 648.000 GE). Für die Zeitschrift „DEGUSTIF" ergibt sich ein Wert von 30 (30 × 21.000 GE = 630.000 GE). Die entsprechenden Punkte sind auf der Abszisse und Ordinate abzutragen; die Verbindung dieser Punkte verdeutlicht die Budgetrestriktion (vgl. Schaubild 9-9).

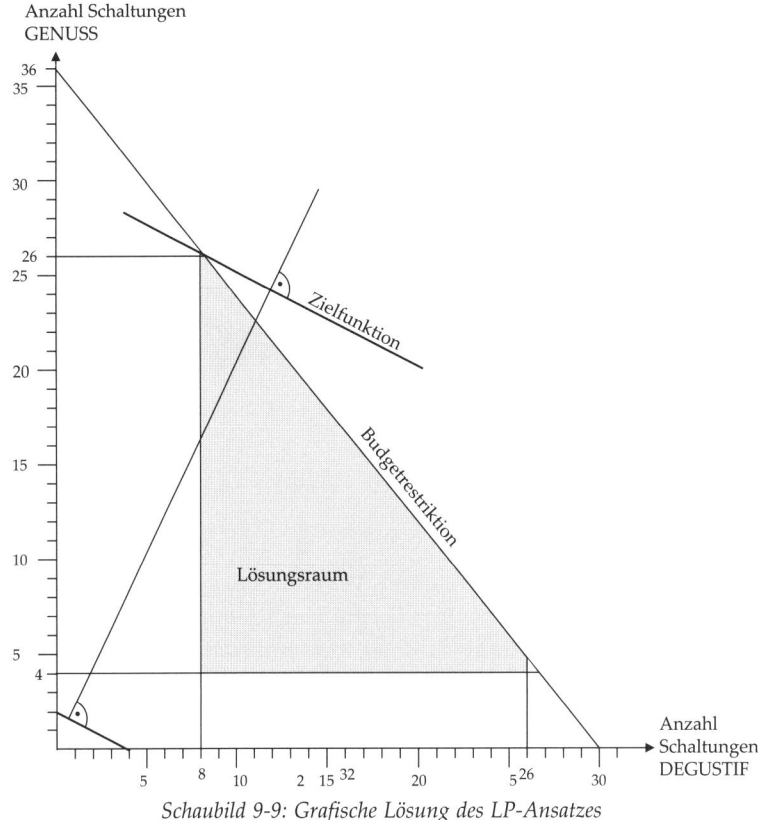

Schaubild 9-9: Grafische Lösung des LP-Ansatzes

Neben der Budgetrestriktion beschränken die Belegungsgrenzen die Anzahl der Kombinationsmöglichkeiten zwischen den beiden Zeitschriften. Daher gilt es, diese im Diagramm zu berücksichtigen. Die maximale Anzahl von Schaltungen ist sowohl für die Zeitschrift „GENUSS" als auch „DEGUSTIF" mit jeweils 26 Schaltungen pro Jahr vorgegeben. Die Minimalbelegungen betragen laut Angaben für die Zeitschrift „GENUSS" vier Schaltungen und für „DEGUSTIF" acht Schaltungen. Diese Maximal- und Minimalgrenzen sind in das Diagramm einzutragen. Zusammen mit der Budgetrestriktion formieren sie den Lösungsraum.

In einem **zweiten Schritt** ist die Zielfunktion im Diagramm zu berücksichtigen. Die Zielfunktion besagt, dass zwei Schaltungen in der Zeitschrift „GENUSS" die gleiche Werbewirkung haben wie vier Schaltungen in der Zeitschrift „DEGUSTIF". Das Verhältnis der Wirkungen zwischen den beiden Zeitschriften bestimmt die Steigung der Zielfunktion. Grafisch wird die Zielfunktion berücksichtigt, indem auf der x-Achse ein Wert von 4 für die Zeitschrift „DEGUSTIF" und auf der y-Achse ein Wert von 2 für die Zeitschrift „GENUSS" abgetragen wird und die beiden Punkte durch eine Gerade miteinander verbunden werden (Steigung = -1/2). Durch paralleles Verschieben der Geraden wird die Zielfunktion maximiert. Der Punkt (ggf. die Punkte), an dem die Zielfunktion den Lösungsraum gerade noch berührt, ist die optimale Lösung.

Als **optimale grafische Lösung** ergibt sich: 26 Schaltungen in der Zeitschrift „GENUSS" und 8 Schaltungen in der Zeitschrift „DEGUSTIF". Hierzu wird ein Budget von 636.000 GE eingesetzt (= 26 × 18.000 GE + 8 × 21.000 GE).

Lösungshinweise Aufgabe 9-8

📖 **Bruhn (2009), S. 328-333**

Bei der Budgetallokation erfolgt die Verteilung des Kommunikationsbudgets sowohl in sachlicher (auf Leistungen, Produkte, Kommunikationsinstrumente, Erscheinungsformen, Kommunikationsträger usw.) als auch zeitlicher Hinsicht. Bei der **zeitlichen Budgetallokation** geht es vor allem um die Wahl des Belegungszeitpunkts bzw. der Belegungszeitpunkte und die damit verbundene Entscheidung über die zeitlichen Abstände zwischen einzelnen Schaltungen.

Teilaufgabe (a)

Als **Grundformen der zeitlichen Budgetallokation** lassen sich grundsätzlich der konzentrierte, gleichverteilte und pulsierende Werbeeinsatz unterscheiden.

Beim **konzentrierten Werbeeinsatz** werden in einem relativ kurzfristigen Zeitraum sehr hohe Werbeaufwendungen getätigt. Diese Form der zeitlichen Werbebudgetverteilung ist insbesondere für Produkte geeignet, die neu am Markt eingeführt werden oder deren Nachfrage überwiegend saisonal ist. Von einem konstanten, **gleichverteilen Werbe-**

einsatz wird gesprochen, wenn das Kommunikationsbudget über einen längeren Zeitraum gleichmäßig verteilt wird. Häufig wird diese Form des Werbeeinsatzes für Güter des täglichen Bedarfs gewählt, die bereits am Markt etabliert sind. Für derartige Güter kommt es vorrangig darauf an, den Zielpersonen eine stetige Erinnerungsstütze bezüglich des Produkts zu geben, damit dieses nicht in Vergessenheit gerät. Der **pulsierende Werbeeinsatz** ist eine Mischform zwischen dem konzentrierten und gleichverteilten Werbeeinsatz. Hier werden in regelmäßigen Abständen Änderungen in der Werbeintensität vorgenommen. Diese Verteilung ist häufig bei Produkten zu beobachten, deren Nachfrage saisonal bedingt ist.

Die Verteilung des Werbeeinsatzes bei der „Drahtesel AG" lässt auf einen **pulsierenden Werbeeinsatz** schließen. In den Monaten Januar bis Mai steigt die Werbeintensität stetig an. Von Juni bis August wird dann der Werbedruck wieder zurückgenommen. Im September und Oktober stagniert der Werbedruck auf einem gewissen Niveau, bevor im November und Dezember wieder ein stärkerer Werbedruck ausgeübt wird. Nach Dezember fällt die Werbeintensität dann wieder rapide.

Teilaufgabe (b)

Mit der Werbekampagne verfolgt die „Drahtesel GmbH" das Ziel, das Markenbewusstsein und Image der Marke bei der Zielgruppe zu stärken, um die Umsatzentwicklung zu stabilisieren und langfristig zu steigern. Da es sich um keine Neuprodukteinführung handelt, empfiehlt es sich, die Kontakte grundsätzlich über den **gesamten Werbezeitraum** zu verteilen, um höhere Lerneffekte zu realisieren.

Die Nachfrage nach Fahrrädern weist aber wegen der Wetterabhängigkeit eine gewisse Saisonalität auf, sodass sich ein **pulsierender Werbeeinsatz** anbietet. Der Schwerpunkt der Fahrradnutzung liegt in den Frühlings- und Sommermonaten. In diesen Monaten werden die meisten Fahrräder gekauft. Um bei einem anstehenden Fahrradkauf als Marke in den Köpfen präsent zu sein, erscheint es sinnvoll, zu Beginn des Frühlings bis in den Spätsommer hinein einen erhöhten Werbedruck auszuüben. Dies ist bei der „Drahtesel GmbH" der Fall. Der Werbedruck steigt ab März stetig an und erreicht im Mai seinen Höhepunkt. Danach geht die Werbeintensität wieder zurück. Dies ist mit dem „Sommerloch" zu begründen. In den Sommermonaten Juni, Juli und August wird aufgrund der Urlaubszeit ein geringerer Werbedruck ausgeübt. In den Monaten November und Dezember kommt es noch einmal zu einem verstärkten Werbeeinsatz. Da Fahrräder prinzipiell auch als Geschenke für Weihnachten in Frage kommen, ist der erhöhte Werbeeinsatz gerechtfertigt, um am Weihnachtsgeschäft partizipieren zu können.

Im **Ergebnis** kann somit festgehalten werden, dass eine pulsierende Werbestrategie mit einem erhöhten Werbedruck im Frühling und Sommer sowie zum Weihnachtsgeschäft zielführend ist.

Kapitel 10
Operative Planung der Kommunikationspolitik
(Aufgaben)

Aufgabe 10-1
Strukturierung kommunikationspolitischer Instrumente

Das Unternehmen „Esswas AG" ist ein weltweit agierender Nahrungsmittelkonzern, der eine breite Palette an Nahrungsmittelprodukten produziert und vertreibt. Im Rahmen von Restrukturierungsmaßnahmen beabsichtigt der Konzernvorstand, die Kommunikationsfachabteilungen Mediawerbung, Sponsoring (nur Sponsoring auf Ebene einzelner Produktmarken), Direct Marketing (primär als Kommunikations-, nicht Vertriebsinstrument eingesetzt), Verkaufsförderung und Public Relations organisatorisch neu zu strukturieren. Ziel ist es, die bestehenden Kommunikationsfachabteilungen in drei Kommunikations-Kompetenz-Center zusammenzuführen. Unter dem Kommunikations-Kompetenz-Center „Unternehmenskommunikation" werden diejenigen Kommunikationsinstrumente angesiedelt, deren Funktion es ist, das institutionelle Erscheinungsbild des Unternehmens zu prägen. Im Kommunikations-Kompetenz-Center „Marketingkommunikation" werden solche Kommunikationsinstrumente zusammengefasst, die primär den Absatz von Produkten fördern. Das Kommunikations-Kompetenz-Center „Dialogkommunikation" ist schließlich für die Pflege und Intensivierung von Kundenbeziehungen zuständig.

Sie als externer Kommunikationsberater unterstützen den Konzernvorstand bei der Bildung der drei Kommunikations-Kompetenz-Center und bei der **Neustrukturierung der Kommunikationsinstrumente**. Ordnen Sie die verschiedenen Kommunikationsinstrumente den verschiedenen Centern zu. Begründen Sie Ihre Entscheidung.

Aufgabe 10-2
Mediawerbung

Der japanische Automobilhersteller „Fahrdasding", ein Anbieter von preiswerten Mittelklassefahrzeugen, ist seit gut einem Jahr auf dem deutschen Markt präsent. Das Unternehmen hat derzeit mit folgenden Problemen zu kämpfen:

* Der Absatz des Modells „Aventura" ist in den vergangenen Monaten unerwartet drastisch eingebrochen. Das Unternehmen beabsichtigt, durch eine kurzfristige Sonderpreisaktion über zwei Wochen den Absatz wieder zu steigern. Starttermin für die Sonderpreisaktion ist in zwei Wochen.
* Der Sprecher der Unternehmenskommunikation steht kurz vor seiner Pensionierung. Es wird dringend ein neuer Nachfolger gesucht.
* Das Unternehmen kämpft seit Monaten mit sinkenden Bekanntheitswerten. Auch das Image der Marke (Fahrspaß, Qualität zum kleinen Preis, Innovation) hat sich bis jetzt nicht im Bewusstsein der Zielgruppe (25- bis 40-Jährige) etabliert.

Das Unternehmen plant, den Problemen mit Hilfe von Maßnahmen der Mediawerbung zu begegnen. Sie als Geschäftsführer der Mediaagentur „Kontakt" werden als Berater herbeigerufen, um das Unternehmen bei der Bewältigung der Aufgaben zu unterstützen. Entwerfen Sie einen Vorschlag, mit Hilfe welcher **Kommunikationsmittel der Mediawerbung** den einzelnen Problemen am besten zu begegnen ist. Begründen Sie Ihre Entscheidung.

Aufgabe 10-3
Verkaufsförderung

Die „Sushi King GmbH" ist ein amerikanischer Nahrungsmittelkonzern, der Produkte zur Herstellung von japanischen Gerichten vertreibt. Die Produktpalette umfasst insgesamt 30 Produkte – von der Wasabipaste über Bambusmatten bis hin zu Gewürzmischungen. In den USA ist das Unternehmen eine bekannte und geschätzte Marke; in Deutschland ist sie noch völlig unbekannt. Die Unternehmensleitung plant, das Produktsortiment der „Sushi King GmbH" in den deutschen Markt einzuführen. Beabsichtigt wird, die Produkte über die großen Super- und Verbrauchermarktketten zu vertreiben. Es wird dabei eine Platzierung in einem eigenen und eigens entwickelten „Sushi King"-Verkaufsregal in den jeweiligen Verkaufsstellen angestrebt.

Sie als selbständiger Marketingberater unterstützen die „Sushi King GmbH" bei der Planung des Markteintritts.

(a) Sie schlagen vor, den Markteintritt mit Hilfe von Verkaufsförderungmaßnahmen zu unterstützen. Erläutern Sie der Geschäftsleitung, welche **Ziele** Sie mit dem Einsatz der Verkaufsförderung für die „Sushi King GmbH" verfolgen.

(b) Sie planen sowohl handelsgerichtete als auch direkte und indirekte konsumentengerichtete Verkaufsförderungsmaßnahmen. Zeigen Sie der Geschäftsleitung auf, worin allgemein die Unterschiede dieser **Formen** von Verkaufsförderung bestehen und nennen Sie je Form mindestens zwei geeignete Verkaufsförderungsmaßnahmen.

(c) Die Geschäftsleitung fragt an, ob die Verkaufsförderung das **einzige Kommunikationsinstrument** ist, das Sie zur Unterstützung des Markteintritts vorschlagen. Nehmen Sie hierzu Stellung.

Aufgabe 10-4
Direct Marketing

Das Unternehmen „Hole in One" bietet sämtliche Produkte rund um den Golfsport an. Zwei Drittel des Umsatzes erwirtschaftet das Unternehmen durch den Verkauf seiner Produkte über ausgewählte Einzelhandelsfachgeschäfte. Ein Drittel des Umsatzes wird über den Direktverkauf per Katalog oder Internet erzielt. In den letzten Monaten kämpft das Unternehmen mit rückläufigen Umsätzen. Der Rückgang des Umsatzes ergibt sich zum einen durch sinkende Einnahmen im Einzelhandelsgeschäft. Zum anderen stagnieren die Umsätze im Direktgeschäft aufgrund geringeren Pro-Kopf-Ausgaben sowie des kompletten Verlusts vieler Stammkunden.

Das Unternehmen erwägt durch den Einsatz von Direct Marketing der rückläufigen Umsatzentwicklung entgegenzuwirken.

(a) Formulieren Sie für die Fallsituation geeignete **Kommunikationsziele**. Differenzieren Sie hierbei zwischen Zielen für bestehende Kunden im Direktverkauf, ehemalige Kunden im Direktverkauf, bestehende Kunden im Retailgeschäft und potenzielle Neukunden.

(b) Erläutern Sie, welche **Formen des Direct Marketing** sich für die einzelnen Zielgruppen eignen. Formulieren Sie für jede Zielgruppe zudem konkrete **Direct-Marketing-Maßnahmen**.

(c) Wie **bewerten** Sie den Einsatz des Direct Marketing vor dem Hintergrund der vorliegenden Problemstellung?

Aufgabe 10-5
Public Relations

Der Eisfabrikant „Eisprinz AG" ist ein börsennotiertes Unternehmen, das zu den weltweit größten Produzenten von Speiseeis gehört und seit über fünfzig Jahren besteht. Seit Anfang der Woche steht das Unternehmen heftig in der Kritik: Die *Stiftung Warentest* hat die zehn beliebtesten Vanilleeissorten verschiedener Anbieter getestet. Dabei wurde festgestellt, dass das Vanilleeis von „Eisprinz" mit Schadstoffen belastet ist, die in hoher Dosierung bei Kleinkindern zu Erbrechen und Übelkeit führen. Es handelt sich um einen Schadstoff, der mit gängigen Qualitätskontrollen nur schwer zu erkennen ist. In den Medien findet seit Veröffentlichung durch die *Stiftung Warentest* eine starke Diskussion über die Glaubwürdigkeit der „Eisprinz AG" statt. Die Verwender sind seitdem stark verunsichert und zweifeln nicht mehr nur an der Qualität des Vanilleeises von „Eisprinz", sondern stellen das gesamte Image der „Eisprinz AG" als vertrauensvoller, hochwertiger Anbieter von Speiseeis in Frage. Infolgedessen ist der Umsatz des Unternehmens in den vergangenen Tagen stark eingebrochen. Die Unternehmensleitung von „Eisprinz" meint den Grund für das „verschmutzte Speiseeis" gefunden zu haben. Der langjährige Zulieferer der Bourbon-Vanille wurde wegen eines Plantagenbrandes vor zwei Monaten kurzfristig durch einen anderen Zulieferer ersetzt. Dieser hatte zugesichert, dass seine Pflanzen nicht mit Pestiziden behandelt werden. Als Reaktion auf die Entdeckung des schadstoffbelasteten Speiseeises durch die *Stiftung Warentest* hat die „Eisprinz AG" den Lieferanten umgehend gewechselt und zudem das Labor für Wareneingangskontrollen so weit verbessert, dass in Zukunft sämtliche Pestizide in Rohstoffen erkannt werden.

(a) Erläutern Sie, welche **Aufgaben und Ziele der Public Relations** als Kommunikationsinstrument in dieser Situation zukommt.

(b) Welche **Art von Public Relations** (leistungsbezogene, unternehmensbezogene und/oder gesellschaftsbezogene) wird die „Eisprinz AG" in dieser Situation verfolgen?

(c) Welche **Anspruchsgruppen** gilt es bei der Planung von PR-Maßnahmen zur Krisenkommunikation zu berücksichtigen? Begründen Sie Ihre Entscheidung.

(d) Skizzieren Sie, welche **Botschaften** die „Eisprinz AG" an die Öffentlichkeit zu transportieren hat.

(e) Zeigen Sie Beispiele für Maßnahmen aus den verschiedenen **Aktivitätsbereichen der Public Relations** auf, die sich in dieser Situation für die „Eisprinz AG" anbieten.

Aufgabe 10-6
Sponsoring

Sie sind Inhaber einer Beratung, die Unternehmen bei der Auswahl und Umsetzung von Sponsorships berät. Mit folgenden Projekten sind Sie derzeit beschäftigt:

(a) Der US-amerikanische Anbieter von Sportbekleidung „New Generation" erwägt, seinen geplanten Eintritt in den deutschen Markt ausschließlich mit Hilfe von Sportsponsoring (Sponsor der Fußball-Weltmeisterschaft 2010) zu unterstützen. Nehmen Sie hierzu kritisch Stellung, indem Sie auf die **Hauptziele** sowie die **Vor- und Nachteile von Sponsoring** eingehen.

(b) Der Mobilfunkanbieter „LangeLeitung AG" kämpft seit Monaten mit sinkenden Bekanntheitswerten. Welche **Arten von Sponsoring** sind am ehesten in der Lage, die Bekanntheit der Marke „LangeLeitung AG" zu steigern?

(c) Der Hersteller von PS-starken Sportwagen „Vollgas" wird in der Öffentlichkeit als umweltschädliches, nicht sehr soziales Unternehmen angesehen. Zur Verbesserung seiner Imagewerte beabsichtigt das Unternehmen, im **Umwelt- und Soziosponsoring** tätig zu werden. Nehmen Sie hierzu kritisch Stellung.

(d) Der britische Hersteller von Fußballsportschuhen „Bleifuß" beabsichtigt, sich im Sportsponsoring zu engagieren. Hiermit möchte das Unternehmen insbesondere die langfristige Bekanntheit der Marke sichern sowie sein Image als Weltmarktführer im Bereich Fußballsportschuhe festigen. Diskutieren Sie in einem ersten Schritt anhand geeigneter Kriterien, welche **Sportart** für das Unternehmen „Bleifuß" als Sponsoringengagement geeignet ist. Nennen Sie in einem zweiten Schritt mögliche Kriterien, die zur Auswahl eines konkreten Sponsorships in der von Ihnen vorgeschlagenen Sportart herangezogen werden können.

(e) Der Uhrenhersteller „GoldTimes" ist ein Hersteller von hochwertigen Luxusuhren. Seit Jahren ist das Unternehmen Sponsor von großen, weltweiten Golfturnieren. Bislang konnte das Unternehmen jedoch keine große Verbesserung der Image- und Bekanntheitswerte verzeichnen. Das Unternehmen ist auf den Golfturnieren ausschließlich mit Bandenwerbung vertreten. Zeigen Sie beispielhafte **Maßnahmen** auf, wie das Sponsoringengagement stärker genutzt werden kann.

Aufgabe 10-7
Persönliche Kommunikation

Die Firma „TerraProtect" ist ein junges Start-up-Unternehmen, das sich auf ökologische und sozial verträgliche Urlaubs- und Erlebnisreisen spezialisiert hat. Sämtliche von „TerraProtect" angebotenen Reisen unterliegen strengen Richtlinien. So sind z.b. alle angebotenen Hotels zertifizierte, umweltfreundliche Einrichtungen. Als Transportmittel werden nur umweltschonende Fortbewegungsmittel angeboten (z.b. Bahn, Fahrrad). Darüber hinaus werden fünf Prozent der Einnahmen an Umweltschutzorganisationen gespendet. Der Vertrieb der Reisen erfolgt ausschließlich über die Unternehmenshomepage im Internet.

Dem jungen Unternehmen stehen noch keine großen finanziellen Mittel für Werbemaßnahmen zur Verfügung. Bislang wurde primär auf Mund-zu-Mund-Kommunikation gesetzt. Um das Geschäft stärker in Gang zu bringen, denkt das Gründerteam über einen verstärkten Einsatz der **Persönlichen Kommunikation** nach.

(a) Erläutern Sie die **Vor- und Nachteile,** die mit dem Einsatz der Persönlichen Kommunikation im Vergleich zur Mediawerbung für „TerraProtect" verbunden sind.

(b) Zeigen Sie jeweils drei **Maßnahmen** der direkten und indirekten Persönlichen Kommunikation auf, die sich für „TerraProtect" anbieten.

Aufgabe 10-8
Messen und Ausstellungen

Das Modelabel „Tokio Connection" wurde von einem Designerteam in Berlin gegründet. Das Label steht für junge, trendige Designermode, die sich am Stil japanischer Designer orientiert. Die Mode wird in topaktuellen Designerläden in Berlin angeboten. Die Nachfrage hat sich in den vergangenen vier Jahren, in denen das Label existiert, stetig erhöht.

Das Designerteam beabsichtigt, das Label zukünftig deutschlandweit anzubieten. Bislang fehlt es jedoch noch an geeigneten Vertriebspartnern. Da der Aufbau von eigenen Vertriebsfilialen aus Kostengründen nicht zur Diskussion steht, ist der Vertrieb über den Facheinzelhandel nötig.

Das Designerteam erwägt die Beteiligung an einer Messe, um mit Vertretern des Facheinzelhandels in Kontakt zu kommen.

(a) Erläutern Sie, welche **Ziele** „Tokio Connection" mit der Messebeteiligung im Einzelnen anstrebt.

(b) Welche **Form von Messe** bietet sich für die Verfolgung dieser Ziele an? Nehmen Sie hierzu Stellung, indem Sie zur Abgrenzung von Messeformen die Kriterien Reichweite der Messe (regional, national, international), Funktion der Messe (Informations-, Ordermessen) und Zielgruppe der Messe (Fachbesucher-, Händler-, Konsumentenmesse) heranziehen.

(c) Nennen Sie Beispiele für konkrete, phasenspezifische **Messeaktivitäten** für „Tokio Connection", die vor, während und nach der Messe notwendig sind.

(d) Zur Kontaktanbahnung mit Händlern ist auch der Besuch von Händlern durch Außendienstmitarbeitende, Direktmailings oder Telefonmarketing denkbar. Welche **Vor- und Nachteile** hat eine Messebeteiligung zur Kontaktanbahnung im Vergleich zu diesen Kommunikationsmaßnahmen?

Aufgabe 10-9
Event Marketing

Das Unternehmen „Vertical Limit" produziert und vertreibt Ausrüstungen für Bergsteiger. Neben Bekleidung und Schuhen beinhaltet das Sortiment Kletterausrüstungen und technische Bergsteigerprodukte (z.B. GPS-Geräte, Lawinensuchgeräte). Jedes Jahr veranstaltet das Unternehmen für (potenzielle) Kunden das Event „Vertical Limit Challenge", bei dem die Teilnehmenden innerhalb von einer Woche Berge unterschiedlicher Höhe bezwingen. Das Event findet jedes Jahr in einer unterschiedlichen Region der Erde statt. Während der Veranstaltung haben die Teilnehmenden die Möglichkeit, unterschiedliche Ausrüstungsgegenstände von „Vertical Limit" zu testen. Übernachtet wird in Zeltlagern oder Hütten. Am Abend werden Fachvorträge zu unterschiedlichen Themen (z.B. Lawinenkunde, Kultur der Region) angeboten. Zudem werden die Abende für den Austausch zwischen den Kunden untereinander sowie zwischen Mitarbeitenden und Kunden genutzt (z.B. um über neue Produktideen bzw. Produktverbesserungen zu sprechen). Die Teilnehmenden des Events beschreiben die Veranstaltung in der Mehrheit als extrem erlebnisreich, intensiv und informativ. Neben der sportlichen Herausforderung stehen der Spaß und die Erlebnisse im Team für die Teilnehmenden im Vordergrund. Die Möglichkeit, das Material von „Vertical Limit" kostenlos zu testen, ist ein weiterer Pluspunkt aus Sicht der Teilnehmenden.

(a) Erläutern Sie am Beispiel von „Vertical Limit Challenge" die konstitutiven **Merkmale** eines Events.

(b) Diskutieren Sie, um welche **Erscheinungsform** des Event Marketing es sich bei von „Vertical Limit Challenge" handelt. Ziehen Sie hierzu die Kriterien Variabilität, Einsatzhäufigkeit, Exklusivität und Streuverluste zur Abgrenzung der unterschiedlichen Erscheinungsformen von Events heran.

(c) Skizzieren Sie die **Ziele**, die das Unternehmen mit dem Event verfolgt.

(d) Erläutern Sie am Beispiel von „Vertical Limit Challenge", worin der **Unterschied** zwischen Event Marketing und Eventsponsoring besteht.

(e) Diskutieren Sie die **Vor- und Nachteile**, die mit dem Event Marketing für das Unternehmen verbunden sind.

Aufgabe 10-10
Multimediakommunikation

Das Unternehmen „La Luna" bietet ein breites Sortiment an Produkten rund ums Baby an – von Nahrungsprodukten und -ergänzungsmitteln über Windeln und Babybekleidung bis hin zu Kinderwagen und Literatur. Die Kommunikationsanstrengungen des Unternehmens beschränkten sich noch bis vor zwei Jahren ausschließlich auf den Einsatz von klassischer Mediawerbung (TV-Spots, Anzeigen), Public Relations und Verkaufsförderung. Der neue Kommunikationsverantwortliche hat jedoch in den vergangenen zwei Jahren eine stetige Budgetverlagerung hin zu Maßnahmen der Multimediakommunikation vorgenommen. Mittlerweile nimmt das Budget für Multimediakommunikation mehr als fünfzig Prozent des gesamten Kommunikationsbudgets ein. Folgende Maßnahmen der Multimediakommunikation werden von „La Luna" eingesetzt:

- Die CD-ROM-Edition „Die ersten 5 Jahre meines Kindes" vermittelt (werdenden) Eltern auf fünf verschiedenen CD-ROMs nützliches Wissen rund um die ersten Lebensjahre eines Kindes. Neben Informationen zu Krankheiten, Ernährung und Erziehung werden den Eltern passende Produkte von „La Luna" für jeden Lebensabschnitt vorgestellt. Die CD-Serie kann in allen Verkaufsstellen von „La Luna" kostenlos für bis zu vier Wochen ausgeliehen werden.

- In den hauseigenen Einzelhandelsfilialen setzt das Unternehmen Terminalsysteme ein. Mittels Touchscreen kann sich der Kunde einen

Überblick über Art und Ort der sich im Warenhaus befindlichen Abteilungen und Produkte verschaffen.

- Der größte Teil des Kommunikationsbudgets für Multimediakommunikation wird in die Online-Kommunikation investiert. Auf der Homepage von „La Luna" findet der interessierte Nutzer vielfältige Informationen zu den Produkten von „La Luna". Darüber hinaus bietet die Homepage ein Forum, in dem sich werdende Mütter und Väter sowie junge Eltern rund um das Thema Baby virtuell austauschen können. Auch existiert die Möglichkeit, über die Homepage ein ausgewiesenes Expertenteam von „La Luna" zu allen Fragen über „La Luna"-Produkte sowie allgemeinen Fragen zu Erziehung und Ernährung per Mail oder interaktiven Chat zu kontaktieren. Zusätzlich wird die Möglichkeit geboten, sich für den wöchentlichen „La Luna"-Newsletter zu registrieren. Anhand der Eingabe von persönlichen Interessensschwerpunkten werden individuell konfigurierte Newsletter verschickt. Schließlich werden auf der Homepage multimediale Spiele für Kinder angeboten, die speziell von Pädagogen für Kinder im Alter zwischen drei und sieben Jahre entwickelt worden sind.
- Neben der eigenen Homepage nutzt das Unternehmen das Internet für unterschiedliche Maßnahmen der Online-Werbung. So ist das Unternehmen auf vielen produktaffinen Internetseiten mit Bannerwerbung vertreten.
- Ein geringer, jedoch jährlich steigender Betrag wird für Mobile Marketing aufgewendet. Derzeit ist die Aktion „La Luna for friends" am laufen. Hierbei können registrierte Nutzer pro Monat bis zu zehn kostenlose MMS an Freunde und Verwandte mit Bildern von Neugeborenen verschicken. Unter dem Bild erscheinen Hinweise auf aktuelle Angebote von „La Luna".

(a) Sowohl in der Praxis als auch in der Wissenschaft wird der Multimediakommunikation – und hier insbesondere der Online-Kommunikation – ein steigender Stellenwert beigemessen. Erläutern Sie die **Gründe**, die zu der wachsenden Bedeutung der Multimediakommunikation geführt haben, indem Sie auf die Entwicklungen im Mediennutzungsverhalten der Verbraucher sowie die Gestaltungsmöglichkeiten, die das Internet werbetreibenden Unternehmen bietet, eingehen.

(b) Bei der Multimediakommunikation lassen sich drei **Typen von Kommunikationsformen** unterscheiden: (1) reaktive, unterhaltungsbezogene Anwendungen, (2) interaktive, informationsorientierte Anwendungen und (3) dialogische, serviceorientierte Anwendungen. Ordnen Sie die verschiedenen multimedialen Kommunikationsmittel, die bei „La Luna" zum Einsatz kommen, den verschiedenen Kommunikationsformen zu.

(c) Zeigen Sie die **Ziele** auf, die „La Luna" mit den unterschiedlichen Kommunikationsmaßnahmen verfolgt.

(d) Wie schätzen Sie die **Vor- und Nachteile** der Multimediakommunikation – insbesondere vor dem Hintergrund der Zielgruppe von „La Luna" – ein.

Aufgabe 10-11
Gestaltung der Kommunikationsbotschaft

Der Bekleidungskonzern „Fashion Style" bietet seit Jahren erfolgreich unter der Marke „Maritim" eine hochwertige Modekollektion für Frauen zwischen 30 und 40 an, die durch die maritime, südliche Lebensart sowie Stoffe und Schnitte geprägt ist. Das Unternehmen beabsichtigt, ein zur Modekollektion passendes Parfum mit dem Namen „Maritim Air" am Markt durch eine aufwändige Werbekampagne in verschiedenen Printtiteln einzuführen. Mit der Anzeigenkampagne wird das Ziel verfolgt, das neue Parfum in der Zielgruppe bekannt zu machen sowie die Positionierung der Parfummarke (Lebensfreude, sommerlich, jugendlich und verführerisch) zu vermitteln.

(a) Erläutern Sie am Beispiel des Parfums „Maritim Air", welche **Entscheidungen** im Rahmen der Kommunikationsmittelgestaltung zu treffen sind.

(b) Aufgrund der zunehmenden Informationsüberlastung wird es für Unternehmen zunehmend schwieriger, Aufmerksamkeit für ihre Kommunikationsbotschaft bei den Zielpersonen zu generieren. Zur Überwindung der Kontaktbarrieren können verschiedene **Aktivierungstechniken** eingesetzt werden. Erläutern Sie diese und machen Sie konkrete Vorschläge, wie sich die verschiedenen Aktivierungstechniken im Rahmen der Werbekampagne für „Maritim Air" umsetzen lassen.

(c) Die **Formel** für eine zielorientierte Kommunikationsmittelgestaltung lautet „Strategie + Kreativität + Sozialtechnik". Erläutern Sie diese Formel am Beispiel der Kommunikationsmittelgestaltung für „Maritim Air".

(d) Die Kommunikationsmittelwirkung ist von verschiedenen **Einflussgrößen** abhängig. Neben der Anzahl der Wiederholungen und der Platzierung des Kommunikationsmittels sind insbesondere das Involvement sowie die gewählten bzw. zur Verfügung stehenden

Modalitäten entscheidend für die Wirkung eines Kommunikationsmittels. Diskutieren Sie, wie das Involvement und die Modalitäten
die Kommunikationsmittelwirkung beeinflussen. Welche Empfehlungen lassen sich für die Kommunikationsgestaltung für „Maritim
Air" hieraus ableiten?

Aufgabe 10-12
Bewertung der Kommunikationsmittelgestaltung

Ihnen wird als Kommunikationsexperte die in Schaubild 10-1 darge-
stellte Anzeige zur kritischen Evaluation vorgelegt. Hierbei handelt es
sich um eine Anzeige von *Mercedes-Benz*, in der das aktive Kurvenlicht
vorgestellt wird, das die Ausleuchtung von Kurven um bis zu 90 Prozent erhöht.

Schaubild 10-1: Anzeigemotiv von Mercedes-Benz

Führen Sie eine **Bewertung der Anzeige** anhand der Kriterien Aufmerksamkeitswirkung, Glaubwürdigkeit und Verständlichkeit durch.

Aufgabe 10-13
Integration sämtlicher Maßnahmen

Das Unternehmen „Wachsam AG" vermarktet seit Jahren erfolgreich Energy-Getränke auf dem internationalen Markt. Als Kommunikationsinstrumente setzt das Unternehmen bisher vorwiegend Mediawerbung (vor allem Fernsehspots, Printanzeigen und Online-Werbeformen) und Public Relations (vorwiegend Pressearbeit und interne Kommunikation) ein. In den Anzeigen dominiert das Unternehmenslogo, das einen röhrenden Hirsch zeigt. Die Mediawerbung wird bei der „Wachsam AG" hauptsächlich für die Imagekommunikation und die Aktualisierung der Markenbekanntheit genutzt. Im Rahmen der Public Relations versucht das Unternehmen, das öffentliche Erscheinungsbild des Unternehmens zu pflegen sowie durch die Mitarbeiterkommunikation einen Beitrag zur Mitarbeiterzufriedenheit zu leisten. Seit kurzem ist das Unternehmen auch im Sportsponsoring aktiv: Das Unternehmen tritt als Sponsor einer Nationalmannschaft bei der Fußball-Weltmeisterschaft 2010 auf. Mit dem Sponsoringengagement erhofft sich das Unternehmen, seine Bekanntheit im europäischen Markt und die Sympathiewerte für die Marke zu steigern. Das Unternehmen möchte darüber hinaus das Event nutzen, um die Mitarbeiteridentifikation zu erhöhen.

(a) Erläutern Sie am Beispiel der „Wachsam AG" den **Unterschied** zwischen der interinstrumentellen und intrainstrumentellen Integration.

(b) Die „Wachsam AG" beabsichtigt, das Sponsoringengagement mit Mediawerbung und Public Relations interinstrumentell zu vernetzen, um Synergieeffekte zu realisieren und die Kommunikationswirkung zu erhöhen. Entwickeln Sie hierzu ein geeignetes **Konzept zur Instrumentevernetzung**. Gehen Sie dabei in drei Schritten vor: Analysieren Sie zunächst die Bedeutung der Kommunikationsinstrumente. Prüfen Sie dann die funktionalen und zeitlichen Beziehungen zwischen den drei Kommunikationsinstrumenten. Entwickeln Sie in einem dritten Schritt Ideen, wie das Sponsoring der Fußball-Weltmeisterschaft 2010 vor, während und nach der Veranstaltung mit dem Kommunikationsinstrumenten Mediawerbung und Public Relations inhaltlich integriert werden kann.

(c) Unterbreiten Sie Vorschläge, wie eine **formale intrainstrumentelle Integration** im Rahmen des Sponsoringengagements realisiert werden kann.

Aufgabe 10-14
Zusammenarbeit mit Kommunikationsagenturen

Der Kosmetikkonzern „Elite Cosmetics" gehört zu den weltweiten Marktführern im Bereich Gesichts- und Körpflegeprodukte für die Frau und den Mann. Das Unternehmen möchte am stetig wachsenden Markt für Anti-Aging-Pflegeprodukte partizipieren. Den Wissenschaftlern im „Elite-Cosmetics"-Forschungslabor ist in diesem Zusammenhang eine entscheidende Entwicklung gelungen: Erstmalig konnte zellaktive Folsäure in einem Kosmetikprodukt stabilisiert und so für die Verjüngung der Haut nutzbar gemacht werden. Die Folsäure wirkt direkt im Zellkern und unterstützt die Zellerneuerung aktiv und repariert defekte Zellen schon vor der Reproduktion. Im Ergebnis wird die Haut von innen heraus verjüngt, gestrafft und die Faltentiefe langfristig reduziert. Neben einer speziellen Pflegeserie für die weibliche Haut ab 40 wurde die Männerpflegeserie „Homme Age Architecture" entwickelt, deren Produkte diesen Wirkstoff beinhalten. Aus Sicht der Produkt- und Marketingverantwortlichen trägt die tägliche Anwendung der Produkte zum Wohlbefinden, jugendlichen Aussehen und damit zum Erfolg im beruflichen und privaten Umfeld bei.

Erstellen Sie eine **Copy-Strategie** für die Männerpflegeserie „Homme Age Architecture". Erläutern Sie Ihre Aussagen.

Kapitel 10
Operative Planung der Kommunikationspolitik
(Lösungshinweise)

Lösungshinweise Aufgabe 10-1

📖 Bruhn (2009), S. 343-355

Die von einem Unternehmen ausgehende und bewusst gesteuerte Kommunikation erfolgt in der Regel zweckgerichtet, d.h., ein Unternehmen verfolgt mit der Kommunikation verschiedene Zielsetzungen. Die Gesamtheit der kommunikativen Zielsetzungen kann zu drei zentralen **Funktionen** zusammengefasst werden:

- Die **Darstellungsfunktion** hat die Prägung des Erscheinungsbildes des Unternehmens zum Inhalt.
- Die **Marketingfunktion** steht im Zusammenhang mit der Vermittlung von leistungsbezogenen Informationen, die den Absatz der Produkte und Dienstleistungen des Unternehmens fördern.
- Die **Dialogfunktion** dient dem (persönlichen) Informationsaustausch mit sämtlichen Anspruchsgruppen des Unternehmens. Die Bedeutung dieser Funktion basiert insbesondere auf der Entwicklung vom Transaktions- zum Beziehungsmarketing, die dialog- und interaktionsfördernde Marketinginstrumente verstärkt zum Einsatz kommen lässt.

Bei der „Esswas AG" ist es das Ziel, drei verschiedene Kommunikations-Kompetenz-Center einzurichten, unter denen jeweils Kommunikationsinstrumente zusammengefasst werden, die primär eine Darstellungs- (Unternehmenskommunikation), Marketing- (Marketingkommunikation) oder Dialogfunktion (Dialogkommunikation) haben. Folgende **Zuordnung von Kommunikationsinstrumenten** ist empfehlenswert:

Kommunikations-Kompetenz-Center „Unternehmenskommunikation"

- Der Einsatz von **Public Relations** dient in erster Linie der aktiven Gestaltung und Pflege der Beziehungen zur Öffentlichkeit, wobei diese Öffentlichkeit grundsätzlich jede Anspruchsgruppe umfasst, zu der das Unternehmen direkte oder indirekte Beziehungen unterhält. Primäres Ziel der Public Relations ist es in diesem Zusammenhang, Vertrauen und Glaubwürdigkeit bei den verschiedenen Anspruchsgruppen aufzubauen sowie das institutionelle Erscheinungsbild des Unternehmens zu prägen. Der Absatz von Leistungen, also die Marketingfunktion, hat bei diesem Kommunikationsinstrument keine direkte Bedeutung, sondern kommt lediglich indirekt, durch Anerkennung des Unternehmens in der Öffentlichkeit, zum Tragen. Eine Zuordnung zum Kommunikations-Kompetenz-Center „Dialogkommunikation" ist zwar grundsätzlich möglich, jedoch sind unter diesem Kompetenz-Center vor allem Kommunikationsinstrumente anzusiedeln, die primär die Beziehung zum Kunden und nicht zu sämtlichen Anspruchsgruppen fördern. Im Ergebnis ist das Kommunikationsinstrument Public Relations dem Kompetenz-Center „Unternehmenskommunikation" zuzuordnen.

Kommunikations-Kompetenz-Center „Marketingkommunikation"

- Die **Mediawerbung** nimmt eine ausschließlich informative Rolle ein, indem sie zum einen ein spezielles Image für das Unternehmen und/oder die Leistungen generiert und zum anderen über die Vermittlung von Informationen zu Eigenschaften, Herkunft und Preisen des Leistungsprogramms einen Überblick über die Marktlage gibt. Diese Informationsvermittlung kommt dem Informationsbedürfnis von Nachfragern im Kaufentscheidungsprozess entgegen und zielt darauf ab, die Kaufabsichten zu Gunsten des Unternehmens zu beeinflussen. Die Mediawerbung hat daher primär die Aufgabe, den Verkauf von Produkten und Leistungen zu fördern (Marketingfunktion). Eine Fähigkeit zum direkten Austausch mit Anspruchsgruppen im Sinne eines Dialogs besteht bei der Mediawerbung in der Regel nicht. Das Kommunikationsinstrument Mediawerbung gehört somit zum Kompetenz-Center „Marketingkommunikation".
- Die **Verkaufsförderung** verfolgt neben kommunikativen Funktionen auch Aufgaben der Preis- und Produkt-, vor allem aber der Vertriebspolitik. Bei der Verkaufsförderung handelt es sich in der Regel um zeitlich begrenzte Aktionen, durch die der Verkauf von Produkten und Leistungen unterstützt wird. Daher ist eine Zuordnung zum Kompetenz-Center „Marketingkommunikation" empfehlenswert. Erfolgt die Verkaufsförderung personenbezogen (z. B. unter Einsatz von Hostessen), ist das Instrument bedingt auch zur Erfüllung der Dialogfunktion, d.h. zur Pflege von Kundenbeziehungen, geeignet. Da die Förderung des Absatzes und nicht die Pflege von Kundenbezie-

hungen das Hauptziel der Verkaufsförderung ist, empfiehlt es sich jedoch, dieses Kommunikationsinstrument unter dem Kompetenz-
Center „Marketingkommunikation" anzusiedeln.

• **Sponsoring** erfüllt für Unternehmen verschiedene Funktionen. Auf
der einen Seite kann mit Hilfe des Sponsoring das institutionelle Erscheinungsbild des Unternehmens geprägt werden, wenn das Unternehmen als Sponsor auftritt (Corporate Sponsoring). In diesem Fall
ist das Sponsoring unter der Unternehmenskommunikation anzusiedeln. Bei der „Esswas AG" treten jedoch einzelne (Produkt-) Marken
und nicht das Unternehmen als Sponsor auf. In diesem Falle hat das
Sponsoring primär eine Absatzfunktion. So verhilft z.B. das Sponsoring von Sportveranstaltungen die Marke emotional aufzuladen und
gesteigerte Sympathiewerte für die Marke zu generieren. Daher ist
das Sponsoring unter das Kompetenz-Center „Marketingkommunikation" zu fassen.

Kommunikations-Kompetenz-Center „Dialogkommunikation"

• Das **Direct Marketing** umfasst im Rahmen der Kommunikation
sämtliche Maßnahmen, die durch eine direkte oder indirekte Ansprache einen unmittelbaren Dialog mit dem Adressaten herstellen.
Aufgrund des mit diesem Instrument angestrebten direkten Kontakts zum Adressaten verfügt das Direct Marketing grundsätzlich
über eine besondere Eignung zur Pflege von Kundenbeziehungen.
Häufig wird Direct Marketing auch zur Unterstützung des Verkaufs
von Produkten eingesetzt, z.B. durch den Einsatz von Mailings. Bei
der „Esswas AG" wird – wie aus dem Eingangstext ersichtlich –
Direct Marketing jedoch primär als Kommunikations- und nicht als
Vertriebsinstrument genutzt. Daher bildet dieses Kommunikationsinstrument die Basis für das Kompetenz-Center „Dialogkommunikation".

Lösungshinweise Aufgabe 10-2

📖 **Bruhn (2009), S. 356-365**

Die **Mediawerbung,** auch klassische Werbung genannt, ist ein Kommunikationsinstrument, das sich an ein disperses Publikum richtet. Im Vergleich zu den übrigen Kommunikationsinstrumenten ist die Mediawerbung in Bezug auf die Werbeausgaben das mit Abstand wichtigste
Kommunikationsinstrument. Als Werbeträger (Erscheinungsformen)

der Mediawerbung lassen sich Insertions- und Printmedien (Printwerbung), elektronische Medien (Fernseh-, Kino-, Radio- und Online-Werbung) sowie Medien der Außenwerbung (Verkehrsmittel-, Licht- und Plakatwerbung) unterscheiden.

In Bezug auf die einzelnen kommunikativen Probleme des Unternehmens „Fahrdasding" bietet sich der Einsatz folgender **Kommunikationsmittel der Mediawerbung** an:

- Mit der **Sonderpreisaktion** beabsichtigt das Unternehmen, den Absatz des Modells „Aventura" wieder zu stabilisieren. Die Aktion ist auf zwei Wochen angelegt. Zentrale Anforderung an das Kommunikationsmittel, mit der die Sonderpreisaktion beworben wird, ist die kurzfristige Disponierbarkeit des Kommunikationsmittels, da es sich um eine kurzfristige Aktion handelt, der keine langfristige Planung vorausging. Im Bereich der Insertions- und Printmedien bietet sich die Schaltung von Anzeigen in Tageszeitungen oder Supplements an. Beides ist kurzfristig disponierbar und ermöglicht ein exaktes „Timing". Zeitschriften sind hingegen weniger geeignet, da sie in der Regel nur wöchentlich bzw. monatlich erscheinen. Die im Vergleich zu Zeitungen geringere Erscheinungshäufigkeit von Zeitschriften erfordert eine längerfristige Planung von Zeitschriftenkampagnen. Zusätzlich bietet sich die Schaltung von Spots im Radio an. Diese sind auch kurzfristig disponierbar und verfügen über ein hohes Aktivierungspotenzial, den Hörer zum Kauf zu bewegen. Spots im Fernsehen scheiden in diesem Fall aus, da sie ebenfalls einer langfristigen Planung bedürfen. Im Bereich der elektronischen Medien können zudem Formen der Online-Werbung (z.B. Werbebutton, Eyeblaster usw.) zur Bekanntmachung der Sonderpreisaktion zum Einsatz kommen. Die Außenwerbung (z.B. Plakate) ist hingegen weniger für kurzfristig geplante Sonderpreisaktionen geeignet, da die Belegung großer Plakatflächen in der Regel auch einer längerfristigen Planung bedarf.
- Für die **Anwerbung eines neuen Sprechers für die Unternehmenskommunikation** sind Werbeformen geeignet, die über eine hohe Zielgruppengenauigkeit verfügen. Hierfür eignen sich z.B. Anzeigen bzw. Stellenausschreibungen in überregionalen Tages- oder Wochenzeitungen (z.B. *Die Zeit, FAZ*) oder Special-Interest-Zeitschriften (z.B. *PR Magazin, Kommunikationsmanager*). Im Bereich der elektronischen Medien bietet sich zusätzlich die Schaltung von Stellenausschreibungen auf zielgruppenaffinen Internetseiten an (z.B. *www.medienjobs.ch*).
- Zur **Begegnung der sinkenden Bekanntheits- und Imagewerte** ist eine breit angelegte Mediawerbekampagne am zielführendsten. Zur

Erreichung der Kommunikationsziele (höhere Bekanntheit, besseres Image) sind Werbemittel auszuwählen, die eine hohe Reichweite sowie die Möglichkeit zur multisensualen, emotionalen Ansprache über Bild, Text und Ton verschaffen. Vor diesem Hintergrund bietet sich insbesondere der Einsatz von Fernsehspots an. Die Kombination von Text, Bild und Ton lässt vielfältige Gestaltungsvariationen zu. Fernsehspots sind deshalb besonders dazu geeignet, emotionale Aspekte der Zuschaueransprache umzusetzen und über die Vermittlung von Erlebniswelten die Marke emotional aufzuladen. Zur Unterstützung bzw. Verstärkung der Werbewirkung ist es zudem empfehlenswert, neben den Fernsehspots noch zusätzlich Anzeigen in Publikumszeitschriften (z.B. *Stern, Focus, Spiegel, TV Spielfilm*) und/ oder Plakatwerbung zu schalten. Publikumszeitschriften richten sich an breite Bevölkerungskreise und ermöglichen im Vergleich zu Zeitungen qualitativ höherwertige Gestaltungsmöglichkeiten. Auch Plakate sind wegen ihrer hohen Reichweite sowie der Vielfalt kreativer Gestaltungsmöglichkeiten für Bekanntheits- und Imagewerbung geeignet.

Lösungshinweise Aufgabe 10-3

📖 **Bruhn (2009), S. 365-385**

Unter dem Begriff **Verkaufsförderung**, auch Sales Promotion genannt, werden in erster Linie kurzfristig wirkende Aktionen, bei denen eine unmittelbare Reaktion auf das Verhalten von Abnehmer oder Absatzmittlern (Händler) im Vordergrund steht, verstanden.

Teilaufgabe (a)

Die Produkte der „Sushi King GmbH" sind bisher nicht im Handel erhältlich. Das **Hauptziel** ist es daher, eine ausreichende Distribution in den Super- und Verbrauchermarktketten zu erreichen. Der Regalplatz bei den Verbraucher- und Supermarktketten ist jedoch beschränkt. Händler nehmen Produkte nur in ihr Sortiment auf, wenn sie davon überzeugt sind, dass es sich für sie lohnt, d.h., dass die Produkte einen hohen Umsatz bringen. Erschwerend kommt für die „Sushi King GmbH" hinzu, dass das Unternehmen beabsichtigt, nicht ein einzelnes Produkt, sondern ein ganzes Sortiment am Markt einzuführen – mit der Folge, dass der Bedarf an Regalplatz sehr hoch ist.

Um ein Listing des Sortiments im Handel zu realisieren, lassen sich mit der Verkaufsförderung zwei Strategien verfolgen. Die **Push-Strategie** („Hineinverkauf") verfolgt das Ziel, über handelsgerichtete Verkaufsförderungsaktionen (z. B. Einführungsrabatte, kostenlose Verkaufsregale usw.) dem Handel Anreize für die Listung des Sortiments zu bieten. Mit verkaufsfördernden Maßnahmen, die sich an den Endabnehmer richten (konsumentengerichtete Verkaufsförderung), wird hingegen eine **Pull-Strategie** („Hinausverkauf") verfolgt. Hierdurch wird versucht, einen Nachfragesog bei den Konsumenten zu erzeugen, der die Absatzmittler dazu bewegt, das Sortiment zu listen.

Neben der Unterstützung der Listung beim Handel leistet die Verkaufsförderung einen Beitrag dazu, die Aufmerksamkeit und Bekanntheit für das Sortiment bei der Zielgruppe zu erhöhen, das Wissen um das Produktsortiment zu erhöhen sowie den Kauf der Produkte anzuregen.

Teilaufgabe (b)

Als **Formen der Verkaufsförderung** werden aus Herstellersicht die handelsgerichtete (Trade Promotion) und die konsumentengerichtete Verkaufsförderung (Consumer Promotions) unterschieden. Letztere lässt sich weiter in die direkte und indirekte Verkaufsförderung unterteilen. Während bei der direkten Verkaufsförderung der Hersteller seine verkaufsfördernden Aktivitäten außerhalb des Point of Sale durchführt (z. B. Gewinnspiele auf der Straße), werden bei der indirekten Verkaufsförderung die Aktivitäten in enger Zusammenarbeit mit dem Handel am Point of Sale durchgeführt (z. B. Kostproben, Display-Materialien).

Für die Einführung des Sortiments der „Sushi King GmbH" sind z. B. folgende konkrete **Verkaufsförderungsmaßnahmen** denkbar:

Handelsgerichtete Verkaufsförderung

- Einführungsrabatte für den Handel,
- Angebot an den Handel, Regalpflege durch Mitarbeitende von „Sushi King GmbH" durchführen zu lassen,
- Händlerschulung zum Produktsortiment mit attraktivem Rahmenprogramm (z. B. japanischer Kochkurs mit „Sushi King"-Produkten),
- Händlerwettbewerb mit der Möglichkeit, Reisen nach Japan zu gewinnen,
- Angebot, eigene Verkaufsregale für das gesamte Sortiment zur Verfügung zu stellen,
- Bereitstellung von eigenem Verkaufspersonal.

Direkte, konsumentengerichtete Verkaufsförderung

• Verteilung von Gratisproben von „Sushi King"-Produkten auf der Straße,
• Veranstaltung eines japanischen Kochwettbewerbs mit „Sushi King"-Produkten,
• Beilage von Coupons in Printmedien (10 Prozent Rabatt auf das gesamte Sortiment).

Indirekte, konsumentengerichtete Verkaufsförderung

• Kochdemonstrationen und Verköstigung von Gerichten mit „Sushi-King"-Zutaten am Point of Sale,
• Gewinnspiele am Point of Sale,
• Musterverteilung von „Suhi-King"-Produkten am Point of Sale,
• Zugabe-Promotions (z.B. japanisches Kochbuch beim Kauf von drei „Sushi-King"-Produkten).

Teilaufgabe (c)

Der Einsatz der Verkaufsförderung dient vor allem der Erreichung kurzfristiger Ziele (z.B. Listing, Bekanntmachung, Steigerung des Abverkaufs). Um die langfristige Bekanntheit der Marke sicherzustellen und den Imageaufbau zu unterstützen, empfiehlt sich der **kombinierte Einsatz** von Verkaufsförderung und anderen massenwirksamen Kommunikationsinstrumenten, wie z.B. Mediawerbung und Sponsoring (z.B. Mediasponsoring einer TV-Kochsendung). Hierdurch wird zugleich der Hinausverkauf aus dem Handel gefördert, indem die Nachfrage nach den Produkten der „Sushi King GmbH" angekurbelt wird.

Lösungshinweise Aufgabe 10-4

📖 Bruhn (2009), S. 385-398

Das **Direct Marketing** umfasst sämtliche Kommunikationsmaßnahmen, die darauf abzielen, durch eine gezielte Einzelansprache einen direkten Kontakt zum Adressaten herzustellen und einen unmittelbaren Dialog zu initiieren oder durch eine indirekte Ansprache die Grundlage eines Dialoges in einer zweiten Stufe zu legen, um Kommunikations- und Vertriebsziele zu erreichen.

Teilaufgabe (a)

Mit der Ansprache der Zielgruppen über Direct-Marketing-Maßnahmen werden unterschiedliche **Zielsetzungen** verfolgt:

Zielgruppe: Bestehende Kunden im Direktverkauf
Bei bestehenden Kunden im Direktverkauf ist die Kundenbindung das primäre Ziel, um zum einen die Kundenbeziehung langfristig zu festigen, zum anderen die Kunden zu erhöhten Pro-Kopf-Ausgaben zu bewegen.

Zielgruppe: Ehemalige Kunden im Direktverkauf
Bei den ehemaligen Kunden im Direktverkauf sind die Gründe für den Verlust der Kunden zu analysieren. Darüber hinaus ist zu versuchen, die Kunden zurückzugewinnen.

Zielgruppe: Bestehende Kunden im Retailgeschäft
Bestehende Kunden im Retailgeschäft sind – analog zu den bestehenden Kunden im Direktgeschäft – langfristig an das Unternehmen zu binden und zu Cross-Selling-Käufen zu bewegen.

Zielgruppe: Potenzielle Neukunden
Potenzielle Neukunden sind auf das Leistungs- und Produktangebot von „Hole in One" aufmerksam zu machen und zu Erstkäufen über das Internet, per Katalog oder über den Einzelhandel zu animieren. In einer zweiten Stufe sind diese Kunden dann langfristig an das Unternehmen zu binden.

Teilaufgabe (b)

Beim Direct Marketing wird nach der Interaktion zwischen Unternehmen und Konsumenten zwischen folgenden **Formen** unterschieden:

- **Passives Direct Marketing**: Hier wird der Kunde zwar direkt vom Unternehmen kontaktiert, erhält jedoch keine Möglichkeit zur Kontaktaufnahme mit dem Unternehmen. Beispiele für diese Form des Direct Marketing sind unadressierte Mailings, die in Form von Flugblättern oder anderen Hauswurfsendungen verteilt werden. Insofern findet kein Kundendialog statt. Hauptzielsetzung ist bei dieser Form des Direct Marketing Aufmerksamkeit bei der Zielgruppe für das Leistungsangebot zu genieren, die dann zu gewünschten Reaktionen führt (z.B. erhöhte Kaufbereitschaft, Probekäufe usw.).
- **Reaktionsorientiertes Direct Marketing**: Hier findet die Initiierung eines Dialoges mit dem Kunden durch die Ansprache der Zielperso-

nen mit einer Responsemöglichkeit statt. Unterscheiden lassen sich bei dieser Form des Direct Marketing die direkte und individuelle Einzelansprache selektierter Konsumenten (z.b. in Form von Mail Order Packages) und die indirekte Ansprache einer Zielgruppe über klassische Medien (z.b. in Form von Direct-Response-Werbung).

* **Interaktionsorientiertes Direct Marketing**: Bei dieser Form des Direct Marketing treten Kunde und Unternehmen in einen unmittelbaren Dialog miteinander, der einen direkten gegenseitigen Informationsaustausch ermöglicht. So erlauben z.b. persönliche Beratungs- oder Verkaufsgespräche oder das Telefonmarketing einen direkten, persönlichen Dialog mit ausgewählten Personen, bei dem die Möglichkeit besteht, individuell auf die Wünsche und Anregungen des Kunden zu reagieren.

Im Hinblick auf die einzelnen Zielgruppen und die bei diesen Zielgruppen verfolgten Ziele sind unterschiedliche **Formen und Maßnahmen des Direct Marketing** zu empfehlen:

Zielgruppe: Bestehende Kunden im Direktverkauf

Diese Kunden tätigen ihre Einkäufe über das Internet oder per Katalog. Daher sind die Kunden namentlich bekannt und es ist davon auszugehen, dass eine Vielzahl an Informationen über diese Kunden vorliegt (z.b. Informationen über getätigte Einkäufe, Umsatzvolumen, Einkaufszeiträume). Primäres Ziel ist es, diese Kunden langfristig an das Unternehmen zu binden. Hierzu ist zu versuchen, durch den Einsatz von **Formen des interaktionsorientierten Direct Marketing** den Kunden in einen dauerhaften Dialog mit dem Unternehmen zu involvieren, um durch einen institutionalisierten, wechselseitigen Dialog den „Draht" zum Kunden zu halten, auf Wechselabsichten frühzeitig zu reagieren und auf seine individuellen Interaktions- und Nachfragebedürfnisse eingehen zu können. Mögliche konkrete Einzelmaßnahmen können z.b. wie folgt aussehen:

* Kontaktierung der Kunden per Telefon und Unterbreitung von speziellen Angeboten (z.b. „10 Prozent Rabatt auf den nächsten Einkauf", „Drei Artikel zum Preis von Einem"),
* Versenden von Anschreiben an die Kunden mit beiliegenden Response-Mittel (z.b. Rückantwortkarte mit Versandkuvert) und speziellen Angeboten,
* Einladung der Kunden per Mailing, einem Kundenclub beizutreten. Mit dem Beitritt zum Kundenclub erhält der Kunde spezielle Zusatzleistungen (z.b. ermäßigte Greenfees bei bestimmten Umsätzen, re-

gelmäßige Zustellung eines kostenlosen Kundenmagazins, Einladung zu Events u.a.m.),

- Durchführung einer Kundenzufriedenheitsstudie per Telefon oder Anschreiben mit Rückantwortkarte.

Zielgruppe: Ehemalige Kunden im Direktverkauf

Auch bei diesen Kunden liegen detaillierte Informationen vor, da sie die Einkäufe über das Internet oder per Katalog getätigt haben. Bei diesen Kunden sind **Maßnahmen des direkten, reaktionsorientierten Direct Marketing** zu empfehlen, die dem Kunden die Möglichkeit bieten, auf das Dialogangebot zu reagieren oder nicht. Derartige Einzelmaßnahmen sehen beispielsweise wie folgt aus:

- Versenden von Anschreiben mit Rückantwortkarte an ehemalige Kunden mit Fragebogen zu den Gründen der Abwanderung (z.B. kein Bedarf mehr, da Golfspielen eingestellt; Unzufriedenheit mit Preis-Leistungs-Verhältnis u.a.m.),
- Kontaktierung per E-Mail mit Link auf personalisierte Internetseite mit speziellen individuellen Angeboten,
- Versenden von Anschreiben mit Hinweisen auf Veränderungen des Angebots seit letztem Kontakt.

Zielgruppe: Bestehende Kunden im Retailgeschäft

Die bestehenden Kunden im Retailgeschäft sind – analog zu den Kunden im Direktverkauf – langfristig an das Unternehmen zu binden und zu Cross-Selling-Käufen zu bewegen. Hierzu ist es empfehlenswert, die Kunden in einen dauerhaften Dialog mit dem Unternehmen einzubinden. Im Gegensatz zu den Kunden im Direktverkauf sind die Kunden im Retailgeschäft aller Wahrscheinlichkeit nach nicht namentlich bekannt. Um die Kunden dauerhaft in einen Dialog zu verwickeln, empfehlen sich **Maßnahmen des reaktionsorientierten Direct Marketing**. Durch Maßnahmen wie Direct-Response-Anzeigen und den Einsatz interaktiver Medien wird eine direkte Ansprache vorbereitet, indem bislang nicht identifizierbare Empfänger der Zielgruppe angesprochen und dazu aufgefordert werden, ihrerseits in Kontakt mit dem Unternehmen zu treten und somit ihre Anonymität aufzugeben. In einer zweiten Stufe besteht dann die Möglichkeit einer direkten Kommunikation zwischen Anbieter und Nachfrager. Denkbar sind z.B. folgende Einzelmaßnahmen:

- Schaltung von Fernsehspots, in denen die Telefonnummer zur Kontaktaufnahme eingeblendet werden (z.B. in Verbindung mit einem Gewinnspiel),

- Schaltung von Anzeigen, in denen auf besondere Aktionen hingewiesen wird, die eine Kontaktaufnahme des Kunden erfordern (z.B. 10 Prozent Rabatt auf Bestellungen im Internetshop),
- Schaltung von Internet-Bannern mit Link zum unternehmenseigenen Internetshop,
- Schaltung von Anzeigen mit Rückantwortcoupon zur Bestellung des Katalogs (evtl. gekoppelt mit einer kleinen Zugabe für die Erstbestellung, wie z.B. 10 Prozent Rabatt).

Zielgruppe: Potenzielle Neukunden

Bei diesen Kunden ist es das primäre Ziel, sie auf das Leistungs- und Produktangebot von „Hole in One" aufmerksam zu machen sowie zu Erstkäufen über das Internet, per Katalog oder über den Einzelhandel zu animieren. Da der Kundendialog zunächst von untergeordneter Bedeutung ist, empfehlen sich **Maßnahmen des passiven Direct Marketing**, wie z.B.:

- Einsatz von Flugblätter mit Hinweis auf neue Produkte im Sortiment,
- Beilage von Prospekten in Tageszeitungen.

Teilaufgabe (c)

Zu den **Vorteilen** des Direct Marketing zählen die Möglichkeit zur zielgruppenspezifischen (individuellen) Ansprache und die damit verbundene Einschränkung von Streuverlusten, die Einbindungsmöglichkeit des Empfängers in eine zweiseitige Kommunikation, die guten Kontrollmöglichkeiten, die Gelegenheit zum Aufbau einer kundenindividuellen Datenbank sowie die guten Vernetzungsmöglichkeiten des Direct Marketing mit anderen Kommunikationsinstrumenten. Insbesondere vor dem Hintergrund der rückläufigen Umsatzentwicklung bei („Hole in One" sprechen diese Vorteile für den Einsatz des Direct Marketing. **Nachteilig** ist hingegen, dass Direct Marketing zu Reaktanzen bei den Zielgruppen führen kann (z.B. aufgrund von Übersättigung und Desinteresse sowie des Gefühls der Belästigung der Umworbenen) und es nur wenig geeignet ist zur flächendeckenden und langfristigen Steigerung der Bekanntheit einer Marke sowie Markenprofilierung. Aus diesem Grund wird das Direct Marketing häufig als unterstützendes Instrument eingesetzt. Auch im Fall von „Hole in One" ist es sinnvoll, Direct Marketing durch andere (massenwirksame) Kommunikationsinstrumente, wie z.B. Mediawerbung, zu unterstützen.

Lösungshinweise Aufgabe 10-5

📖 **Bruhn (2009), S. 398-410**

Die **Public Relations** (Öffentlichkeitsarbeit) stellt ein Kommunikationsinstrument der Unternehmenskommunikation dar. Mit Public Relations verfolgt ein Unternehmen das Ziel, die Öffentlichkeitswirkung des Unternehmens zu steuern und dessen Beziehungen zu den anderen Anspruchsgruppen (z.B. Aktionäre, Kunden, Lieferanten, Arbeitnehmer, Staat) zu pflegen. Public Relations beinhaltet als Kommunikationsinstrument die Analyse, Planung, Durchführung und Kontrolle von Aktivitäten eines Unternehmens, um bei ausgewählten Zielgruppen um Verständnis und Vertrauen zu werben und damit gleichzeitig kommunikative Ziele des Unternehmens zu erreichen.

Teilaufgabe (a)

Generell ist der Zielinhalt bei der Public Relations ein anderer als bei der Marketingkommunikation. Nicht der Absatz von Produkten bzw. Leistungen, sondern der Aufbau von Vertrauen und Verständnis steht im Vordergrund.

Bei der „Eisprinz AG" sind mit Hilfe der Public Relations vor dem Hintergrund der derzeitigen Situation unter anderem folgende **Ziele** zu verfolgen:

- Rückgewinnung von Vertrauen und Glaubwürdigkeit für das Unternehmen,
- Information der Öffentlichkeit über die Ursachen für den erhöhten Schadstoffgehalt in dem Vanilleeis,
- Reparatur des beschädigten Images auf Gesamtkonzern- und Produktebene durch einen proaktiven Dialog mit der Öffentlichkeit,
- Information und Beruhigung von Mitarbeitenden.

Teilaufgabe (b)

Beim Kommunikationsinstrument Public Relations wird zwischen verschiedenen **Erscheinungsformen** unterschieden. Die leistungsbezogene Public Relations zielt darauf ab, bestimmte Leistungsmerkmale von Produkten oder Dienstleistungen, z.B. durch Abgabe von Informationsmaterial an die Presse, hervorzuheben. Bei der unternehmensbezogenen Public Relations steht das Unternehmen als Ganzes im Mittelpunkt der

PR-Aktivitäten. Hierzu zählt z. B. die Reaktion in Krisensituationen. Bei der gesellschaftsbezogenen Public Relations treten die Unternehmensleistungen in den Hintergrund – vielmehr wird das verantwortliche Handeln des Unternehmens als Teil der Öffentlichkeit dokumentiert. Beispielsweise werden Haltungen des Unternehmens in Bezug auf gesellschaftliche Ereignisse kommuniziert (z. B. Engagement des Unternehmens bei kommunalen Ereignissen).

Die „Eisprinz AG" wird unter den derzeitigen Umständen in erster Linie eine leistungs- und unternehmensbezogene Public Relations verfolgen. Im Hinblick auf die **leistungsbezogene Public Relations** geht es darum, das geschädigte Image für das Vanilleeis wieder zu verbessern. Hier ist die Öffentlichkeit darüber aufzuklären, wie es zur Verschmutzung des Vanilleeises gekommen ist und wie in Zukunft die Qualität sichergestellt wird. Auf Unternehmensebene ist darüber hinaus das Vertrauen in das Unternehmen insgesamt durch geeignete PR-Maßnahmen wiederherzustellen **(unternehmensbezogene Public Relations)**.

Teilaufgabe (c)

Zielgruppe der Public Relations sind sämtliche Anspruchsgruppen eines Unternehmens. Vor dem Hintergrund der derzeitigen Situation hat bei der „Eisprinz AG" ein Austausch insbesondere mit folgenden **Anspruchsgruppen** zu erfolgen:

- **(Potenzielle) Konsumenten von „Eisprinz"-Produkten**
  Das Vertrauen und die Glaubwürdigkeit der Kundschaft sind zurückzugewinnen, um weitere Absatzeinbußen zu vermeiden.
- **Absatzmittler (Händler)**
  Es besteht die Gefahr der Auslistung, wenn das Image des Unternehmens dauerhaft beschädigt bleibt.
- **Banken/Aktionäre**
  „Eisprinz" ist eine Aktiengesellschaft. Die Aktionäre der „Eisprinz AG" werden unter den gegebenen Umständen beunruhigt sein und eventuell darüber nachdenken, ihre Aktien zu verkaufen.
- *Stiftung Warentest*
  Die *Stiftung Warentest* hat durch seinen Test die Verschmutzung des Speiseeises aufgedeckt. Es ist davon auszugehen, dass die *Stiftung Warentest* weiterhin über den Fall berichten wird.
- **Medien/Medienvertreter**
  Die Medien sind über die Gründe für das verschmutzte Speiseeis sowie die Gegenmaßnahmen zu informieren, damit diese die Informa-

tionen an die Konsumenten durch ihre Berichterstattung weitertragen und die negative Berichterstattung einstellen.

- **Mitarbeitende**
  Die Mitarbeitenden der „Eisprinz AG" sind durch die Imageeinbußen betroffen, da langfristig ihr Arbeitsplatz gefährdet ist. Darüber hinaus sind Mitarbeitende Multiplikatoren und können dazu eingesetzt werden, durch Persönliche Kommunikation den Ruf des Unternehmens wiederherzustellen.

Teilaufgabe (d)

Zur Wiederherstellung von Vertrauen und Glaubwürdigkeit ist zu empfehlen, dass die „Eisprinz AG" unter anderem folgende **Botschaften** an die Öffentlichkeit trägt:

- Darlegung, wie es zu dem verschmutzen Speiseeis gekommen ist,
- Betonung, dass es sich um einen Einzelfall handelt,
- Bedauern ausdrücken und Fehler eingestehen,
- Erläuterung, welche Maßnahmen ergriffen wurden, damit derartige Fehler in Zukunft nicht mehr auftreten,
- Versicherung, dass die Qualität der Produkte das höchste Ziel bei der „Eisprinz AG" ist.

Teilaufgabe (e)

Folgende **Maßnahmen der Public Relations** sind denkbar (Beispiele):

- **Pressearbeit**: Pressekonferenz, auf der die „Eisprinz AG" Stellung zu den Vorwürfen bezieht; Versendung von Pressemitteilungen; Bereitstellung von Hintergrundinformationen auf der Internetseite des Unternehmens.
- **Maßnahmen des persönlichen Dialogs**: Händlerbesuche durch den Außendienst, um Händler persönlich über Hintergründe und eingeleitete Maßnahmen zur Qualitätssicherung aufzuklären; Einladung von Vertretern der Presse und *Stiftung Warentest*, sich von der verbesserten Qualitätssicherung bei einer Betriebsbesichtigung zu überzeugen; persönliche Gespräche mit Mitarbeitenden (z.B. im Rahmen einer Informationsveranstaltung); spezielle Veranstaltungen für Aktionäre.
- **Mediawerbung**: Schaltung von PR-Anzeigen in Tageszeitungen und Finanzpressetiteln zur Imageprofilierung und Wiederherstellung von Vertrauen.

- **Unternehmensinterne Maßnahmen:** Informationsschreiben der Geschäftsleitung in der Mitarbeiterzeitschrift oder E-Mail; Einrichtung eines Web-Forums mit Liveticker; Information durch die Vorgesetzten.

Lösungshinweise Aufgabe 10-6

📖 **Bruhn (2009), S. 411-425**

Sponsoring hat als Kommunikationsinstrument in den vergangenen Jahren stetig an Bedeutung gewonnen. Unter Sponsoring wird die Planung, Durchführung und Kontrolle sämtliche Aktivitäten verstanden, die mit der Bereitstellung von Geld, Sachmitteln, Dienstleistungen und/ oder Know-how durch Unternehmen zur Förderung von Personen und/oder Organisationen verbunden sind, um damit gleichzeitig kommunikative Ziele des Unternehmens zu erreichen. Im Unterschied zum klassischen Mäzenatentum, bei dem das Unternehmen für die (finanzielle) Unterstützung keine Gegenleistung erwartet, beruht das Sponsoring auf dem Prinzip von Leistung (des Sponsors) und Gegenleistung (des Gesponserten). Je nach Schwerpunkt der Sponsoringaktivitäten lassen sich verschiedene Erscheinungsformen von Sponsoring unterscheiden: Sport-, Kultur-, Umwelt-, Sozio- und Mediensponsoring.

Teilaufgabe (a)

Der Einsatz von Sponsoring als Kommunikationsinstrument wird insbesondere zur Steigerung, Aktualisierung und Stabilisierung der **Markenbekanntheit** sowie zum Aufbau bzw. zur Verbesserung bestimmter **Imagedimensionen** von Unternehmen eingesetzt. Darüber hinaus ist Sponsoring geeignet, spezifische Zielgruppen anzusprechen sowie die **Beziehung** mit diesen zu pflegen. Ferner kann Sponsoring einen Beitrag zur **Mitarbeitermotivation und -identifikation** leisten.

Für den Eintritt von „New Generation" in den deutschen Markt bietet sich Sponsoring insbesondere zur Steigerung der Markenbekanntheit an – vor allem, wenn publikumsstarke Sponsoringevents, wie z.B. die Fußball-Weltmeisterschaft, unterstützt werden.

Der **Vorteil** von Sponsoring zum Bekanntheitsaufbau im Vergleich zu anderen Kommunikationsinstrumenten liegt in der Ansprache der Zielgruppe in einem attraktiven, nicht kommerziellen Umfeld. Hierdurch werden die Ablehnungshaltungen gegenüber klassischer Werbung umgangen. Darüber hinaus kommt es zu Multiplikatoreneffekten durch Massenmedien und Public Relations.

Jedoch ist Sponsoring auch mit **Nachteilen** verbunden. Insbesondere publikumsstarke Events, wie die Fußball-Weltmeisterschaft, werden durch eine Vielzahl von Sponsoren gefördert, was sich negativ auf die Effektivität des Sponsoringengagements auswirkt. So ist fraglich, ob sich die Bekanntheit von „New Generation" nachhaltig durch das Sponsern der Fußball-Weltmeisterschaft steigern lässt. Insbesondere vor dem Hintergrund der immensen Kosten, die mit einem derartigen Sponsoringengagement verbunden sind, ist dies bei der Entscheidung für oder gegen ein Sponsoringengagement zu berücksichtigen. Von der alleinigen Nutzung des Sponsoring zur Unterstützung des Markteintritts ist abzusehen, da Sponsoring erst durch eine konsequente Vernetzung mit anderen Kommunikationsinstrumenten (z.B. Mediawerbung, Multimediakommunikation, Public Relations) seine volle Wirkung entfaltet. Darüber hinaus ist zu berücksichtigen, dass immer die Gefahr von negativen Imagetransfereffekten besteht.

Teilaufgabe (b)

Zur Steigerung der Bekanntheit des Mobilfunkanbieters bieten sich insbesondere solche **Sponsoringarten** an, die ein großes Publikum ansprechen.

Kultur-, Sozio- und Umweltsponsoring sind weniger zur Bekanntheitssteigerung der Mobilfunkmarke geeignet, da sie nur Teilöffentlichkeiten ansprechen und meist über eine geringe Medienpräsenz verfügen. Darüber hinaus steht bei Kultur-, Sozio- und Umweltsponsoring nicht die Bekanntheitssteigerung im Vordergrund. Vielmehr geht es hierbei um die Dokumentation gesellschaftlicher Verantwortung und die Schaffung von Goodwill. Insbesondere beim Sozio- und Umweltsponsoring steht die werbliche Wirkung im Hintergrund.

Zur Bekanntheitssteigerung von „Lange Leitung" bietet sich eher **Sport- oder Mediensponsoring** an. Durch das Auftreten als Sponsor bei publikumsstarken Sportevents (z.B. Handball- oder Fußballmeisterschaft) kann ein Beitrag zur Steigerung der Bekanntheit geleistet werden. Im Gegensatz zum Sportsponsoring bietet Mediensponsoring den Vorteil der Alleinstellung, d.h., das Unternehmen tritt als alleiniger Sponsor auf. Im Ergebnis ist der „Lange Leitung AG" zu empfehlen, als Sponsor bei großen Sportevents oder bei publikumsstarken TV-Ereignissen (z.B. Nachrichtensendungen, Sonntagabendspielfilme) aufzutreten.

Teilaufgabe (c)

Umwelt- und Soziosponsoring stellen zwei sensible **Sponsoringberei-che** dar.

Beim **Umweltsponsoring** (auch Ökosponsoring genannt) geht es um die (finanzielle) Unterstützung von Einzelprojekten oder Institutionen, die sich mit Natur- und Artenschutz beschäftigen. Im Umweltsponso-ring dominiert der altruistische Fördergedanke. Werbliche Wirkungen spielen nur eine untergeordnete Rolle. Es besteht die Notwendigkeit ei-ner inhaltlichen Identifikation des Unternehmens mit dem Umwelten-gagement. Das Unternehmen hat sich mit dem gesponserten Anliegen zu identifizieren. Ansonsten stehen die Glaubwürdigkeit und Akzep-tanz des Engagements aus Sicht der Zielgruppe auf dem Spiel und die erhofften Sympathiewirkungen stellen sich nicht ein.

Ähnlich verhält es sich im **Soziosponsoring**, unter dem das Engage-ment eines Unternehmens in den Bereichen Bildung, Forschung, Ge-sundheit oder sozialer Gerechtigkeit mittels Geld- und/oder Sach-/ Dienstleistungen verstanden wird. Grundsätzlich gelten für das Sozio-sponsoring die gleichen Besonderheiten wie für das Umweltsponso-ring. Der Fördergedanke steht im Vordergrund und ein erfolgreiches Sponsoringengagement setzt eine starke inhaltliche Auseinanderset-zung sowie Identifikation mit den Zielen des Gesponserten voraus.

Der Sportwagenhersteller „Vollgas", der in der Öffentlichkeit als um-weltschädliches, nicht sehr soziales Unternehmen wahrgenommen wird, hat diese Besonderheiten des Umwelt- und Soziosponsorings zu berücksichtigen. Das Auftreten als Umwelt- oder Soziosponsor alleine wird nicht die gehofften Imageveränderungen bringen. Hierzu bedarf es vielmehr auch der **Dokumentation von Veränderungen innerhalb des Unternehmens** selbst (z.B. umweltfreundliche Produktion, Pro-duktion von schadstoffarmen Autos, Aufbau eines eigenen Betriebskin-dergartens).

Teilaufgabe (d)

Zur **Auswahl eines geeigneten Sponsorships** bietet sich ein zweistufi-ges Vorgehen an.

In einem ersten Schritt findet eine **Grobauswahl** hinsichtlich der für das Unternehmen geeigneten Förderbereiche statt (Sport, Kultur, Soziales, Umwelt und/oder Medien). Darüber hinaus werden einzelne Sportar-ten, Kultursparten bzw. entsprechende Bereiche für Sozio- und Um-weltsponsoring oder Programme in den Medien präzisiert. Geeignete

Kriterien für die Grobauswahl ergeben sich aus dem Affinitätenkonzept des Sponsoring. Danach erfolgt eine Grobauswahl von Sportarten insbesondere nach den folgenden drei **Kriterien**:

- **Zielgruppenaffinität**: Welche Sportart findet das besondere Interesse einer bestimmten Zielgruppe, die auch für die Marke „Bleifuß" von Bedeutung ist?
- **Produktaffinität**: Welche Sportart steht in einer gewissen Beziehung zum Produkt oder der Leistung von „Bleifuß"?
- **Imageaffinität**: Welche Sportart teilt gewisse Imagedimensionen mit dem Unternehmen „Bleifuß"?

Für die Marke „Bleifuß" ergibt sich auf Basis dieser Kriterien vor allem ein Engagement im Fußballbereich: „Bleifuß" vertreibt Fußballsportschuhe, sodass die Zielgruppen-, Produkt- und Imageaffinität hier am ehesten gegeben ist.

In einem zweiten Schritt hat eine **Feinauswahl** zu erfolgen. Hier geht es um die Auswahl eines konkreten Sponsorships im Fußballbereich. Hierzu bedarf es geeigneter Entscheidungskriterien, anhand derer sich die Frage beantworten lässt, welche Einzelperson, Gruppe, Institution oder Veranstaltung im Fußball konkret gefördert wird. Als Entscheidungskriterien lassen sich eine Vielzahl unterschiedlicher Aspekte heranziehen. Die Marke „Bleifuß" beabsichtigt mit dem Sponsoringengagement, die langfristige Bekanntheit der Marke zu sichern und das Image als Weltmarktführer im Bereich Fußballsportschuhe zu festigen. Hieraus lassen sich z.B. die **Entscheidungskriterien** „Bekanntheitsgrad des Sponsoringpartners", „zeitliche Dauer des Sponsoring", „Medienpräsenz (Reichweite)", „Werbemöglichkeiten" und „Image des Gesponserten" ableiten. Auf Basis dieser Entscheidungskriterien ist z.B. ein Sponsoringengagement bei einem international bekannten Spitzenfußballclub oder einer internationalen Fußballliga (z.B. *Champions League*) vorstellbar.

Teilaufgabe (e)

Um die Effektivität des Sponsoringengagements des Uhrenherstellers „GoldTimes" zu erhöhen, ist es nötig, dass das Unternehmen nicht nur Bandenwerbung auf den Golfturnieren betreibt. Denkbar sind z.B. folgende weitere **Maßnahmen**:

- Erwähnung der Marke „GoldTimes" auf Broschüren oder Programmen der jeweiligen Golfturniere als Sponsor,
- Schaltung von Anzeigen in Programmheften,

- Durchführung von Hospitality-Maßnahmen auf den Golfturnieren,
- Erwähnung von „GoldTimes" in Pressemitteilungen über die Golfturniere,
- Präsentationen von „GoldTimes"-Uhren auf den Golfturnieren,
- Schaltung von Anzeigen und Fernsehspots durch „GoldTimes" mit Hinweis auf Veranstaltungen und das Sponsorship,
- Einladung von Topkunden zu Golfveranstaltungen.

Lösungshinweise Aufgabe 10-7

📖 **Bruhn (2009), S. 425-434**

Unter der **Persönlichen Kommunikation** wird die Analyse, Planung, Durchführung und Kontrolle sämtlicher unternehmensinterner und -externer Aktivitäten verstanden, die mit der wechselseitigen Kontaktaufnahme bzw. -abwicklung zwischen Anbieter und Nachfrager in einer Face-to-Face-Situation verbunden sind, um damit vorab definierte Kommunikations- und Vertriebsziele zu erreichen.

In Abhängigkeit der Verbindung von Kommunikator und Rezipient lassen sich unterschiedliche Kommunikationsformen der Persönlichen Kommunikation unterscheiden (z.B. indirekte oder direkte, verbale oder nonverbale, Mitarbeiter- oder Kundenkommunikation).

Teilaufgabe (a)

Die Persönliche Kommunikation ist mit Vor-, aber auch gewissen Nachteilen für „TerraProtect" verbunden.

Von **Vorteil** ist, dass im persönlichen Gespräch – im Vergleich zu Maßnahmen der unpersönlichen Kommunikation (z.B. Mediawerbung) – eine bessere Überzeugungsarbeit für die Geschäftsidee geleistet werden kann. Auch erlaubt die Persönliche Kommunikation den Aufbau von persönlichen (Kunden-) Beziehungen. Durch den ständigen Wechsel der Sender- und Empfängerposition ist eine unmittelbare Reaktion auf den Gesprächspartner möglich.

Von **Nachteil** ist jedoch, dass die Reichweite der Persönlichen Kommunikation im Vergleich zu massenmedialen Kommunikationsformen begrenzt ist. Es findet nur ein Austausch mit ausgewählten Zielpersonen statt. Eine Steigerung der Bekanntheit in weiten Teilen der Bevölkerung ist dadurch nicht möglich. Zudem ist Persönliche Kommunikation nicht planbar, d.h., der Gesprächsverlauf ist im Vorhinein nicht voraussehbar. Daher bedarf es eines hohen Einfühlungsvermögens des Kundenkontaktpersonals auf den Gesprächspartner.

Teilaufgabe (b)

Bei der **direkten Persönlichen Kommunikation** besteht eine unmittelbare Verbindung zwischen Kommunikator und Rezipient; es existiert keine eingeschaltete Übermittlungsinstanz, wie z.b. ein Referenzkunde oder eine User Group. Die **indirekte Persönliche Kommunikation** ist hingegen durch die Einschaltung einer Person, die zwischen dem Unternehmen und den Kunden vermittelt, gekennzeichnet.

Für „TerraProtect" bieten sich z.b. folgende **Maßnahmen** der direkten und indirekten Persönlichen Kommunikation an:

Maßnahmen der direkten Persönlichen Kommunikation

- Persönliche Gespräche im Rahmen von Messen und Ausstellungen (z.B. Tourismusausstellungen),
- Vorträge an Universitäten über das Geschäftsmodell,
- Verteilung von Flyern auf der Straße,
- Persönliche Gespräche mit (potenziellen) Kunden im Rahmen von Events,
- Einrichtung eines Kundenclubs mit Möglichkeiten zum wechselseitigen persönlichen Austausch (z.B. Stammtische in verschiedenen Städten).

Maßnahmen der indirekten Persönlichen Kommunikation

- Gezielte Ansprache von Referenzkunden,
- Persönliche Gespräche mit Vertretern von Umweltverbänden,
- Durchführung von Pressekonferenzen,
- Persönliche Gespräche mit Vertretern von (Reise-) Zeitschriften,
- Austausch mit umweltschutznahen Communities.

Lösungshinweise Aufgabe 10-8

📖 **Bruhn (2009), S. 435-443**

Messen und Ausstellungen als Kommunikationsinstrument umfassen die Analyse, Planung, Durchführung sowie Kontrolle aller Aktivitäten, die mit der Teilnahme an einer zeitlich begrenzten und räumlich festgelegten Veranstaltung verbunden sind. Während sich Messen vorwiegend an gewerbliche Besucher der Industrie und des Großhandels richten, stehen Ausstellungen dem privaten, allgemeinen Publikumsverkehr offen.

Teilaufgabe (a)

Mit der Messebeteiligung verbindet „Tokio Connection" unterschiedliche Vertriebs- und Kommunikationsziele:

Vertriebsziele (Beispiele)

• Kontaktanbahnung zu Händlern des Facheinzelhandels,
• Anbahnung bzw. Abschluss von Verkaufsverträgen,
• Aufbau eines deutschlandweiten Vertriebsnetzes.

Kommunikationsziele (Beispiele)

• Anbahnung und Pflege von Geschäftsbeziehungen zu Vertriebspartnern,
• Steigerung des Bekanntheitsgrads bei Vertriebspartnern,
• Demonstration von Marktpräsenz,
• Präsentation der Angebotspalette,
• Verschaffung eines Überblicks über Wettbewerber und deren Angebot,
• Überprüfung der Konkurrenzfähigkeit,
• Einholung von Trendinformationen über die Modebranche.

Teilaufgabe (b)

Anhand der Kriterien Reichweite der Messe (regional, national, international), Funktion der Messe (Informations-, Ordermessen) und Zielgruppe der Messe (Fachbesucher-, Händler-, Konsumentenmesse) bieten sich folgende **Messeformen** für die Verfolgung der Ziele von „Tokio Connection" an:

• **Reichweite der Messe**: Das vorrangige Ziel der Messebeteiligung von „Tokio Connection" liegt in der Anbahnung von Kontakten zu möglichen Vertriebspartnern; Ziel ist die deutschlandweite Expansion des Vertriebsgebiets. In der Folge bieten sich primär Messeformen an, die national ausgerichtet sind.
• **Funktion der Messe**: Für „Tokio Connection" steht die Order- bzw. Verkaufsfunktion der Messe im Vordergrund. Dennoch werden auch

kommunikationspolitische Ziele verfolgt (z.B. Anbahnung von Kontakten mit dem Ziel des Verkaufsabschlusses im Nachmessegeschäft), sodass auch die Informationsfunktion der Messe von Bedeutung ist.

* **Zielgruppe der Messe**: Nicht der private Endverbraucher steht im Mittelpunkt des Interesses, sondern die Ansprache von gewerblichen Absatzmittlern (Händlermesse).

Im **Ergebnis** stehen nationale, an gewerbliche Abnehmer gerichtete Ordermessen im Fokus des Interesses.

Teilaufgabe (c)

Folgende **Maßnahmen** vor, während und nach der Messebeteiligung sind denkbar:

Vor der Messebeteiligung

* Information potenzieller Messebesucher über das Angebot von „Tokio Connection" und über die Messebeteiligung durch Schaltung von Anzeigen in Fachzeitschriften, Direct Mailings, Einträge im Messekatalog oder Pressemitteilungen,
* Konzeption des Messestandes,
* Auswahl der Exponate für die Messe,
* Auswahl und Schulung des Standpersonals über Messeziele, Verkaufsargumentation usw.,
* Planung von Kommunikationsmaßnahmen während der Messe (z.B. Presseinformationen, Events),
* Kostenkalkulation u.a.m.

Während der Messebeteiligung

* Erregung von Aufmerksamkeit und Interesse durch Werbeaktionen, Außenwerbung und Modeschauen,
* Kontaktanbahnung durch persönliche Gespräche und Begleitveranstaltungen (z.B. Standparty am Abend mit Modenschau),
* Systematische Erfassung von Kundenkontakten u.a.m.

Nach der Messebeteiligung

* Auswertung von Messekontakten,
* Weiterverfolgung von erfassten Messekontakten durch Nachfassaktionen, Mailings, Zusendung von Broschüren, Telefonaktionen usw.,

- Kontaktaufnahme mit eingeladenen, aber nicht erschienenen Kunden,
- Durchführung von Pressearbeit durch Versenden von Nach-Messe-Informationen an Pressevertreter u.a.m.

Teilaufgabe (d)

Eine Messebeteiligung zur Kontaktanbahnung mit potenziellen Einzelhändlern hat den **Vorteil**, dass Messestandbesucher selbst aktiv werden, d.h., die Händler haben ein eigenes Interesse an der Kontaktaufnahme. Die Aufmerksamkeit der Besucher ist daher höher. Zudem lassen sich die Exponate auf dem Messestand in einem emotionalen Umfeld zeigen und vorführen. Auch ist zu berücksichtigen, dass Messen die Möglichkeit zur multisensualen Ansprache bieten und daher einen hohen Ereignis- und Erinnerungscharakter haben.

Nachteile von Messen im Vergleich zu anderen Kommunikationsmaßnahmen zur Kontaktanbahnung ergeben sich insbesondere aus der Konkurrenzsituation, die auf einer Messe herrscht. Darüber hinaus ist zu beachten, dass Messen zeitlich befristet sind; der Kontakttermin lässt sich nicht frei bestimmen.

Lösungshinweise Aufgabe 10-9

📖 **Bruhn (2009), S. 443-451**

Event Marketing stellt ein noch vergleichsweise junges Kommunikationsinstrument dar, das in den letzten Jahren verstärkt an Bedeutung gewinnt. Unter Event Marketing wird die zielgerichtete, systematische Analyse, Planung, Durchführung und Kontrolle von Veranstaltungen als Plattform einer erlebnis- und/oder dialogorientierten Präsentation einer Marke bzw. Leistung eines Unternehmens verstanden mit dem Ziel, durch emotionale Aktivierungsprozesse Botschaften zu vermitteln.

Teilaufgabe (a)

Es lassen sich sechs konstitutive **Merkmale eines Events** differenzieren:

- Ein Event stellt ein **positives Erlebnis** dar. Events leisten einen Beitrag zur subjektiven Lebensqualität durch Vermittlung eines emotionalen, erlebnisorientierten Zusatznutzens. Die Teilnahme beim „Vertical Limit Challenge" ist mit einer Reihe von intensiven Erlebnissen verbunden, die für die Teilnehmenden unvergesslich sind. Das Ereignis leistet somit einen Beitrag zu Lebensqualität.

- Im Rahmen eines Events findet eine **Aktivierung** der Teilnehmenden statt, indem sie aufgefordert werden, sich selbst in das Event mit einzubringen. Das Event „Vertical Limit Challenge" setzt auf die aktive Beteiligung der Teilnehmenden.

- Events sind durch **Positivität** gekennzeichnet. Ziel ist es, positive und keine negativen Eindrücke bei den Eventteilnehmern zu hinterlassen. Hierzu ist es erforderlich, dass die Teilnehmenden die Veranstaltung nicht primär als kommunikationspolitische (Werbe-) Maßnahme des Veranstalters betrachten, sondern als aktiven Beitrag zur Gestaltung ihrer Freizeit. Das Teilnehmerfeedback zeigt, dass die Teilnehmenden die Veranstaltung durchweg positiv bewerten. Die Möglichkeit zum kostenlosen Testen von Ausrüstungsmaterial von „Vertical Limit" wird als Zusatznutzen angesehen.

- Ein Event stellt für die Teilnehmenden etwas **Besonderes** und **Einmaliges** dar. Es unterscheidet sich maßgeblich von der Alltagswirklichkeit der Zielgruppe. Die Veranstaltung „Vertical Limit Challenge" erfüllt auch diese Anforderung, da sie ein Ausbrechen aus der Konformität des Alltags erlaubt.

- Events bieten im Vergleich zu anderen Kommunikationsinstrumenten, die auf die Erlebnisorientierung des Konsumenten abzielen, die Möglichkeit des **Vor-Ort-Erlebnisses** und der multisensualen Sinnesstimulation in Echtzeit. Beim „Vertical Limit Challenge" werden sämtliche Sinne der Teilnehmenden angesprochen.

- Events werden speziell auf die Bedürfnisse eines **ausgewählten Publikums** zugeschnitten. Die Veranstaltung von „Vertical Limit" richtet sich an eine spezifische Zielgruppe (Bergsteiger, Abenteurer) und spricht die speziellen Bedürfnisse dieser Zielgruppe an (z.B. Erleben von Abenteuern, Erweiterung des fachlichen Know-hows).

Teilaufgabe (b)

Im Event Marketing lassen sich drei unterschiedliche **Erscheinungsformen** unterscheiden:

- **Anlassbezogenes Event Marketing** zielt auf die Darstellung des Unternehmens im Rahmen der Feier historischer oder geschaffener Anlässe ab.

- **Anlass- und markenorientiertes Event Marketing** bezieht sich zwar auf einen zeitlich festgelegten Anlass; es steht jedoch die Vermittlung produkt- bzw. markenbezogener Botschaften im Vordergrund.
- **Markenorientiertes Event Marketing** zielt auf eine emotionale Positionierung und eine dauerhafte Verankerung der Marke in der Erlebniswelt des Rezipienten ab.

Die Erscheinungsformen unterscheiden sich hinsichtlich der **Kriterien** Variabilität, Einsatzhäufigkeit, Exklusivität und Streuverluste:

- **Variabilität**: Die Variabilität bezieht sich auf die Gestaltungsmöglichkeiten im Rahmen des Events. Diese sind bei anlassorientiertem Event Marketing eher gering, da gewisse Inszenierungsbestandteile durch die Art des Anlasses vorgegeben sind (z.B. Weihnachtsfeier). Markenorientierte Events – wie das Event „Vertical Limit Challenge" – bieten die höchsten Gestaltungsfreiräume, da sich das Event explizit an der Positionierung der Marke ausrichten lässt.
- **Einsatzhäufigkeit**: Während anlassbezogene Events nur punktuell zu gewissen Anlässen durchgeführt werden, sind markenorientierte Events idealtypisch in regelmäßigen Abständen zu veranstalten, um eine hohe Penetration der Zielgruppe zu gewährleisten.
- **Exklusivität**: Anlassbezogenes Event Marketing sowie anlass- und markenbezogenes Event Marketing richten sich in der Regel an ein ausgewähltes und namentlich bekanntes Publikum. Markenorientiertes Event Marketing stellt hingegen auf die Ansprache breiter Teilnehmerkreise ab.
- **Streuverluste**: Während sich markenorientiertes Event Marketing an ein disperses Publikum richtet und die damit einhergehenden Streuverluste meistens hoch sind, zeichnen sich das anlassbezogene Event Marketing sowie anlass- und markenorientiertes Event Marketing durch geringere Streuverluste aus.

Das Event „Vertical Limit Challenge" bietet viele Gestaltungsfreiräume für das Unternehmen, sodass eine **hohe Variabilität** gegeben ist. Da das Event regelmäßig jedes Jahr durchgeführt wird, liegt eine **hohe Einsatzhäufigkeit** vor. Das Event hat einen **exklusiven Charakter,** d.h., es richtet sich an ein ausgewähltes, namentlich bekanntes Publikum. Damit einhergehend ist von **geringen Streuverluste** auszugehen. In der Summe beinhaltet die Veranstaltung „Vertical Limit Challenge" Merkmale sowohl des anlassbezogenen Event Marketing (starke Exklusivität, geringe Streuverluste) als auch des markenbezogenen Event Marketing (hohe Einsatzhäufigkeit und Variabilität). Da jedoch nicht ein zeitlich festgelegter Anlass, sondern die Vermittlung der emotionalen Positionierung im Mittelpunkt steht, ist das Event eher dem **markenorientierten Event Marketing** zuzuordnen.

Teilaufgabe (c)

Mit dem Event „Vertical Limit Challenge" lassen sich insbesondere folgende **Ziele** erreichen:

- Schaffung und Erhöhung der Markenbekanntheit,
- Präsentation der Marke im erlebnisorientierten Umfeld,
- Vermittlung der emotionalen Positionierung der Marke,
- Erhöhung des Wissens um die Marke und die Produkte,
- Vorstellung neuer Produkte,
- Bindung des Kunden an die Marke,
- Aufbau von Vertrauen im direkten Dialog zwischen Mitarbeitenden und Kunden,
- Möglichkeit zur Kundenakquisition,
- Aufbau und Pflege einer Beziehung zwischen Kunden und Unternehmen auf Basis eines kollektiven Erlebnisses,
- Einholung von Kundenfeedbacks,
- Anregung zur positiven Mund-zu-Mund-Kommunikation u.a.m.

Teilaufgabe (d)

Beim Event Marketing werden die Ereignisse durch das Unternehmen selbst geschaffen, geplant und exklusiv durchgeführt. Die **Eigeninitiierung** stellt das Unterscheidungsmerkmal zum Eventsponsoring dar, bei dem der Sponsor zwar das Nutzungsrecht an einem bestimmten Event erwirbt, dieses aber in der Regel auch ohne ihn stattfinden würde. Da das Event „Vertical Limit Challenge" vom Unternehmen selbst initiiert ist, handelt es sich nicht um Eventsponsoring, sondern Event Marketing.

Teilaufgabe (e)

Das Event „Vertical Limit Challenge" ist mit einer Reihe von **Vorteilen** für das Unternehmen verbunden. So ist davon auszugehen, dass die Teilnehmenden ein hohes Involvement haben und daher empfänglich für (Werbe-) Botschaften des Unternehmens sind. Auch trägt das positive emotionale Umfeld eines Events dazu bei, werbliche Botschaften zu platzieren. Darüber hinaus bietet das Event vielfältige Möglichkeiten für die eigenständige Markenprofilierung – insbesondere vor dem Hintergrund der Nicht-Anwesenheit von Konkurrenzunternehmen (kein anderer Anbieter von Bergausrüstung ist auf dem Event vertreten).

Event Marketing ist jedoch auch mit gewissen **Nachteilen** verbunden. Zu berücksichtigen ist die Tatsache, dass die Aufmerksamkeit der Teilnehmenden nicht dem ausrichtenden Unternehmen, sondern in erster Linie dem Event an sich gilt. Außerdem besteht die Gefahr von negativen Imagewirkungen, sofern das Event mit negativen Erlebnissen verbunden ist (z.B. Verunglücken eines Teilnehmenden bei einer Besteigung, Gruppe harmoniert nicht miteinander, schlechte Wetterbedingungen usw.).

Lösungshinweise Aufgabe 10-10

📖 **Bruhn (2009), S. 451-463**

Unter **Multimediakommunikation** wird die zielgerichtete, systematische Analyse, Planung, Durchführung und Kontrolle eines computergestützten, interaktiven und multimodalen Kommunikationssystems als zeitunabhängige Plattform eines zweiseitigen, von den individuellen Informations- und Unterhaltungsbedürfnissen des Rezipienten gesteuerten Kommunikationsprozesses mit dem Ziel der Vermittlung unternehmensgesteuerter Botschaften verstanden.

Teilaufgabe (a)

Die **Gründe** für die wechselnde Bedeutung der Multimediakommunikation sind vielfältig. Mit Blick auf die **Entwicklungen im Mediennutzungsverhalten** der Verbraucher ist eine zunehmende Verbreitung und Nutzung des Internet in der Bevölkerung zu konstatieren. So steigt die Anzahl der Internetnutzer stetig. Auch bei der Nutzungsintensität des Internetmediums ist ein signifikanter Anstieg zu verzeichnen. Als Folge dieser Entwicklungen steigt die Erreichbarkeit der Zielgruppe im Internet und somit auch die Möglichkeit, diese kommunikativ über das Medium des Internet beeinflussen zu können.

Darüber hinaus bietet die Multimediakommunikation aufgrund ihrer spezifischen konstitutiven Eigenschaften – wie Interaktivität und Hypermedialität – vielfältige **innovative Gestaltungsmöglichkeiten** für die bedürfnisorientierte Ansprache von Zielgruppen. So erlaubt Multimediakommunikation die multisensuale Ansprache über Bild, Text und Ton und die aktive Einbeziehung des Rezipienten in Kommunikationsprozesse. Die Interaktivität von multimedialen Kommunikationsmedien – wie das Internet – eröffnet die individuelle, quasi-persönliche Ansprache eines Massenpublikums. Der Rezipient kann die für ihn interessanten Inhalte auswählen und zu jeder Zeit abrufen. Darüber hinaus kann er selbst als Sender von Botschaften auftreten (z. B. per Mail). Durch die Möglichkeit von wechselseitigen, individualisierten Interaktionsprozessen zwischen Unternehmen und Nachfrager bietet das Internet besondere Potenziale zur Kundenbindung, indem auf die zunehmenden Individualisierungsbestrebungen der Nachfrager gezielt eingegangen wird.

Teilaufgabe (b)

Die verschiedenen **Typen von multimedialen Kommunikationsformen** lassen sich wie folgt voneinander abgrenzen:

- **Reaktive, unterhaltungsbezogene Anwendungen** zielen primär auf die Vermittlung eines virtuellen Erlebnisses und die emotionale Beeinflussung des Rezipienten ab. Der Nutzer kann nur oberflächlich den Anwendungsablauf bestimmen. Ein Dialog findet nicht statt.
- **Interaktive, informationsorientierte Anwendungen** haben die Vermittlung von spezifischen Kenntnissen über ein Produkt oder ein Unternehmen zum Ziel. Der Anwender erhält im Rahmen eines interaktiven Prozesses die Möglichkeit, seine individuellen Informationsbedürfnisse selektiv zu befriedigen.
- **Dialogische, serviceorientierte Anwendungen** bieten über direkte Rückkoppelungsmöglichkeiten zum Unternehmen die Chance zu einem echten Dialog, zur Nutzung von Servicefunktionen und zur Integration von Austauschbeziehungen.

Bei den von „La Luna" eingesetzten multimedialen Kommunikationsmitteln handelt es sich um verschiedene Typen von multimedialen Kommunikationsformen:

Reaktive, unterhaltungsbezogene Anwendungen

Die auf der Homepage angebotenen **Spiele** für Kinder im Alter zwischen drei und sieben Jahren dienen primär der Unterhaltung. Auch die **MMS-Aktion** stellt eine primär reaktive, unterhaltungsbezogene Anwendung dar. Ein echter Dialog oder das Eingehen auf individuelle Informationsbedürfnisse findet bei beiden Anwendungen nicht statt.

Interaktive, informationsorientierte Anwendungen

Hierzu zählen die **Informationsterminals** in den hauseigenen Einzelhandelsfilialen, die **Homepage** von „La Luna" an sich, die **Bannerwerbung** sowie die **CD-ROM-Edition**. Jedes dieser multimedialen Kommunikationsmittel erlaubt dem Anwender, seine individuellen Informationsbedürfnisse selektiv zu befriedigen. Die Initiative für den Abruf von Informationen geht von den Nutzern aus. Ein „echter" Dialog ist jedoch nicht möglich, da sich der wechselseitige Kommunikationsprozess lediglich virtuell vollzieht. Der Empfänger erhält nur Antworten auf jene Fragen, die der Sender antizipiert und intendiert hat. Ein direkter Rückkoppelungskanal zum Unternehmen besteht bei diesen Kommunikationsmitteln nicht.

Dialogische, serviceorientierte Anwendungen

„La Luna" bietet interessierten Nutzern eine Vielzahl von Möglichkeiten, mit dem Unternehmen bzw. mit Mitarbeitenden in Kontakt zu treten und durch einen dialogischen Austauschprozess unterschiedliche Serviceangebote von „La Luna" in Anspruch zu nehmen. So bietet das **Forum** den Anwendern die Möglichkeit, in einen direkten, wechselseitigen Dialog mit anderen Interessierten zu treten und Erfahrungen, Wissen und Erlebnisse auszuwechseln. Auch die Angebote zum Austausch mit Unternehmensvertretern per **Mail** oder **Chat** sowie der **Newsletter** sind den dialogischen, serviceorientierten Anwendungen zuzurechnen. Der Bezug des Newsletters bedarf der Registrierung auf der Homepage. Die so gewonnenen Informationen werden in einem Kundenprofil abgelegt. Auf Basis des gespeicherten Kundenprofils werden dem Kunden dann automatisch auf seine individuellen Bedürfnisse zugeschnittene Inhalte bzw. Angebote zur Verfügung gestellt.

Teilaufgabe (c)

Die verschiedenen multimedialen Anwendungen leisten unterschiedliche **Beiträge zur Kundenakquisition und -bindung**.

Die reaktiven, unterhaltungsbezogenen Anwendungen, wie die auf der Homepage angebotenen Spiele oder die MMS-Aktion, zielen primär auf die **Vermittlung eines virtuellen Erlebnisses** und die **emotionale Beeinflussung** des Rezipienten ab. Speziell die MMS-Aktion ist dazu geeignet, neue Kunden zu gewinnen oder bestehende Kunden zu einem erneuten Kauf zu aktivieren, indem die Markenbekanntheit steigt und aktuelle Angebote kommuniziert werden.

Die interaktiven, informationsorientierten Anwendungen bieten die Chance zur **bedürfnisorientierten und interaktionsorientierten Ansprache** von Zielgruppen. Der Kunde hat einen Zugang zu einem Pool von Informations- und Interaktionsmöglichkeiten, über deren Abruf er selbst verfügt. Dies kommt den zunehmenden Individualisierungstendenzen der Nachfrager nach und stellt eine Möglichkeit dar, die Ablehnungshaltungen gegenüber klassischen Kommunikationsformen (z.B. Mediawerbung) zu überwinden.

Die dialogischen, serviceorientierten Anwendungen stellen Instrumente insbesondere zur **Kundenbindung** dar, da sie einen Mehrwert für die Anwender bieten. Durch die Rückkoppelungskanäle kann der Anwender selbst als Sender von Kommunikationsbotschaften auftreten. Die Meinungsäußerungen des Kunden können wiederum in die Planung geschäftlicher Aktivitäten einbezogen werden. Der wechselseitige Austausch ermöglicht es „La Luna" in der Folge, auf die sich im Zeitablauf verändernden Bedürfnisse der Kunden einzugehen.

Teilaufgabe (d)

Ein wesentlicher **Vorteil der Multimediakommunikation** ist ihr multifunktionaler Charakter. Sie erlaubt die personenbezogene Individualkommunikation („One to One", z.B. persönliche E-Mails), die Ansprache einer eingegrenzten Zielgruppe („One to Few", z.B. Newsletter) und die Bereitstellung von Informationen für alle Nutzer („One to Many", z.B. Homepage). Durch die Möglichkeit zum dialogischen Austausch auf Basis computergestützter Technologien bietet die Multimediakommunikation besondere Potenziale zur Kundenbindung. Insbesondere vor dem Hintergrund, dass „La Luna" Produkte rund ums Baby anbietet und Eltern in regelmäßigen Abständen neue Produkte für ihr Baby benötigen, ist eine dauerhafte Bindung der Kunden von Bedeutung.

Die Notwendigkeit der Akzeptanz moderner Informations- und Kommunikationstechnologien durch den Rezipienten sowie die Gefahr einer möglichen Überforderung des Rezipienten durch den aktiven Kommunikationsprozess sind allgemeine **Nachteile der Multimediakommunikation**. Vor dem Hintergrund der Zielgruppe von „La Luna" ist jedoch davon auszugehen, dass die heutige Generation von jungen bzw. werdenden Eltern keine Schwierigkeiten beim Umgang mit modernen Informations- und Kommunikationstechnologien hat. Zu berücksichtigen ist jedoch, dass eine erfolgreiche Realisierung von Multimediakommunikation den Einsatz von anderen Kommunikationsinstrumenten bedingt, da das Angebot von mutimedialen Anwendungen durch klassische Kommunikationsinstrumente zu kommunizieren ist (z.B. Nennung der Internetadresse der Homepage von „La Luna" im Rahmen der Mediawerbung).

Lösungshinweise Aufgabe 10-11

📖 **Bruhn (2009), S. 463-492**

In Abhängigkeit der jeweils gewählten Instrumente eröffnen sich einem Unternehmen unterschiedliche Spielräume für die **Botschaftsgestaltung**. Unter einer Kommunikationsbotschaft wird die Verschlüsselung kommunikationspolitischer Ideen durch Modalitäten (Text, Bild, Ton und/oder Duft) verstanden, um bei den Rezipienten durch Aussagen über Produkte/Leistungen/Marken/Unternehmen die gewünschten Wirkungen im Sinne der unternehmenspolitisch relevanten Kommunikationsziele zu erreichen. Die Verschlüsselung von Kommunikationsbotschaften erfolgt in Kommunikationsmitteln (z.B. Fernsehspot, Printanzeige).

Teilaufgabe (a)

Gegenstand der Kommunikationsmittelgestaltung sind Entscheidungen über die Kombination bzw. Dosierung einzusetzender Modalitäten, das Format des Kommunikationsmittels sowie den Einsatz einzelner Gestaltungsfaktoren. Während sich die ersten beiden Entscheidungstatbestände auf die Gestaltung der Botschaftsform beziehen, steht beim letzten Entscheidungstatbestand die Gestaltung des Botschaftsinhalts im Zentrum.

Die **Kombination bzw. Dosierung von Modalitäten** ist Gegenstand der formalen Botschaftsgestaltung. Hier ist über die Verwendung, Dosierung und eventuelle Kombination von Bildern, Text und Ton zum Transport der Kommunikationsbotschaft zu entscheiden. Die Möglichkeiten zur Gestaltung der Modalitäten sind von den einzelnen Kommunikationsmitteln abhängig. Für das Parfum „Maritim Air" ist eine Anzeigenkampagne geplant. Anzeigen erlauben lediglich eine Verschlüsselung der Kommunikationsbotschaft mit Hilfe von Bildern und Text; auditive Gestaltungselemente stellen bei Anzeigen hingegen keine Option dar. Dem Unternehmen bzw. der beauftragten Agentur stehen folglich sprachliche sowie visuelle Gestaltungselemente zum Transport der Kommunikationsbotschaft zur Verfügung. Somit ist im Rahmen der Botschaftsgestaltung für das neue Parfum über die Kombination (nur Text oder nur Bild oder beides) und Dosierung (text- oder bildbetonte Botschaftsgestaltung) von bildlichen und textlichen Gestaltungselementen zu entscheiden. In einem nächsten Schritt ist dann das Format des Kommunikationsmittels näher zu spezifizieren.

Entscheidungen über das **Format des Kommunikationsmittels** beziehen sich auch auf die Gestaltung der Botschaftsform. Hier ist vor allem über physische Dimensionen der Kommunikationsmittelgestaltung zu befinden. Für die Printanzeigenkampagne des Parfums „Maritim Air" bedarf es z.B. Entscheidungen über die Größe der Anzeige (halbseitig, einseitig, mehrseitig), die typografische Botschaftsgestaltung (z.B. Schriftarten, -größe, -farben, -anordnungen), die sprachliche Gestaltung der Werbebotschaft (z.B. Wortwahl, Satzlänge, Satzart) und die bildliche Gestaltung der Anzeige (z.B. Bildelemente, -farben, -aufteilung, -perspektive).

Entscheidungen über den **Einsatz einzelner Gestaltungsfaktoren** beziehen sich hingegen auf die Gestaltung des Botschaftsinhalts. Im Mittelpunkt der inhaltlichen Gestaltung von Werbebotschaften stehen die unmittelbaren Aussagen zum Werbeobjekt, d.h. zum Parfum „Maritim Air". Hierbei ist zwischen zwei grundsätzlich verschiedenen Gestaltungsstrategien zu unterscheiden: die informative und emotionale Botschaftsgestaltung. Bei der rein informativen Gestaltung der Werbebotschaft stehen Berichte, Mitteilungen und Beschreibungen im Vordergrund, mit denen auf die sachliche und rationale Überzeugung der Zielpersonen gezielt wird. Diese Form der inhaltlichen Botschaftsgestaltung ist insbesondere für Werbeobjekte mit einem hohen Kaufrisiko und hohem produktspezifischen Involvement geeignet (z.B. Autos, Industriegüter, Computer). Bei der emotionalen, psychologischen Botschaftsgestaltung wird hingegen versucht, über emotionale Inhalte (z.B. Erotik, Humor, Produkterlebnisse, Testimonials) Aufmerksamkeit bei der Zielgruppe zu erlangen. Diese Gestaltungsform bietet sich insbesondere für Produkte und Dienstleistungen an, die ein geringes Involvement des Konsumenten mit sich bringen und die sich in einem ausgeprägten Kommunikationswettbewerb befinden. Für das Parfum „Maritim Air" ist somit über die informative und/oder emotionale Ausgestaltung der Printanzeigen zu entscheiden.

Teilaufgabe (b)

Mit Hilfe von **sozialtechnischen Regeln**, die sich aus den Verhaltens- und Sozialwissenschaften ableiten, lassen sich Aussagen darüber treffen, wie die soziale Umwelt zu gestalten ist, damit Menschen beeinflusst werden. Im Mittelpunkt stehen hier Erkenntnisse über kognitive und emotionale psychische Prozesse, die die Determinanten des Verhaltens der Kommunikationsempfänger und damit die Wirkung der Kommunikationsaktivitäten abbilden. Die Anwendung dieser Regeln im Rahmen der Botschaftsgestaltung hilft, vorgegebene Kommunikationsziele, wie z.B. die Wahrnehmung, Aufnahme und Einprägung der Werbebotschaft, zu erreichen.

Vor dem Hintergrund der zunehmenden Informationsüberlastung und Werbeverweigerungshaltungen sind insbesondere Techniken, mit deren Hilfe sich Kontaktbarrieren überwinden lassen, für den Kommunikationserfolg von Bedeutung. Hierzu geben **Aktivierungstechniken** Aufschluss. Die Aktivierung ist ein Zustand der Erregung bzw. Wachheit, die den Empfänger zum Aktivsein und damit zur Aufnahme von Eindrücken oder Informationen stimuliert. Je größer die Aktivierungskraft eines Werbemittels ist, desto größer ist die Chance, dass es unter konkurrierenden Werbemitteln beachtet und genutzt wird. Die Aktivierung der Empfänger wird durch die Verwendung von physischen, emotionalen und kognitiven Reizen unterstützt.

Unter **physisch intensiven Reizen** werden große, laute, bewegte und bunte Reize verstanden, die eine hohe Aktivierungskraft haben. Für die Gestaltung der Printanzeige für „Maritim Air" ist es z.B. denkbar, dass Signalfarben (z.B. rot) oder überdimensionale Bilder (z.B. Strand, der sich über zwei Seiten erstreckt) verwendet werden.

Emotionale Reize sprechen vor allem Schlüsselreize an, die vorprogrammierte, unterbewusste Reaktionen auslösen und die Rezipienten weitgehend automatisch aktivieren. Typische Schlüsselreize sind z.B. das Kindchenschema, Tieraufnahmen oder erotische Reize. Für „Maritim Air" können z.B. auffallende Landschaftsbilder (Meeresstrand, untergehende Sonne) oder erotische Bildelemente (z.B. Mann küsst Frau leidenschaftlich am Strand) zur Aktivierung genutzt werden.

Zur gezielten Aktivierung der Empfänger kann zudem auf **kognitive Reize**, wie z.B. Humor, Widersprüche, Verfremdungen oder Angst, zurückgegriffen werden. Aufgrund der Neuartigkeit oder Überraschung wird die Informationsverarbeitung auf diese Weise vor eine Herausforderung gestellt, die zur Aktivierung führt. Vorstellbar ist für die Anzeige von „Maritim Air" beispielsweise ein schneebedeckter Strand, der einen Widerspruch aus Sicht des Betrachters darstellt.

Teilaufgabe (c)

Die **Formel „Strategie + Kreativität + Sozialtechnik"** zeigt, dass eine erfolgreiche Kommunikationsmittelgestaltung nur im Verbund von Strategie, Kreativität und Sozialtechnik möglich ist.

Der Einsatz von werblicher Kommunikation ist immer zielorientiert, d.h., es werden mit den Kommunikationsanstrengungen bestimmte **strategische Absichten** verfolgt. Dabei geht es vor allem um die Beeinflussung bzw. Steuerung von Meinungen, Einstellungen, Erwartungen und Verhaltensweisen. Ausgangspunkt für die Kommunikationsmittelgestaltung sind somit immer die strategischen Zielsetzungen, die mit dem Werbeauftritt verfolgt werden. Im Fall von „Maritim Air" wird mit der Anzeigenkampagne vor allem angestrebt, das neue Parfum in der Zielgruppe bekannt zu machen und die Positionierung des Produkts (Lebensfreude, sommerlich, jugendlich und verführerisch) zu vermitteln.

Die strategischen Zielsetzungen bilden die Grundlage für das Briefing der Werbeagentur, die dann durch den Einsatz von **Kreativität** versucht, innovative, gegenüber der Konkurrenz abhebende Kommunikationsmittel zu gestalten.

Eine Integration **sozialtechnischer Gesetzmäßigkeiten** in die Kommunikationsmittelgestaltung führt dazu, dass der kreativen Arbeit ein Handlungsrahmen vorgegeben wird. Mit Hilfe der Sozialtechniken lässt sich demnach die Frage beantworten, ob die erarbeiteten kreativen Lösungsansätze unter den heutigen Markt- und Kommunikationsbedingungen eine wirksame und zielorientierte Aufmerksamkeits- und Beeinflussungswirkung erzielen. Eine noch so kreative Printanzeige für „Maritim Air" wird nicht zum gewünschten Erfolg führen, wenn sie die elementaren sozialtechnischen Regeln verletzt (z.B. keine aufmerksamkeitsstarke Werbemittelgestaltung). Somit lassen sich durch Rückgriff auf die Sozialtechnik Fehlinvestitionen in die Werbung vermeiden.

Teilaufgabe (d)

Die Werbewirkung ist von verschiedenen **Einflussgrößen** abhängig, d.h., es gibt kein einheitliches Werbewirkungsmodell. Die wichtigsten Wirkungsunterschiede ergeben sich hierbei aus dem Involvement der Empfänger und den gewählten bzw. zur Verfügung stehenden Modalitäten. Diese situativen Faktoren gilt es folglich bei der Werbemittelgestaltung zu berücksichtigen, um die anvisierten Wirkungen auch tatsächlich zu erreichen.

Involvement der Empfänger

Das Involvement der Empfänger hat einen zentralen Einfluss auf die Werbewirkung. Ohne das Involvement der Empfänger zu kennen, ist eine Abschätzung der Werbewirkung schwierig. Unter dem Involvement wird die innere Beteiligung bzw. das Engagement verstanden, mit dem sich ein Individuum einem Objekt oder einer Aktivität zuwendet. Hohes (niedriges) Involvement ist mit einer starken (geringen) Aktivierung verbunden. Unter Low-Involvement-Bedingungen (High-Involvement-Bedingungen) ist ein Individuum geringer (mehr) gewillt, sich gedanklich oder emotional mit einem Produkt auseinander zu setzen. Hieraus ergeben sich unterschiedliche Empfehlungen für die Kommunikationsmittelgestaltung.

Empfänger unter **Low-Involvement-Bedingungen** sind nicht genügend aktiviert, um sich intensiv mit den Inhalten einer Kommunikationsbotschaft auseinander zu setzen. Präferenzen für eine Leistung bzw. Marke werden in diesem Fall nicht primär aufgrund rationaler Informationen über Produktnutzen bzw. -vorteilen entwickelt, sondern vielmehr über den äußeren Eindruck, den ein Kommunikationsmittel hinterlässt (z.B. gefällige Aufmachung und Gestaltung der Printanzeige durch sympathische Testimonials, schöne Landschaftsaufnahmen usw.). Die Haltung zum Produkt wird damit im Wesentlichen von den peripheren und eher gefühlsmäßigen Eindrücken vom zugehörigen Kommunikationsmittel („Attitude towards the Ad") gesteuert. Daher empfiehlt sich unter Low-Involvement-Bedingungen eine emotionale Botschaftsgestaltung.

Unter **High-Involvement-Bedingungen** ist der Konsument hingegen auf der Suche nach detaillierten Informationen. Konsumenten lassen sich in solchen Situationen weniger von nebensächlichen, peripheren Eindrücken als vielmehr von wesentlichen, zentralen Eindrücken, die das beworbene Produkt hinterlässt, beeinflussen. Hier ist eine stark informative, auf die Eigenschaften des Produkts ausgelegte Botschaftsgestaltung zielführend.

Nach den skizzierten Überlegungen stellt sich die Frage, wie die Involvementbedingungen für das Parfum „Maritim Air" einzustufen sind. Das Involvement einer Person wird durch die Persönlichkeit, das beworbene Produkt, die eingesetzten Medien und die Situation bestimmt. Über das **personenspezifische Involvement** lassen sich keine Aussagen treffen. Das **produktspezifische Involvement** ist eher gering einzuschätzen, da die wahrgenommenen Risiken des Kaufs eher gering sind. Im Hinblick auf das **medienspezifische Involvement** ist bei Printwerbung (z.B. im Vergleich zu Kinowerbung oder Event Marketing) von einem geringen Involvement auszugehen. Das **situationsspezifische Involvment** ist je nach Person und Kontext verschieden. So ist beispielsweise vor Weihnachten von einer höheren Aufmerksamkeit für Parfumwerbung auszugehen. Höhere Aufmerksamkeit für Parfumwerbung wird auch eine Person haben, die auf der Suche nach einem geeigneten Geburtstagsgeschenk oder einem neuen Parfum für sich selbst ist. Insgesamt ist jedoch von einem geringen Involvement auszugehen – insbesondere vor dem Hintergrund, dass der Parfummarkt vor allem durch primär einen Kommunikations- und nicht Produktwettbewerb gekennzeichnet ist. Infolgedessen empfiehlt sich für die Einführung von „Maritim Air" eine stark emotionale, aufmerksamkeitsbetonte Botschaftsgestaltung, mit deren Hilfe die Positionierung der Marke transportiert wird.

Gewählte bzw. zur Verfügung stehende Modalitäten

Neben dem Involvement stellen die ausgewählten bzw. zur Verfügung stehenden Modalitäten eine weitere zentrale Einflussgröße der Kommunikationsmittelwirkung dar. Grundsätzlich lassen sich der Einsatz **bildbetonter und sprachbetonter Kommunikationsmittel** unterscheiden.

Bildbetonte Kommunikation hat ein wesentlich größeres **Aktivierungspotenzial** als Texte – insbesondere bei Anzeigenwerbung. Wegen des bestehenden Kommunikationswettbewerbs in vielen Branchen – darunter der Parfummarkt – setzen viele Unternehmen auf eine bildbetonte Kommunikation. Um sich im Aktivierungswettbewerb durchzusetzen, sind jedoch Bilder zu wählen, die eine Alleinstellungsfunktion für das beworbene Produkt haben bzw. entwickeln können (z.B. *Marlboro*-Mann und -Landschaften). Sofern Textpassagen Bestandteil der Kommunikationsbotschaft sind, ist auf eine aktivierungsfreundliche Gestaltung des Textes zu achten (z.B. Schriftgröße, emotionale Wortwahl). Bildbetonte Kommunikation fördert jedoch nicht nur das Aktivierungspotenzial eines Kommunikationsmittels; sie unterstützt auch die **gedankliche Verarbeitung** („Bilder als schnelle

Schüsse ins Gehirn") und die **Vermittlung von Emotionen sowie Erlebnissen**. Die bildliche Darstellung der Positionierung des Parfums entwickelt beim Empfänger stärkere emotionale Gedächtniswirkungen als die sprachliche Wiedergabe der Positionierung. Um die Gefühlswelten dauerhaft in der Gedächtniswelt der Kunden zu vermitteln, ist hierbei auf eine kontinuierliche Verwendung der gleichen Bilderwelten zu achten.

Aus den genannten Gründen – und vor dem Hintergrund der Low-Involvement-Bedingungen – ist für das Parfum „Maritim Air" eine bildbetonte Kommunikation vorzuziehen. Hierbei sind Bilder zu wählen, die aufmerksamkeitsstark und differenzierend sind sowie das angestrebte Image der Marke transportieren (z.B. Sonnenuntergang am Strand mit einem liebenden, jungen Paar).

Lösungshinweise Aufgabe 10-12

Der Erfolg einer Kommunikationskampagne ist von einer Vielzahl von Faktoren abhängig. Im Rahmen der Kommunikationsmittelgestaltung lassen sich unter anderem die Aufmerksamkeitswirkung, Glaubwürdigkeit und Verständlichkeit als **Kriterien zur Bewertung von Anzeigenkampagnen** heranziehen. Für das Anzeigenmotiv von *Mercedes-Benz* sind diese Kriterien wie folgt zu bewerten:

• Kommunikationsmaßnahmen eines Unternehmens stehen heute wegen der Informationsüberlastung in einem Wettbewerb um **Aufmerksamkeit**. Nur solche Kommunikationsmaßnahmen, die aufgrund der Kommunikationsmittelgestaltung die Rezipienten überraschen, haben eine Chance von den Zielgruppen überhaupt wahrgenommen zu werden und somit die Botschaft an die Zielgruppe zu übermitteln. Hierzu ist es erforderlich, dass sich die Art der Botschaftsgestaltung vom Wettbewerb differenziert und die kreative Leistung originell ist. Beides ist bei der Anzeige von *Mercedes-Benz* der Fall. Anzeigen von Automobilherstellern bestechen zumeist dadurch, dass das beworbene Auto bildlich in Szene gesetzt wird. Die Anzeige von *Mercedes-Benz* hat keine Bildkomponente; auf den ersten Blick deutet nichts auf eine Anzeige eines Automobilherstellers. Die Anzeige zeichnet sich zudem durch Kreativität und Originalität aus, die die Aufmerksamkeit des Betrachters sichert: Der Schriftzug lässt zunächst auf einen Druckfehler schließen; erst durch die zweite Textzeile „Das aktive Kurvenlicht. Erhöht die Ausleuchtung von Kurven um bis zu 90%." wird der Zusammenhang klar.

- Die Gestaltung von Kommunikationsmitteln hat heute mehr denn je um **Glaubwürdigkeit** bei den Rezipienten zu werben. Um die Konsumenten von den Leistungsversprechen zu überzeugen, verweisen Kommunikationstreibende häufig auf Zahlen, Beispiele, Testergebnisse oder Testimonials, die die Kernaussagen untermauern. Im Beispiel der Anzeige von *Mercedes-Benz* wird die Verbesserung der Kurvenausleuchtung mit 90 Prozent beziffert. Wenngleich keine Angaben darüber gemacht werden, was das Vergleichsobjekt der Untersuchung darstellt oder wer diese Zahlen liefert, ist davon auszugehen, dass die Glaubwürdigkeit der Botschaft gesichert ist, da die Marke *Mercedes-Benz* generell ein hohes Vertrauen in der Bevölkerung genießt.

- Auch die **Verständlichkeit** der Kommunikationsmittelgestaltung ist sicherzustellen. Kommunikationsbotschaften, die nicht intuitiv verständlich sind laufen Gefahr, im heutigen Kommunikationswettbewerb nicht die Zielgruppe zu erreichen. Um die Verständlichkeit der Anzeige zu gewährleisten, sind die Kommunikationsmittel so zu gestalten, dass der Bezug zur Marke leicht fällt und die Botschaft – wenngleich kreativ verpackt – klar ersichtlich ist. Beides ist bei der Anzeige von *Mercedes-Benz* der Fall: Das Logo von *Mercedes-Benz* stellt sicher, dass der Absender der Botschaft erkennbar ist. Auch wird die Botschaft – bessere Ausleuchtung der Kurven durch neue Technologie – verständlich an die Zielgruppe vermittelt.

In der **Gesamtschau** ist die Anzeige von *Mercedes-Benz* in Bezug auf die Aufmerksamkeitswirkung, Glaubwürdigkeit und Verständlichkeit positiv zu bewerten.

Lösungshinweise Aufgabe 10-13

📖 **Bruhn (2009), S. 492-501**

Die Integrierte Kommunikation (vgl. hierzu ausführlich die Aufgaben in Kapitel 3) erfordert in ihrer operativen Ausgestaltung eine **Integration sämtlicher Kommunikationsmaßnahmen**, d.h. die eingesetzten Kommunikationsinstrumente und -mittel des Unternehmens sind miteinander inhaltlich, formal und zeitlich zu vernetzen.

Teilaufgabe (a)

Die Integration von Kommunikationsmaßnahmen ist auf zwei **Ebenen** zu vollziehen:

Auf **intrainstrumenteller Ebene** ist eine Vernetzung innerhalb der einzelnen Kommunikationsinstrumente vorzunehmen (intrainstrumentelle Integration). Bei der „Wachsam AG" sind auf Ebene der einzelnen Kommunikationsinstrumente die eingesetzten Kommunikationsmittel miteinander zu vernetzen. Beispielsweise sind im Rahmen der Mediawerbung die TV-Spots, Prinzanzeigen sowie Online-Werbeformen inhaltlich, formal und zeitlich aufeinander abzustimmen. Das gleiche gilt für die verfolgten Maßnahmen im Rahmen der Public Relations.

Auf **interinstrumenteller Ebene** hat eine Vernetzung aller Kommunikationsaktivitäten eines Kommunikationsinstruments mit den Maßnahmen der anderen Kommunikationsinstrumente zu erfolgen (interinstrumentelle Integration). So sind bei der „Wachsam AG" die Maßnahmen der Mediawerbung mit den Maßnahmen der Public Relations und des Sponsoring inhaltlich, zeitlich und formal abzustimmen.

Teilaufgabe (b)

Das **Vorgehen bei der interinstrumentellen Integration** gliedert sich in drei Schritte:

(1) Ermittlung der Bedeutung der eingesetzten Kommunikationsinstrumente
(2) Prüfung der funktionalen und zeitlichen Beziehungen unter den einzelnen Kommunikationsinstrumenten
(3) Integration der einzelnen Kommunikationsinstrumente in den Kommunikationsmix

(1) Ermittlung der Bedeutung der eingesetzten Kommunikationsinstrumente

Kommunikationsinstrumente können eine **strategische und/oder taktische Bedeutung** haben. Ein Kommunikationsinstrument hat eine strategische Bedeutung, wenn es zur Erreichung mittel- bis langfristiger Ziele dient (z.B. Image- oder Wettbewerbsprofilierung). Die taktische Bedeutung der Kommunikationsinstrumente beruht auf dem kurzfristigen Einsatz einzelner Instrumente, um schnelle Reaktionen der Nachfrager hervorzurufen. Während strategische Kommunikationsinstrumente als Leitinstrumente fungieren und einen hohen Einfluss auf andere Kommunikationsinstrumente ausüben, selbst aber nur sehr wenig beeinflussbar sind, haben taktische Kommunikationsinstrumente eine untergeordnete Rolle. Sie orientieren sich stark an den Leitinstrumenten. Die „Wachsam AG" setzt die Kommunikationsinstrumente Mediawerbung, Public Relations und Sponsoring ein. Mit allen drei Kommunikationsinstrumenten verfolgt das Unternehmen eher langfristige Kommunikationsziele (Steigerung und Aktualisierung der Markenbekanntheit, Imageprofilierung, Verbesserung des institutionellen Erscheinungsbildes, Sympathiesteigerung, Mitarbeiteridentifikation und -zufriedenheit). Alle Kommunikationsinstrumente haben somit eher strategischen Charakter.

(2) Prüfung der funktionalen und zeitlichen Beziehungen unter den einzelnen Kommunikationsinstrumenten

In einem zweiten Schritt sind die Art der Beziehungen sowie die Interdependenzen der Kommunikationsinstrumente zu untersuchen. Hierbei ist zwischen funktionalen und zeitlichen Wirkungsbeziehungen zu unterscheiden.

Im Hinblick auf die **funktionalen Wirkungsbeziehungen** kann zwischen komplementären, konditionalen, konkurrierenden und indifferenten Beziehungen unterschieden werden. Mediawerbung und Sponsoring stehen in der Regel in einer komplementären oder substituierenden Beziehung. In der Mediawerbung kann auf das Sponsoringengagement hingewiesen werden (komplementäre Beziehung); das Sponsoring einer Großveranstaltung steht in gewisser Weise aber auch im Wettbewerb zur Mediawerbung; durch beide Kommunikationsinstrumente lassen sich eine Vielzahl von Kontakten mit Zielpersonen realisieren (substituierende Beziehung). In der Regel wird das Sponsoringengagement einer Großveranstaltung jedoch im Rahmen der Mediawerbung bei der Botschaftsgestaltung genutzt (z.B. Fernsehspots oder Anzeigen mit Verweis auf das Sponsoringengagement). Häufig übernimmt das Sponsoring während Großveranstaltungen, – wie die EM 2008 – sogar kurzfristig eine Leitfunktion für andere Kommunikationsinstrumente; das Sponsoringengagement beeinflusst in dieser Zeit stark die Ausgestaltung der anderen Kommunikationsinstrumente. Sponsoring kann auch genutzt werden, um Beziehungen zur Öffentlichkeit zu pflegen (Pressemitteilungen über das Sponsoringengagement) und die Mitarbeiteridentifikation und -zufriedenheit zu erhöhen (interne Kommunikation über das Sponsoringengagement, Einladung von Mitarbeitenden zum Event). Insofern stehen auch Sponsoring und Public Relations in einer komplementären Beziehung. Die Beziehung zwischen Mediawerbung und Public Relations ist eher als indifferent einzuschätzen, da mit der Mediawerbung in der Regel andere Ziele verfolgt werden als mit der Public Relations. Mit Blick auf die **zeitlichen Wirkungsbeziehungen** besteht zwischen Mediawerbung, Sponsoring und Public Relations meist eine parallele Beziehung, d.h., die Instrumente werden in der Regel zeitgleich eingesetzt.

Im **Ergebnis** ist festzuhalten, dass Sponsoring in einem komplementären, funktionalen und parallelen zeitlichen Wirkungszusammenhang zur Mediawerbung und Public Relations steht. Die funktionalen und zeitlichen Wirkungsbeziehungen zwischen Mediawerbung und Public Relations sind hingegen gering.

(3) Integration der Kommunikationsinstrumente

Nachdem die Bedeutung und die Wirkungsbeziehungen der Kommunikationsinstrumente untereinander bestimmt wurden, ist in einem dritten Schritt die eigentliche interinstrumentelle Integration vorzunehmen. Es sind konkrete Ideen zu entwickeln, wie die Instrumente inhaltlich, formal und zeitlich integriert werden können. Hierzu ist es vorteilhaft, ein Leitinstrument zu bestimmen, das durch seinen Einsatz eindeutige und verbindliche Richtlinien für die Ausrichtung der übrigen Kommunikationsinstrumente vorgibt. In diesem Fall bietet sich das Sponsoring als Leitinstrument an.

Im Hinblick auf die **inhaltliche Integration** des Sponsoring mit Mediawerbung und Public Relations vor, während und nach der WM 2010 sind folgende beispielhafte **Maßnahmen** denkbar:

Sponsoring und Mediawerbung

- Fernsehspot oder Printanzeigen vor, während und nach der WM mit Spielern der Nationalmannschaft als Testimonials für den Energy-Drink,
- Printanzeigen für Energy-Getränke mit Hinweis auf das Sponsoringengagement („offizieller Sponsor der Fußball-Weltmeisterschaft 2010"),
- Platzierung von Online-Werbebannern auf fußballaffinen Internetseiten mit Hinweis auf das Sponsoringengagement,
- Fernsehspot mit Hinweis auf ein Gewinnspiel für WM-Tickets auf der Homepage des Unternehmens.

Sponsoring und Public Relations

- Pressemitteilungen zum und über das Sponsoringengagement,
- Bericht über das Sponsoringengagement im Jahresabschlussbericht,

- Einladung von Spielern zu Pressekonferenzen der „Wachsam AG",
- Einladung von Personen der Öffentlichkeit zur WM (Lobbying),
- Regelmäßige Informationen an Mitarbeitende zum WM-Sponsoring (z.B. Live WM-Ticker im Intranet, WM-Kick-Off-Party, Berichterstattungen im Mitarbeitermagazin mit Interviews von Nationalspielern),
- Gewinnspiel zur WM für Mitarbeitende („WM-Tickets zu gewinnen"),
- Übertragung von Spielen auf Großbildleinwänden im Unternehmen.

Teilaufgabe (c)

Unter der formalen intrainstrumentellen Integration wird verstanden, dass die unterschiedlich eingesetzten Kommunikationsmittel eines Kommunikationsinstruments formal eine gewisse Ähnlichkeit aufweisen, um die Wiedererkennung zu erleichtern. Vor allem Farben, aber auch Schriftarten und -größen dienen als Erinnerungsanker und tragen dazu bei, dass die verschiedenen im Rahmen des Kommunikationsinstruments eingesetzten Kommunikationsmittel dem Unternehmen bzw. der Marke zugeordnet werden.

Für das Sponsoringengagement der „Wachsam AG" sind beispielsweise folgende **formalen Integrationsmaßnahmen** denkbar:

- Platzierung des Logos des Unternehmens (röhrender Hirsch) auf Trikots der Nationalmannschaft,
- Nutzung von Werbeflächen in WM-Stadien zur Platzierung des Unternehmenslogos,
- Verwendung der Unternehmensfarben für Hostessen-Kostüme und VIP-Lounges auf WM-Gelände.

Lösungshinweise Aufgabe 10-14

📕 **Bruhn (2009), S. 507-511**

Die **Copy-Strategie** stellt ein zentrales Element des Agenturbriefings dar. Das Agenturbriefing ist die Informationsgrundlage, die eine Kommunikationsagentur (oder interne Kommunikationsabteilung) zur Erarbeitung einer Kommunikationskampagne erhält. Ein Briefing enthält Informationen z.B. über die Aufgabenstellung, die Kommunikationsziele, die Positionierungswünsche, die bereits durchgeführten Marketing- und Kommunikationsaktivitäten, die Wettbewerber (z.B. Marktanteil, Positionierung), die Kommunikationszielgruppen, die angestrebte

Kommunikationsbotschaft u.a.m. Die Copy-Strategie legt in diesem Zusammenhang eine verbindliche Argumentations- und Gestaltungsstrategie für die konkrete kreative Ausgestaltung der einzelnen Werbemittel dar. Sie sagt aus, was mit der Werbung zu transportieren ist; sie enthält jedoch keine Hinweise darüber, wie die Botschaft auszudrücken ist. Die Copy-Strategie bildet damit den Orientierungsrahmen bzw. die gedankliche Vorstufe für die visuelle, verbale und akustische Umsetzung der Werbemittel. Neben dieser Richtlinienfunktion dient die Copy-Strategie nach der Umsetzung der Kommunikationskampagne als Grundlage zur Beurteilung des Kommunikationserfolgs bzw. -misserfolgs.

In der Copy-Strategie werden vor allem **vier Elemente** schriftlich niedergelegt:

* Beschreibung der anzusprechenden Zielgruppe(n),
* Hervorhebung des speziellen Nutzens bzw. des Nutzenversprechens (Consumer Benefit) des Produkts bzw. der Marke,
* Begründung der Glaubwürdigkeit dieses Nutzenversprechens (Reason Why),
* Aussagen über den Gestaltungsstils des Kommunikationsmittels (Tonalität).

Eine Copy-Strategie für die Männerpflegeserie „Homme Age Architecture" könnte beispielsweise wie folgt aussehen:

Zielgruppe

Die Pflegeserie richtet sich an Männer ab 40, die Wert auf ein gepflegtes Äußeres legen und dem Alterungsprozess mit innovativen Methoden begegnen wollen.

Consumer Benefit

Die Forderung nach der Festlegung eines speziellen Nutzens (Consumer Benefit) resultiert aus der Überlegung, dass Produkte/Marken/ Dienstleistungen nur dann gekauft werden, wenn sie den Käufern einen Nutzen stiften. Hierbei ist zwischen dem Grundnutzen und Zusatznutzen zu unterscheiden. Der Grundnutzen ist durch die funktionalen, objektiven Eigenschaften des Produkts bestimmt. Auf gesättigten Märkten ist eine Differenzierung auf Basis des Grundnutzens jedoch meist schwierig, da der überwiegende Teil der Konkurrenzprodukte den gleichen Grundnutzen bietet. Nur bei echten Innovationen hat der rationale Grundnutzen eventuell werbliche Relevanz. Da der Grundnutzen für die Werbung also normalerweise keine Rolle spielt, ist für die Werbebotschaft ein entsprechender Zusatznutzen zu entwickeln, beispielsweise durch emotionale oder soziale Faktoren, wie Luxus, Prestige, Zugehörigkeitsgefühl, Anerkennung, Sicherheit usw. Die Pflegeserie „Homme Age Architecture" verfügt jedoch über einen differenzierenden Grundnutzen, nämlich einen innovativen Wirkstoff, der eine starke und langfristige Verjüngung der Haut bewirkt. Diesen Grundnutzen gilt es in der Werbung zu kommunizieren. Darüber hinaus wird mit dem Produkt ein emotionaler Zusatznutzen verbunden: Wohlbefinden, Jugendlichkeit, beruflicher und privater Erfolg, Anerkennung.

Reason Why
Während der Consumer Benefit die Alleinstellung behauptet, wird diese Alleinstellung mit dem Reason Why begründet. Durch die Nutzenbegründung wird der Effekt der Werbung verstärkt und die Werbebotschaft glaubwürdiger. Im Fall von „Homme Age Architecture" ist auf den speziellen innovativen Wirkstoff hinzuweisen, um die Existenz des Grundnutzens zu begründen. Der Reason Why lautet also: Neue innovative Formel durch aktive Folsäure, die direkt im Zellkern wirkt und die Zellerneuerung aktiv unterstützt, indem defekte Zellen schon vor der Reproduktion repariert werden. Zusätzlich können noch Testberichte aufgeführt werden. Um den emotionalen Zusatznutzen zu begründen, bietet sich z. B. der Einsatz von Testimonials an, die erfolgreich im Leben stehen und für ihr Alter noch jung aussehen.

Tonality
Studien zeigen, dass die Ansprache von Männern und Frauen im Bereich von Anti-Aging-Produkten unterschiedlich zu erfolgen hat. Während Frauen eine sanfte Ausdrucksweise, wie z. B. „Fältchen minimieren", bevorzugen, ist bei Männern eher eine handfeste, härtere Argumentation erfolgreich. Anbieter nutzen dann auch Begriffe, wie „aktiv" und „mächtig", „Falten bekämpfen" und „Elastizität verteidigen", um ihre männlichen Kunden zu überzeugen. Die gewählte Ausdrucksform, der Stil der Ansprache sowie die Ausstrahlung der Werbung für „Homme Age Architecture" haben dementsprechend kraftvoll, hart und dynamisch zu sein.

Kapitel 11
Erfolgskontrolle in der Kommunikationspolitik
(Aufgaben)

Aufgabe 11-1
Begriff, Bedeutung und Stand der Erfolgskontrolle in der Kommunikation

Die Brauerei „Hopfen & Malz GmbH" ist ein regionaler, traditionsreicher Anbieter von Pilsbier. Das Unternehmen bietet sein Pilsbier „Malzkönig" ausschließlich im Raum rund um Flensburg an. Seit Jahren kämpft das Unternehmen mit stagnierenden Umsatzzahlen. Marktforschungsstudien zeigen, dass immer mehr Kunden die großen, deutschlandweit angebotenen Pilsbiermarken wie *Krombacher* oder *Becks* vorziehen und die Markenbekanntheit von „Malzkönig" – insbesondere bei den jüngeren Zielgruppen – kontinuierlich sinkt. Um diesen Trend aufzuhalten, hat das Unternehmen vor drei Monaten eine große Werbekampagne in Print und TV gestartet – mit dem Ziel, die Markenbekanntheit vor allem in der jüngeren Zielgruppe zu steigern und eine stärkere Identifikation der Zielgruppe mit der Marke zu erreichen. In der Kampagne wird die Marke als typisch norddeutsch dargestellt. Mit dem Slogan „Fühl' Dich zu Hause!" und Bildern von geselligen, glücklich beisammen seienden jungen Menschen wird das neue Image (regionale Verbundenheit, Geselligkeit, Stolz) transportiert. Erste Ergebnisse eines Posttests zeigen, dass die neue Werbekampagne auf hohe Erinnerungs- und Sympathiewerte stößt und die Markenbekanntheit gestiegen ist. Die Verbesserung des Markenimages und der -identifikation konnte bislang jedoch noch nicht in dem gewünschten Maß erreicht werden. Auch zeigt sich, dass die Fernsehspots bei der Zielgruppe besser ankommen als die Anzeigen. Die besten Erinnerungswerte werden mit mindestens drei Kontakten pro Zielperson erzielt. Langfristig erhofft sich die Unternehmensführung der „Hopfen & Malz GmbH", durch die neue Kampagne das Markenimage zu verbessern und die Umsatzentwicklung zu stabilisieren.

(a) Zeigen Sie am Beispiel der „Hopfen & Malz GmbH" typische **Ziele** der Erfolgskontrolle der Kommunikationspolitik auf.

(b) Welche **Erfolgs- bzw. Wirkungsgrößen** lassen sich für die Werbekampagne für „Malzkönig" ableiten? Ordnen Sie die verschiedenen Größen der Erfolgskette der Kommunikation zu.

(c) Die Erfolgskontrolle beschränkt sich bei vielen Unternehmen häufig auf kurzfristig bezogene Erfolgsgrößen, wie z.B. Werbeerinnerungs- oder Markenerinnerungswerte. Zeigen Sie am Beispiel von „Malzkönig", welche Bedeutung der **Kontrolle von langfristigen Erfolgsgrößen** – insbesondere auf gesättigten Märkten – zukommt und welche Schwierigkeiten hiermit verbunden sind.

Aufgabe 11-2
Formen der Erfolgskontrolle

Der Eisfabrikant „Eiszeit" setzt zur Vermarktung seiner Eissorten verschiedene Kommunikationsinstrumente und -mittel ein. Neben Anzeigen und Fernsehspots ist das Unternehmen im Sport- und Kultursponsoring tätig. Darüber hinaus richtet das Unternehmen wiederkehrende Markenevents aus und setzt verkaufsfördernde Maßnahmen ein. Im letzten Jahr hat das Unternehmen ein Integrationsprojekt zur Verbesserung der Integrierten Kommunikation gestartet. Das Unternehmen nutzt im Rahmen der kommunikationsbezogenen Erfolgskontrolle Prozess-, Wirkungs- und Effizienzkontrollen.

Zeigen Sie am Beispiel der „Eiszeit" den Unterschied zwischen **Prozess-, Wirkungs- und Effizienzkontrollen** auf und diskutieren Sie, welche **Bezugsebenen** der kommunikationsbezogenen Erfolgskontrolle sich unterscheiden lassen.

Aufgabe 11-3
Messmethoden zur Analyse der vorökonomischen Kommunikationswirkung

Die Hotelkette „Nachtschicht", die sich auf Geschäftsreisende spezialisiert hat, ist in allen großen deutschen Innenstädten mit einem Hotel vertreten. Insbesondere am Wochenende sind die Hotels nur wenig besucht. Um eine höhere Bettenauslastung am Wochenende zu erzielen, beabsichtigt die Hotelkette, das Segment der Kurz-Städtetrips am Wochenende stärker zu erschließen. Hierzu ist eine Anzeigenkampagne geplant, bei der die Vornehmlichkeiten der Hotels (zentrale Lage, Wochenendvergünstigungen, Wellnessangebot) im Zentrum stehen. Dem Marketingverantwortlichen liegen von drei verschiedenen Agenturen unterschiedliche Entwürfe für die Printanzeigen vor. Er überlegt, vor der endgültigen Durchführung der Kampagne einen Pretest durchzuführen.

(a) Erläutern Sie die **Zielsetzungen eines Pretest** im Vergleich zu einem Posttest.

(b) Für den Pretest der Anzeigenkampagne wird beabsichtigt, auf **befragungsbasierte Verfahren** zurückzugreifen. Formulieren Sie mindestens sechs Fragen, die im Rahmen eines Pretests für die Anzeigenkampagne von „Nachtschicht" von Relevanz sind.

Aufgabe 11-4
Methoden der Kontrolle kognitiver Erfolgsgrößen

Sie sind Marketingverantwortliche(r) für die Haarpflegesparte bei einem großen Konsumgüterunternehmen. Vor zwei Monaten wurde die neue Shampooserie „Haarscharf" durch eine große Printkampagne deutschlandweit im Markt eingeführt. Unter dieser Marke werden insgesamt drei verschiedene Shampoos angeboten, die die Kopfhaut und das Haar – je nach Wirkungszusammensetzung – stimulieren („Haarscharf Stimulate"), entspannen („Haarscharf Relax") oder kräftigen („Haarscharf Energie"). Ziel der Kampagne ist es, Aufmerksamkeit für die neue Marke zu erzeugen und einen hohen Bekanntheitsgrad in der Zielgruppe zu erreichen. Die verschiedenen Anzeigenmotive zeigen unterschiedliche Personen beim Haare waschen. Der Fokus liegt dabei auf den unterschiedlichen Gesichtsausdrücken der Personen – je nach Wirkung des Shampoos. Einige sehen vollkommen entspannt aus, andere scheinen die Haarwäsche als Erfrischung anzusehen. Wiederum andere scheinen vor Energie fast in die Luft zu gehen. Die Botschaft der Kampagne lautet, dass die Marke „Haarscharf" Shampoos für jeden Typ und unterschiedliche Anlässe anbietet. Der entsprechende Slogan lautet: „Haarscharf – Jedem das seine Shampoo".

(a) Im Rahmen der ex-post-Erfolgskontrolle beabsichtigen Sie, befragungsgestützte **Recall- und Recognition-Tests** durchzuführen. Erläutern Sie den Unterschied zwischen diesen beiden Verfahren und formulieren Sie für jedes dieser Verfahren eine konkrete Frage, mit der sich die beabsichtigte Werbewirkung kontrollieren lässt. Welches Verfahren liefert validere Ergebnisse?

(b) Erläutern Sie am Beispiel von „Haarscharf", was unter **Ereignis-, Kommunikations-, Namens- und Eigenschaftskenntnissen** zu verstehen ist.

Aufgabe 11-5
Methoden der Kontrolle affektiver Erfolgsgrößen

Zum Kreuzfahrtunternehmen „Queen Cruises" gehören insgesamt zehn verschiedene Kreuzfahrtschiffe, die den höchsten Ansprüchen genügen. Die Kreuzfahrten richten sich an ein exklusives Publikum, das das Abenteuer und außergewöhnliche Routen sucht und dabei gleichzeitig auf die Qualität eines Luxuskreuzfahrtschiffes nicht verzichten möchte. An Bord wird versucht, sämtliche individuellen Wünsche der Gäste zu erfüllen. Die Atmosphäre an Bord ist elegant und zugleich herzlich. Nicht die Unterhaltung steht während der Reise im Vordergrund, sondern die Bildung der Gäste. Den ganzen Tag werden unterschiedliche Vorträge zu unterschiedlichen Themengebieten angeboten. In den vergangenen Jahren hat das Unternehmen verschiedene Werbekampagnen durchgeführt mit dem Ziel, die Kreuzfahrten mit „Queen Cruises" als erlebnisreich, außergewöhnlich, bildend, spannend, herzlich und elegant darzustellen.

Das Management beabsichtigt im Rahmen der Erfolgskontrolle, das Image von „Queen Cruises" mit Hilfe des **Likert-Verfahrens** und des **Semantischen Differenzials** zu messen. Erläutern Sie beispielhaft die Vorgehensweise bei Anwendung dieser beiden Verfahren auf die „Queen Cruises". Unterstützen Sie Ihre Ausführungen mit Hilfe von Grafiken.

Aufgabe 11-6
Methoden der Kontrolle konativer Erfolgsgrößen

Das Unternehmen „Dentafix" hat sich auf Produkte für die Zahnpflege spezialisiert. Neben Zahnbürsten und Mundspülungen gehören zum Produktprogramm vor allem Zahncremes. Für die Zahnpasta „Diamant", die bereits seit fünf Jahren auf dem Markt ist, wurde eine verbesserte Reinigungsformel entwickelt. Dieser Fortschritt wurde mit einer Printanzeigenkampagne kommuniziert. Die Unternehmensleitung möchte Wissen, inwieweit die registrierten Umsatzsteigerungen auf die neue Werbekampagne zurückzuführen sind. Sie als Produktmanager erwägen hierzu Panelergebnisse heranzuziehen. Ihnen liegen Ergebnisse aus einem Verbraucherpanel (Haushaltspanel) und einem Single-Source-Panel vor.

Diskutieren Sie, welche **Panelart** besser zur Kontrolle konativer Wirkungen geeignet ist.

Aufgabe 11-7
Ansatz einer integrierten Erfolgskontrolle in der Kommunikation

Das Unternehmen „Sprechstunde" gehört zu den marktanteilsstärksten Mobilfunkanbietern. Um auch zukünftig wettbewerbsfähig zu sein, erwägt das Unternehmen, die Tarife langfristig zu senken. Hierzu sind jedoch drastische Einsparungen im Unternehmen notwendig. Die Unternehmensleitung beabsichtigt aus diesem Grund, die Ausgaben für die Marketingkommunikation drastisch zu senken. Sie als Kommunikationsverantwortliche(r) sehen darin eine große Gefahr, da Sie der Meinung sind, dass die Kommunikation einen erheblichen Beitrag zur betriebswirtschaftlichen Wertschöpfung leistet und eine Reduktion der Kommunikationsanstrengungen zu einem erheblichen Wertverlust führen wird.

Um ihre These zu belegen, beabsichtigen Sie, den **Wertschöpfungsbeitrag der Kommunikation** empirisch nachzuweisen. Geben Sie Beispiele für Erfolgsgrößen, die in Beziehung zur Kommunikation zu setzen sind, damit sich der Wertbeitrag der Kommunikation nachweisen lässt.

Aufgabe 11-8
Kritische Würdigung der Erfolgskontrolle

Der Elektronikkonzern „Future Electronics" hat vor wenigen Monaten einen neuen hochpreisigen Laptop auf den Markt gebracht, der zu den kleinsten und leistungsstärksten Laptops der Welt gehört. Die Einführung des Laptops wurde mit einer großen Werbekampagne in Print und TV unterstützt. Der Pretest für die Mediakampagne war durchweg positiv. Bislang wurden jedoch nur geringe Umsätze mit dem Laptop verzeichnet.

Sie als externe(r) Kommunikationsverantwortliche(r) werden von der Unternehmensleitung konsultiert und gebeten, Gründe aufzuzeigen, warum die erhofften Kommunikationswirkungen nicht eingetreten sind. Nehmen Sie hierzu Stellung, indem Sie auf die **Probleme der Erfolgskontrolle** eingehen.

Kapitel 11
Erfolgskontrolle in der Kommunikationspolitik
(Lösungshinweise)

Lösungshinweise Aufgabe 11-1

📖 Bruhn (2009), S. 515-518

Die **Erfolgskontrolle in der Kommunikationspolitik** – häufig auch als Kommunikationscontrolling bezeichnet – ist eine systematische Überprüfung der Kommunikationsaktivitäten, um den Zielerreichungsgrad der bisherigen Kommunikationsmaßnahmen zu ermitteln und hieraus Handlungsempfehlungen für den zukünftigen Einsatz der Kommunikationsinstrumente abzuleiten.

Teilaufgabe (a)

Mit der Erfolgskontrolle in der Kommunikationspolitik werden verschiedene **Zielsetzungen** verfolgt. Zu unterscheiden ist hierbei zwischen Erfolgskontrollen vor und nach der Durchführung von Kommunikationsaktivitäten. Im ersten Fall wird von Pretests, im zweiten Fall von Posttests gesprochen. **Pretests** dienen eher zur Prognose der Wirkung einzusetzender Kommunikationsmittel bei der Zielgruppe und liefern Anhaltspunkte für Entscheidungen, welche alternativen Kommunikationsmittel bei der Zielgruppe eine bessere Wirkung erzeugen. **Posttests** hingegen kontrollieren nach dem Kommunikationseinsatz den tatsächlichen Erfolg am Markt. Hieraus lassen sich Handlungsempfehlungen für den zukünftigen Einsatz der Kommunikationsinstrumente und -mittel ableiten.

Aus der Aufgabenstellung geht hervor, dass für die Werbekampagne von „Malzkönig" eine **ex-post-Erfolgskontrolle**, d.h. ein Posttest, durchgeführt wurde. Hiermit werden verschiedene Zielsetzungen verfolgt. Zum einen gibt die ex-post-Erfolgskontrolle darüber Auskunft, ob bzw. welche der gesetzten Kommunikationsziele (bislang) erreicht wurden. So zeigen erste Ergebnisse, dass die Werbekampagne auf hohe Erinnerungs- und Sympathiewerte stößt und die Markenbekanntheit gestiegen ist. Die Kampagne scheint daher zielführend zu sein. Eine Verbesserung des Markenimages sowie eine stärkere Identifikation der Zielgruppe mit der Marke konnte bislang jedoch noch nicht erreicht werden. Auf Basis dieser **Soll-Ist-Analyse** lassen sich Abweichungen zwischen geplanten und erreichten Kommunikationszielen erkennen. Hierdurch können die Kommunikationsverantwortlichen der „Hopfen & Malz GmbH" korrigierende Maßnahmen ergreifen. Um die gewünschten Imageänderungen sowie die erhöhte Markenidentifikation zu erreichen, ist die Werbekampagne auch zukünftig beizubehalten. Darüber hinaus zeigt die Erfolgskontrolle, welche der kommunikativen Maßnahmen den **größten Beitrag zur Zielerreichung** liefern. Die Fernsehspots kommen bei der Zielgruppe besser an als die Printanzeigen. Sie weisen im Intramediavergleich eine höhere Effektivität auf. Sofern die Fernsehspots im Vergleich zu den Printanzeigen auch eine bessere Kosten-Nutzen-Konstellation aufweisen, ist zu überlegen, die Printanzeigen zu Gunsten eines vermehrten Einsatzes von Fernsehspots zu ersetzen. Schließlich geht aus der Erfolgskontrolle hervor, dass die besten Erinnerungswerte mit mindestens drei Kontakten pro Person erzielt werden. Hieraus lassen sich ebenfalls Handlungsempfehlungen für zukünftige Kommunikationsaktivitäten ableiten.

Teilaufgabe (b)

Die **Erfolgskette der Kommunikation** unterscheidet auf der Ursachenebene verschiedene Entscheidungstatbestände in Form einer „Entscheidungskette" und auf der Wirkungsebene unterschiedliche Wirkungskategorien in Form einer „Wirkungskette". Die Kommunikationsentscheidungen sind ursächlich für die Wirkungsgrößen der Kommunikation. Diese lassen sich in Ouput-, Outcome- und Outflow-Größen unterscheiden. Die Wirkung der Kommunikation nimmt ihren Ausgangspunkt im Kontakt mit den Zielpersonen (Output-Ebene). Der Kontakterfolg lässt sich zum Beispiel durch Reichweiten oder Gross Rating Points (GRPs) erfassen. Die Kommunikationskontakte lösen psychologische Wirkungen bei den Zielpersonen aus (Outcome-Ebene). Bei den psychologischen Wirkungen ist zwischen kognitiven (wissensbasierten), affektiven (gefühlsbetonten) und konativen (verhaltensbezogenen) Wirkungen zu unterscheiden. Die Verfolgung von psychologischen Wirkungen ist wiederum notwendig, um übergeordnete, strategische Wirkungen zu erreichen (Outflow-Ebene), die sich vor allem in ökonomischen Zielgrößen (z.B. Kundenwert, Umsatz) äußern.

Mit der Werbekampagne verfolgt die „Hopfen & Malz GmbH" verschiedene **Zielsetzungen für das Pilsbier „Malzkönig"** (vgl. Schaubild
11-1). Um die mit der Mediawerbekampagne verfolgten psychologischen Zielsetzungen zu erreichen, sind zunächst Kontakte mit der Zielgruppe erforderlich (Output-Ebene). Auf der Outcome-Ebene ist zwischen kognitiven (hohe Erinnerungs- und Sympathiewerte, steigende
Markenbekanntheit), affektiven (verbessertes Markenimage, erhöhte
Markenidentifikation) und konativen (Erst- und Wiederholungskäufe,
Kundenbindung) Zielgrößen zu unterscheiden. Mit den psychologischen Wirkungen verfolgt das Unternehmen letztendlich das Ziel, die
Umsatzentwicklung für „Malzkönig" zu stabilisieren (Ouflow-Ebene).

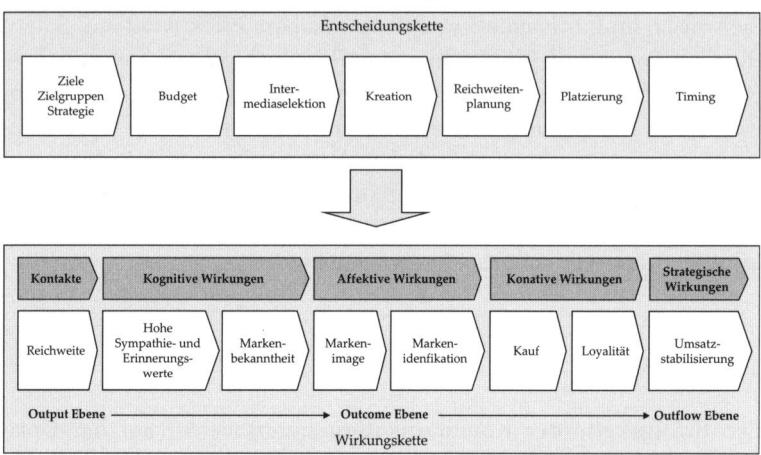

Schaubild 11-1: Erfolgskette für die Mediawerbekampagne von „Malzkönig"

Teilaufgabe (c)

Auf vielen Märkten ist ein Übergang vom Produkt- zum Kommunikationswettbewerb zu beobachten. Eine Differenzierung über Produktmerkmale ist insbesondere auf gesättigten Märkten – wie dem Markt
für Pilsbiere – immer schwieriger mit der Folge, dass neben einer
Unique Selling Proposition zunehmend eine Unique Communication
Proposition erfolgsentscheidend wird. Der Kommunikation kommt in
diesem Zusammenhang ein strategischer Stellenwert zu, da eine Differenzierung vom Wettbewerb primär über den Aufbau eines emotionalen Mehrwerts erfolgt. Kommunikationsmaßnahmen sind in diesem
Zusammenhang als eine Investition in den Wert der Marke zu verstehen. Der Aufbau von Marken bzw. – wie im Fall von „Malzkönig" – die

Veränderung von Markenimages bedürfen jedoch eines längeren Zeitraums. Diese Mittel- bis Langfristigkeit der Kommunikationswirkungen erschwert aber zugleich die Erfolgskontrolle, da Marketingverantwortliche häufig unter einem kurzfristigen Erfolgsdruck stehen und der Nachweis von kurzfristigen Erfolgen (z.B. Umsatzssteigerung durch Preisaktionen) oft Vorrang vor langfristigen Investitionen in den Markenwertaufbau hat.

Lösungshinweise Aufgabe 11-2

📖 **Bruhn (2009), S. 519-520**

Bei der Erfolgskontrolle der Kommunikation ist zwischen drei **Typen von Erfolgskontrollen** zu unterscheiden:

*   **Prozesskontrollen** beschäftigen sich mit der Kontrolle der Durchführung von Kommunikationsmaßnahmen und -projekten. Es handelt sich hierbei um unternehmensinterne Kontrollmechanismen, die einen reibungslosen, organisatorischen Ablauf von Kommunikationsmaßnahmen sicherstellen. Der Eisfabrikant „Eiszeit" setzt eine Vielzahl unterschiedlicher Kommunikationsinstrumente ein. Zur Kontrolle der organisatorischen Ablaufprozesse dienen Prozesskontrollen. So ist z.B. vorstellbar, dass das Unternehmen „Eiszeit" Checklisten für die Planung, Durchführung und Kontrolle von Markenevents, Werbekampagnen oder Verkaufsförderungsprojekten einsetzt. Auch das Integrationsprojekt zur Verbesserung der Integrierten Kommunikation ist durch interne Prozesskontrollen zu steuern. Konsequenterweise sind durch Prozesskontrollen der zeitliche Ablauf einzelner Projektschritte und die Projektfortschritte zu dokumentieren.
*   **Wirkungskontrollen** beziehen sich auf die Kontrolle der Kommunikationswirkungen bei den Rezipienten von Kommunikationsmaßnahmen mit Hilfe von verschiedenen Methoden der Beobachtung und Befragung. Beim Eisfabrikanten „Eiszeit" gilt es, die mit dem Einsatz der verschiedenen Kommunikationsinstrumente verfolgten Zielsetzungen im Sinne eines Soll-Ist-Vergleichs zu kontrollieren.
*   Durch **Effizienzkontrollen** wird eine ökonomische Bewertung der Kommunikationsaktivitäten vorgenommen, indem die internen Kommunikationskosten mit dem externen Nutzen verglichen werden. Der Nutzen ermittelt sich aus den realisierten Kommunikationszielen sowie dem Beitrag zu Synergieeffekten, die sich aus der Kombination mit anderen Kommunikationsinstrumenten ergeben.

Sämtliche Typen von Erfolgskontrollen sind sowohl auf Ebene einzelner Kommunikationsinstrumente als auch auf Ebene der Gesamtkommunikation möglich.

Auf **Ebene einzelner Kommunikationsinstrumente** werden die Prozesse, Wirkungen sowie Effizienz eines Kommunikationsinstruments kontrolliert (intrainstrumentelle Kontrolle). Bei „Eisprinz" erfolgt dementsprechend eine separate Prozess-, Wirkungs- und Erfolgskontrolle für die Anzeigen und Fernsehspots, das Kultur- und Sportsponsoring, die Markenevents sowie die Verkaufsförderungsmaßnahmen. Im Rahmen der Prozesskontrolle wird der organisatorische Ablauf der einzelnen Kommunikationsmaßnahmen kontrolliert. Die Wirkungskontrolle hat zum Ziel, den Zielerreichungsgrad auf Ebene der einzelnen Kommunikationsinstrumente zu kontrollieren. Im Rahmen der Effizienzkontrolle wird das Kosten-Nutzen-Verhältnis jedes Kommunikationsinstruments analysiert.

Auf **Ebene der Gesamtkommunikation** geht es um die Messung der Prozesse, Wirkungen und Effizienz des integrierten Einsatzes verschiedener Kommunikationsinstrumente (interinstrumentelle Kontrolle). Beim Eisfabrikanten „Eisprinz" ist im Rahmen der integrierten Prozesskontrolle der organisatorische Ablauf des Integrationsprojekts sowie der Fortschritt der Integrierten Kommunikation zu prüfen. Die integrierte Wirkungskontrolle hat zum Ziel, die Verbundwirkung zwischen den verschiedenen eingesetzten Kommunikationsinstrumenten zu kontrollieren. Im Rahmen der integrierten Effizienzkontrolle ist schließlich das Kosten-Nutzen-Verhältnis der verschiedenen Kommunikationsinstrumente zu vergleichen, um Aussagen über die relative Wertigkeit der unterschiedlichen Kommunikationsinstrumente zu treffen.

Lösungshinweise Aufgabe 11-3

📖 **Bruhn (2009), S. 521-523**

Bei der **vorökonomischen bzw. psychologischen Erfolgskontrolle** geht es um die Beurteilung einzelner Kommunikationsaktivitäten hinsichtlich der Realisierung definierter Ziel-(Wirkungs-) Größen bei den Zielpersonen. Angesichts der Vielfalt denkbarer Reaktionen der Zielpersonen auf Kommunikationsmaßnahmen werden vorökonomische Kommunikationswirkungen nach unterschiedlichen Gesichtspunkten kategorisiert. In Anlehnung an die Kategorisierung von Kommunikationszielen ist eine Unterteilung in kognitive, affektive und konative Kommunikationswirkungen sinnvoll.

Grundsätzlich lassen sich vorökonomische Wirkungsmessungen anhand der folgenden **Kriterien** unterscheiden:

- **Art der Kontrollmethoden**: Es lassen sich Methoden der Beobachtung und Methoden der Befragung unterscheiden.
- **Zeitpunkt der Messung**: Wirkungsmessungen können vor der Durchführung der Kommunikationsaktivitäten (Pretest) oder danach durchgeführt werden (Posttest).
- **Ort der Messung**: Bei der Testsituation ist weiterhin zu unterscheiden, ob die Kommunikationswirkungen unter Laborbedingungen (Labortests) oder in der Realität gemessen werden (Feldforschung).

Teilaufgabe (a)

Während Posttests nach der Durchführung von Kommunikationsaktivitäten zum Einsatz kommen, erfolgt ein Pretest vor der eigentlichen Durchführung der Kommunikationsaktivitäten im Markt. Pretests und Posttests werden dementsprechend an zwei verschiedenen Stellen im Planungsprozess der Kommunikationspolitik durchgeführt. Die **Zielsetzungen**, die mit einem Pretest verfolgt werden, unterscheiden sich dabei grundsätzlich von denen eines Posttests. **Pretests** dienen der Prognose der Wirkungen einzusetzender Kommunikationsmittel und liefern Anhaltspunkte, welche Kommunikationsmittel bei der Zielgruppe eine bessere Wirkung erzielen. **Posttests** hingegen kontrollieren nach dem Kommunikationseinsatz, welche Konsequenzen die eingesetzten Kommunikationsmittel (z.B. Bekanntheitssteigerung, Imageveränderung) in der Realität hervorgerufen haben.

Mit dem Pretest beabsichtigt der Marketingverantwortliche der Hotelkette „Nachtschicht" das Ziel, diejenigen Printanzeigen auszuwählen, die bezüglich der erhofften Wirkungen (z.B. Aufmerksamkeits-, Erinnerungs- und Sympathiewerte) am besten abschneiden. Zudem lassen sich Anhaltspunkte für die Verbesserung der Kommunikationsmittelgestaltung identifizieren (z.B. größerer Schriftzug, Verwendung anderer Farben). Mit dem Pretest lassen sich die mit einer Werbekampagne verbundenen – zum Teil nicht unerheblichen – Investitionen durch eine vorherige Prognose der Werbewirkung absichern. Zeigen die Pretests nicht in die richtige Richtung (Aktivierung, Emotion, Einstellung, Informationsspeicherung), lässt sich in diesem Fall noch ohne größeren Schaden nachbessern.

Teilaufgabe (b)

Beispiele für **Fragen**, die im Rahmen des Pretests zum Einsatz kommen können, sind z.B. die Folgenden:

- Wie gefällt Ihnen diese Anzeige?
- Wie stark spricht Sie diese Anzeige an?
- Wie stark weckt die Anzeige Ihr Interesse?
- Wie originell finden Sie diese Anzeige?
- Wie auffallend finden Sie diese Anzeige?
- Wie stark hebt sich diese Anzeige von anderen Anzeigen ab?
- Wie verständlich finden Sie diese Anzeige?
- Wie glaubwürdig finden Sie diese Anzeige?
- Wie informativ finden Sie diese Anzeige?
- Wie langweilig finden Sie diese Anzeige?
- Welche Botschaften werden mit dieser Anzeige transportiert?

Lösungshinweise Aufgabe 11-4

📖 **Bruhn (2009), S. 523-530**

Im Rahmen der **Kontrolle kognitiver Erfolgsgrößen** geht es zum einen um die Kontrolle der Aktivierungs- und Aufmerksamkeitswirkung von Kommunikationsmaßnahmen. Zum anderen sind auf kognitiver Ebene die Wiedererkennung bzw. Erinnerung und Kenntnisse der Zielpersonen hinsichtlich bestimmter Aspekte der Kommunikation (z.B. Erinnerung des Inhalts eines Werbespots, Kenntnis über die beworbene Marke, Wiedererkennung eines Anzeigenmotivs usw.) zu erfassen. Während die Kontrolle der Aktivierungs- und Aufmerksamkeitswirkung von Kommunikationsmaßnahmen insbesondere mittels unterschiedlicher Beobachtungsverfahren vorgenommen wird, werden zur Erhebung von Wiedererkennungs- und Erinnerungswerten Befragungsmethoden eingesetzt. Gängige Befragungsmethoden zur Erhebung von Wiedererkennungs- bzw. Erinnerungswerten stellen die so genannten Recognition- und Recall-Tests dar.

Teilaufgabe (a)

Beim **Recognition-Test** geht es um die Wiedererkennung (Recognition) des Kommunikationsmittels (z.B. Fernsehspot, Printanzeige). Wiedererkennung beschreibt den Fall, dass etwas Bekanntes erinnert wird. Beim Recognition-Test wird dementsprechend erfasst, inwieweit Probanden eine ihnen vorgelegte Werbung wieder erkennen. Der Recognition-Test für das Shampoo „Haarscharf" gibt somit Aufschluss darüber, wie hoch der Erinnerungswert einer Anzeige ist. Die entsprechende Fragestellung lautet: „Erkennen Sie diese Shampoowerbung wieder?"

Im Gegensatz zum Recognition-Test basiert der **Recall-Test** nicht auf der Wiedererkennung, sondern auf der Erinnerung (Recall). Er gibt Aufschluss darüber, inwieweit sich Probanden an ein Werbemittel erinnern. Die Erinnerung wird in der Praxis in zwei Ausprägungen gemessen:

- **Ungestützte Erinnerung (Unaided Recall)**: Hier wird die Erinnerung der Probanden an ein Kommunikationsmittel ohne Vorgabe des Namens des zu überprüfenden Kommunikationsobjektes (hier: Haarshampoo) getestet. Entsprechende Fragen zur Erhebung der ungestützten Erinnerung lauten beispielsweise: „Welche Haarshampoowerbung kennen Sie?" oder „An welche Haarshampoowerbung erinnern Sie sich?"
- **Gestützte Erinnerung (Aided Recall)**: Hier wird der Name des zu überprüfenden Kommunikationsobjekts den Versuchsprobanden vorgegeben. Entsprechende Fragestellungen lauten z.B.: „Kennen Sie die Shampoowerbung von „Haarscharf" oder „Haben Sie in der letzten Zeit eine Werbung von „Haarscharf" gesehen?"

Eine **kritische Würdigung** der verschiedenen Verfahren zeigt, dass Recall-Tests ohne jegliche Erinnerungsstützen die für ein Kommunikationsmittel härtesten und damit realistischsten Werte im Hinblick auf die erzielten kognitiven Kommunikationswirkungen liefern. Der ungestützte Erinnerungstest trägt dem Umstand Rechnung, dass die Recall-Werte mit zunehmender Distanz zum Bewerbungszeitpunkt sinken, sodass die Methode mit den üblichen Lern- und Vergessenskurven in Einklang steht. Die Recall-Methode liefert daher validere Werte als die Recognition-Methode. Nichtsdestotrotz ist die Recall-Methode analog zur Recognition-Methode mit gewissen Validitätsproblemen verbunden, da die erzielten Messwerte nicht frei von Einflüssen anderer Faktoren sind (z.B. Erfahrungen oder Einstellungen in Bezug auf das beworbene Produkt).

Teilaufgabe (b)

Neben der Kontrolle der Wiedererkennung und Erinnerung von Kommunikationsmaßnahmen steht im Rahmen der kognitiven Erfolgskontrolle die **Erfassung der Kenntnisse** von Zielpersonen hinsichtlich Produkten, Marken und Leistungen im Mittelpunkt. Kenntnisse stellen dauerhafte Gedächtniswirkungen von Kommunikationsmaßnahmen dar, wobei sich Ereignis-, Kommunikations-, Namens- und Eigenschaftskenntnisse unterscheiden lassen.

- **Ereigniskenntnisse** liegen bei einer Person vor, wenn sie gewisse Ereignisse (gestützt oder ungestützt) mit dem beworbenen Produkt in Verbindung bringt (z.B. 31. Dezember? Das ist doch der *Wüstenrot*-Tag). Beim Haarshampoo „Haarscharf" ist z.B. denkbar, dass Probanden ihr morgendliches Duschritual mit dem Shampoo in Beziehung setzten („Was ich am meisten am morgen beim Duschen liebe? Meine Haare mit Produkten von „Haarscharf" zu pflegen.").

- **Kommunikationskenntnisse** stellen ein weiteres kommunikationszielrelevantes Kenntnissegment dar. Sie liegen vor, wenn ein Proband (gestützt oder ungestützt) einzelne Elemente einer Kommunikationsmaßnahme (z.B. verwendete Bilder, Slogans, Farben) in Verbindung mit einem Kommunikationsobjekt (Produkt, Marke, Leistung) bringt (z.B. Versuchsperson verbindet eine Wildwestkulisse spontan mit *Marlboro*). Sofern eine Versuchsperson z.B. bei der Nennung des Slogans „Jedem das seine Shampoo" sofort an die Printanzeigenkampagne von „Haarscharf" denkt, liegen aktive Kommunikationskenntnisse vor.

- **Namenskenntnisse** sind bei einer Person gegeben, wenn sie bei einem bestimmten Reiz, der sich auf eine abgegrenzte Objektmenge bezieht, an eine bestimmte Marke oder Leistung denkt (z.B. Welche Marke bringen Sie mit Pflege in Verbindung? – *Nivea*!). Wird eine Versuchsperson beispielsweise gefragt, welche Marke sie kennt, wenn sie an Shampoos denkt und sie antwortet mit „Haarscharf", liegen Namenskenntnisse vor.

- **Eigenschaftskenntnisse** liegen vor, wenn eine Person einem Kommunikationsobjekt oder Kommunikationsmittel (gestützt oder ungestützt) spezielle Eigenschaften zuordnet (z.B. eine Versuchsperson weiß um die Verwendung einer lila Kuh in Kommunikationsmitteln der Marke *Milka*). Eigenschaftskenntnisse liegen für die Anzeigenkampagne von „Haarscharf" z.B. vor, wenn den Versuchspersonen bewust ist, dass die verschiedenen Anzeigenmotive Personen beim Haare waschen zeigen, die unterschiedliche Gesichtsausdrücke haben.

Lösungshinweise Aufgabe 11-5

📖 **Bruhn (2009), S. 530-536**

Gegenstand der **Kontrolle affektiver Erfolgsgrößen** sind vor allem emotionales Erleben, Interessen, Motive, innere Bilder sowie Einstellungen von Personen gegenüber Kommunikationsobjekten (Marke, Produkt, Leistungen, Unternehmen) und -maßnahmen (z.B. Fernsehspot, Anzeige). Zur Kontrolle dieser Erfolgsgrößen kommen, analog zur den kognitiven Erfolgsgrößen, Beobachtungs- und Befragungsverfahren zum Einsatz.

Zentrale Bedeutung im Rahmen der affektiven Wirkungsforschung kommt der Messung der **Einstellungen** von Personen bezüglich eines Gegenstandes zu, deren Beeinflussung oftmals eine vorrangige Zielsetzung kommunikationstreibender Unternehmen bildet. Unter der Einstellung einer Person zu einem Gegenstand wird die wertende Einschätzung durch die Person bezüglich dieses Gegenstandes verstanden, wobei diese Einschätzung gefühlsbetont (emotional) oder verstandesbetont (kognitiv) sein kann. In enger Verbindung mit dem Einstellungsbegriff wird der Begriff **Image** verwendet. Das Image gibt die subjektiven Ansichten und Vorstellungen wieder, die eine Person beispielsweise mit einem Unternehmen oder einer Marke verbindet. Zu diesen subjektiven Ansichten zählen sowohl das subjektive Wissen über den betreffenden Gegenstand als auch gefühlsmäßige Wertungen.

Zur **Messung von Einstellungen bzw. Image** existiert eine Reihe von unterschiedlichen Ansätzen. Zu unterscheiden sind eindimensionale und mehrdimensionale Ansätze. Erstere erfassen lediglich die affektive Komponente einer Einstellung, während Letztere die Einstellung als Indexwert aus dem Zusammenwirken von affektiven und konativen Aspekten operationalisieren (so genannte Einstellungsmodelle).

In dieser Aufgabe kommen das **Likert-Verfahren** und das **Semantische Differenzial** zum Einsatz. Das Likert-Verfahren stellt einen eindimensionalen Ansatz dar; das Semantische Differenzial hingegen gehört zu den mehrdimensionalen Messansätzen. Bei den **eindimensionalen Messansätzen** haben die Befragten auf eine Batterie von Statements zu antworten, die sich auf eine einzige latente Dimension der Einstellung beziehen. In der Regel werden dabei Statements verwendet, die die affektive Komponenten der Einstellung erfassen. **Mehrdimensionale Messverfahren** gehen hingegen davon aus, dass sich die Einstellung aus den differenzierten Vorstellungen einer Person über die Objekteigenschaften (kognitive Komponente) und der Bewertung dieser Eigenschaften (affektive Komponente) zusammensetzt.

Beim **Likert-Verfahren** werden in etwa gleich viele günstige und un-
günstige Statements zu einem Messobjekt gesammelt und Personen
über ihre Ablehnung bzw. Zustimmung zu den Items befragt. Jedes
Item wird in der Regel mit einer fünfstufigen Skala, die in „starke Ablehnung" (– 2) bis „starke Zustimmung" (+ 2) kategorisiert ist, versehen.
Die Vorzeichen der Antwortwerte werden bei negativ formulierten
Items umgekehrt und aufaddiert.

Zur Erfassung des Images von „Queen Cruises" sind bei Anwendung
des Likert-Verfahrens in einem **ersten Schritt** zunächst geeignete Messitems zu generieren, die etwa je zur Hälfte positive und negative Aussagen über „Queen Cruises" beinhalten. Wie aus der Aufgabenstellung
hervorgeht, wurden im Rahmen der Werbekampagnen die Kreuzfahrten mit „Queen Cruises" als erlebnisreich, exklusiv, außergewöhnlich,
elegant, bildend und herzlich dargestellt. Hieraus lassen sich folgende
Messitems bzw. Aussagen ableiten:

Positive Aussagen

1. Kreuzfahrten mit „Queen Cruises" sind erlebnisreich.
2. Kreuzfahrten mit „Queen Cruises" sind außergewöhnlich.
3. Kreuzfahrten mit „Queen Cruises" sind bildend.

Negative Aussagen

4. Kreuzfahrten mit „Queen Cruises" sind zu spannend.
5. Kreuzfahrten mit „Queen Cruises" sind zu herzlich.
6. Kreuzfahrten mit „Queen Cruises" sind zu elegant.

Im **zweiten Schritt** ist jedes Item mit einer fünfstufigen Rating-Skala zu
versehen (vgl. Schaubild 11-2).

In einem **dritten Schritt** werden die Items einer ausgewählten Stichprobe von Personen zur Stellungnahme vorgelegt. Als Ergebnis wird
von jeder Person zu jedem Item ein positiver oder negativer Zahlenwert
generiert: einen positiven Zahlenwert für die Zustimmung zur positiven Behauptung oder für die Ablehnung einer negativen Behauptung
und umgekehrt.

Im **vierten Schritt** ist für jeden Befragten ein Summenwert zu berechnen. Hierzu werden die Messwerte für die einzelnen Messitems sum-
miert. Dieser Summenwert gilt als Messwert für die individuelle Einstellung. In Schaubild 11-3 ist exemplarisch die Berechnung des
Summenwerts für eine Person dargestellt. Bei dieser Person ergibt sich
ein Summenwert von + 1. Sofern bei einer anderen Person ein höherer

Kreuzfahrten mit „Queen Cruises" sind …	Stimme überhaupt nicht zu			Stimme voll und ganz zu	
	–/+2	–/+1	0	+/–1	+/–2
1. … erlebnisreich.	☐	☐	☐	☐	☐
2. … außergewöhnlich.	☐	☐	☐	☐	☐
3. … bildend.	☐	☐	☐	☐	☐
4. … zu spannend.	☐	☐	☐	☐	☐
5. … zu herzlich.	☐	☐	☐	☐	☐
6. … zu elegant.	☐	☐	☐	☐	☐

Schaubild 11-2: Messitems mit Rating-Skala zur Erfassung des Images von „Queen Cruises"

(niedrigerer) Summenwert ausgewiesen wird, zeigt dies, dass diese Person eine positivere (negativere) Einstellung zu „Queen Cruises" hat.

Unter einem **Semantischen Differenzial (Polaritätenprofil)** wird ein Satz von Rating-Skalen verstanden, an deren Polen jeweils gegensätzliche Eigenschaften stehen (z. B. fröhlich – traurig, modern – altmodisch, sauer – süß). Der Befragte hat jeweils zu entscheiden, inwieweit eine Eigenschaft auf das Einstellungsobjekt zutrifft. Durch eine Verbindung

Kreuzfahrten mit „Queen Cruises" sind …	Stimme überhaupt nicht zu		Stimme voll und ganz zu			Zahlenwert
	–/+2	–/+1	0	+/–1	+/–2	
1. … erlebnisreich.	☐	☒	☐	☐	☐	– 1
2. … außergewöhnlich.	☐	☐	☐	☒	☐	+ 1
3. … bildend.	☐	☒	☐	☐	☐	– 1
4. … zu spannend.	☒	☐	☐	☐	☐	+ 2
5. … zu herzlich.	☐	☒	☐	☐	☐	+ 1
6. … zu elegant.	☐	☐	☐	☒	☐	– 1
Summe der Einschätzungen						+ 1

Schaubild 11-3: Beispiel für die Berechnung des Summenwerts für eine Auskunftsperson

der Mittelwerte der von den Befragten angegebenen Skalenwerte ergibt sich ein Vorstellungs- bzw. Eigenschaftsprofil von dem Meinungsgegenstand. Von der Auswahl der Eigenschaftswörter ist bei diesem Verfahren abhängig, ob die Einstellungsmessung ein- oder mehrdimensional ist. Werden nur emotionale Eindrücke verwendet, so handelt es sich um eine **eindimensionale** Messung, ähnlich dem Likert-Verfahren; werden hingegen auch sachliche Eigenschaften erfasst (z.B. breit – schmal, teuer – billig), so ist die Messung **mehrdimensional** (affektiv und kognitiv). Bei der „Queen Cruises" werden nur affektive Aspekte erfasst, sodass das Semantische Differenzial zur eindimensionalen Einstellungsmessung im vorliegenden Fall verwendet wird.

Die Anwendung des Semantischen Differenzials bei der „Queen Cruises" erfordert in einem **ersten Schritt** die Bildung von Gegensatzpaaren. In Anlehnung an die ausgewählten Messitems für das Likert-Verfahren bieten sich folgende gegensätzliche Eigenschaftsaussagen an:

- erlebnisreich – erholsam,
- außergewöhnlich – alltäglich,
- bildend – unterhaltsam,
- spannend – langweilig,
- herzlich – distanziert,
- elegant – sportlich.

In einem **zweiten Schritt** sind diese Eigenschaftsaussagen über eine Rating-Skala abzustufen. In einem **dritten Schritt** werden die Eigenschaftsaussagen einer ausgewählten Stichprobe von Personen zur Stellungnahme vorgelegt. Diese haben dann durch Ankreuzen eines Wertes für jedes Eigenschaftspaar anzugeben, inwieweit die jeweiligen Eigenschaftswörter mit ihren Assoziationen zu „Queen Cruises" übereinstimmen. Für jedes Gegensatzpaar wird dann ein Mittelwert über alle Probranden hinweg bestimmt und zu einem Polaritätenprofil zusammengefügt.

Schaubild 11-4 gibt ein **fiktives Polaritätenprofil** für „Queen Cruises" wieder. Aus diesem fiktiven Polaritätenprofil ist ersichtlich, dass Kreuzfahrten mit „Queen Cruises" nicht unbedingt als erlebnisreich, sondern eher als erholsam angesehen werden. Auch werden die Kreuzfahrten eher als distanziert betrachtet. Die herzliche Atmosphäre an Bord wird somit in diesem Beispiel durch die Befragten nicht bestätigt. Die übrigen angestrebten Imagemerkmale (außergewöhnlich, bildend, spannend, elegant) werden jedoch insgesamt weitgehend durch die Befragung bestätigt.

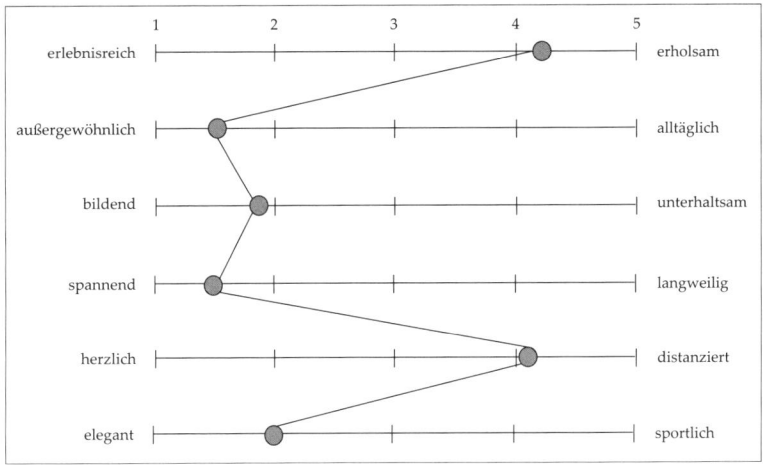

Schaubild 11-4: Beispiel für ein Semantisches Differenzial für „Queen Cruises"

Lösungshinweise Aufgabe 11-6

📖 **Bruhn (2009), S. 536-542**

Zur **Kontrolle konativer Erfolgsgrößen** lassen sich Verfahren der Beobachtung und Befragung unterscheiden. Während Beobachtungsverfahren auf die Kontrolle des tatsächlichen Verhaltens zielen, sind Befragungsmethoden in erster Linie auf die Ermittlung von erinnertem Verhalten und Verhaltensabsichten ausgerichtet.

Panels gehören zu den Beobachtungsverfahren. Bei einem Panel handelt es sich um einen bestimmten, gleich bleibenden Kreis von Adressaten (Personen, Handel, Unternehmen), bei dem wiederholt in (regelmäßigen) zeitlichen Abständen Erhebungen zum (prinzipiell) gleichen Untersuchungsgegenstand durchgeführt werden.

Im Bezug auf die verschiedenen **Panelarten** lassen sich auf Konsumentenebene grundsätzlich Verbraucherpanels, Single-Source-Panels sowie Fernsehpanels und auf Handelsebene traditionelle Handelspanels und Scannerpanels unterscheiden. Beim Zahnpflegeunternehmen „Dentafix" liegen Daten aus einem Verbraucherpanel und einem Single-Source-Panel vor.

Bei einem **Verbraucherpanel** werden die Einkäufe der Endverbraucher regelmäßig erhoben. Verbraucherpanels sind entweder als Individualpanel, die das Verhalten einzelner Käufer erfassen, oder als Haushaltspanel, die ganze Haushalte betrachten, ausgestaltet. Charakteristisches Kennzeichen beider Formen von Verbraucherpanels ist die aktive Beteiligung der Panelteilnehmenden. Die Datenerhebung erfolgt entweder über schriftliche Befragung oder durch einen Homescanner, über den die Artikelnummern in ein so genanntes „elektronisches Tagebuch" eingelesen werden. Das Unternehmen „Dentafix" kann auf Basis der Ergebnisse des Verbraucherpanels feststellen, welche Veränderungen sich im Verhalten der Zielpersonen (z.B. Stellung der Zahnpastamarke „Diamant" im Vergleich zu anderen Zahnpastamarken) seit der Printanzeigenkampagne ergeben haben. Direkte Rückschlüsse auf die Werbewirksamkeit der Printanzeigenkampagne im Sinne von Ursache-Wirkungs-Zusammenhängen sind auf Basis des Verbraucherpanels aber nur bedingt möglich, da kein direkter Bezug zwischen den Verhaltensveränderungen und den Werbemaßnahmen hergestellt wird. Direkte Beziehungen zwischen der Printanzeigenkampagne und dem Konsumverhalten sind lediglich durch Plausibilitätsüberlegungen möglich.

Einen besseren Erklärungsbeitrag liefern **Single-Source-Panels**. Bei einem Single-Source-Panel wird neben dem Einkaufsverhalten der Verbraucher gleichzeitig auch deren Mediennutzung erfasst. Durch die Kombination von Verbraucher-, Handels-, Anzeigen- und/oder Fernsehpanels können die Zusammenhänge zwischen Marketingaktivitäten des Herstellers und dem resultierenden Einkaufsverhalten der Verbraucher analysiert werden. Auf diese Weise lassen sich eher Aussagen über kausale Zusammenhänge zwischen der Printanzeigenkampagne der Zahnpastamarke „Diamant" und der Erfolgsgröße des Kaufverhaltens ableiten.

Lösungshinweise Aufgabe 11-7

📖 Bruhn (2009), S. 542-547

Für die Kontrolle von vorökonomischen bzw. psychologischen Wirkungsgrößen besteht mittlerweile ein leistungsfähiges Instrumentarium an Evaluationsinstrumenten. Zur Kontrolle des **Beitrags der Kommunikation zur betriebswirtschaftlichen Wertschöpfung** im Sinne einer strategischen (ökonomischen) Erfolgskontrolle mangelt es jedoch bislang an geeigneten Kontrollinstrumenten. Kommunikation hat jedoch nicht nur zum Ziel, kurzfristige, sondern auch langfristige Erfolgspotenziale aufzubauen, d.h., zur nachhaltigen Wertschöpfung beizutragen. Insbesondere vor dem Hintergrund derzeitiger Wettbewerbsbedingungen ist es daher zukünftig umso mehr von Bedeutung, die vorökonomische Erfolgskontrolle um eine strategische, ökonomische Komponente zu erweitern – mit dem Ziel, sämtliche Wirkungen der Kommunikation entlang der Kommunikationserfolgskette zu kontrollieren (vgl. zur Kommunikationserfolgskette Aufgabe 11-1).

Um den Wertschöpfungsbeitrag der Kommunikation beim Unternehmen „Sprechstunde" nachzuweisen, gilt es, die Kommunikation in Beziehung zu langfristigen, **strategischen Erfolgsgrößen** zu setzen. Hierbei lassen sich nachfrage- und unternehmensbezogene Erfolgsgrößen unterscheiden.

Zu den **nachfragebezogenen Erfolgsgrößen**, die langfristig ausgerichtet sind, zählen z.B. sämtliche Wirkungsgrößen, die Auskunft über den Markenwert aus Kundensicht geben, wie z.B. Markenbekanntheit, -image, -zufriedenheit, -vertrauen und -commitment.

Die nachfragebezogenen Erfolgsgrößen bilden die Grundlage für die Erzielung von **unternehmensbezogenen Erfolgsgrößen**. Hierzu zählen z.B. Erfolgsgrößen, die auf loyale Verhaltensweisen schließen lassen, beispielsweise die Wiederkaufabsicht, Weiterempfehlungsabsicht und Preiserhöhungsbereitschaft. Diese Verhaltensweisen stehen in direktem Zusammenhang mit ökonomischen Erfolgsgrößen, wie z.B. Umsatz, Deckungsbeitrag, Marktanteil, Shareholder Value usw.

Für den **Nachweis der Wertsteigerungsrelevanz der Kommunikation** sind kommunikationsbezogenen Daten (z.B. Werbedruck und -qualität) mit den nachfrage- und unternehmensbezogenen Erfolgsgrößen zu verknüpfen.

Lösungshinweise Aufgabe 11-8

📖 **Bruhn (2009), S. 548**

Die Erfolgskontrolle der Kommunikationspolitik ist mit einer Reihe von **Problemen** verbunden. Zu den zentralen Problem der Kommunikationswirkungsforschung zählen das Problem des Wirkungsverbunds, das Problem des Carry-over-Effekts, das Problem der Zielgruppengenauigkeit, das Problem der Kumulationseffekte sowie Validitätsprobleme.

Das die mit der Mediawerbekampagne erhofften Umsatzsteigerungen für den Laptop von „Future Electronics" bislang nicht eingetreten sind, lässt sich unter anderem auf diese Probleme der Erfolgskontrolle der Kommunikationspolitik zurückgeführt.

Das **Problem des Wirkungsverbundes** ergibt sich aus der Tatsache, dass Größen wie Absatz oder Umsatz zwar sehr stark von kommunikativen Maßnahmen beeinflusst, aber niemals allein mit dem Einsatz dieser Maßnahmen begründet werden können. Vielmehr hängen Absatz- und Umsatzwerte auch vom Einsatz der anderen Marketingmixinstrumente (z. B. Preis oder Verfügbarkeit der Produkte im Handel) und externen Größen (z. B. Wettbewerb) ab. Aufgrund dieser sachlichen Interdependenzen gestaltet sich die isolierte Erfassung der Werbewirkung schwer. So ist vorstellbar, dass der Laptop in den Augen der Konsumenten einfach zu teuer ist bzw. bessere Wettbewerbsangebote vorliegen.

Darüber hinaus ist das **Problem des Carry-over-Effekts**, d. h. zeitliche Ausstrahlungseffekte, zu berücksichtigen. Kommunikationswirkungen werden zum Teil erst mit einer zeitlichen Verzögerung wirksam. Carry-over-Effekte äußern sich darin, dass Veränderungen ökonomischer Größen erst nach Ablauf einer bestimmten Zeitspanne (Timelags) zu beobachten sind. Beispielsweise ist es möglich, dass es im Moment an Kaufkraft bei der Zielgruppe fehlt (z. B. nach dem Weihnachtsgeschäft) oder Spekulationen bei den der Kunden existieren, dass es bald zu Preissenkungen für den Laptop kommt. Insbesondere bei High-Involvement-Produkten, wie z. B. Laptops, ist zudem häufig zu beobachten, dass es erst nach mehrfacher Wiederholung des Werbeimpulses zu Kaufhandlungen kommt. Der Kauf dieser Produkte wird im besonderen Maße von der rationalen Einstellung zum Produkt gesteuert. Die Herausbildung der für den Kauf notwendigen Einstellungswerte erfolgt meist über einen längeren Zeitraum hinweg.

Das **Problem der Zielgruppengenauigkeit** kann auch bei „Future Electronics" von Relevanz sein. So ist vorstellbar, dass der Pretest der Mediakampagne mit Probanden durchgeführt wurde, die über keine hohe Affinität zur Zielgruppe verfügen. Hierdurch können Verzerrungen auftreten, die in einer mangelnden Validität des Pretests resultieren.

Kapitel 12
Entwicklungstendenzen und
Zukunftsperspektiven der Kommunikationspolitik
(Aufgaben)

Aufgabe 12-1
Zukünftige Rahmenbedingungen der Kommunikation

Die Wettbewerbsbedingungen für Anbieter von Markenzigaretten haben sich in den letzten Jahren drastisch verändert. Die mehrfachen Erhöhungen der Tabaksteuer, das Ende von Steuervergünstigungen für so genannte Steckzigaretten (Sticks, Singles) sowie der Beginn von Rauchverboten in öffentlichen Gebäuden, Verkehrsmitteln und der Gastronomie haben Spuren hinterlassen. Insgesamt verzeichnet der deutsche Markt für Fabrikzigaretten seit Jahren rückläufige Wachstumszahlen. Belief sich der Absatz versteuerter Zigaretten im Jahre 2002 noch auf über 145 Mrd. Stück, wurden im Jahre 2007 lediglich 91,5 Mrd. Stück abgesetzt. Damit verzeichnet die Branche in den letzten fünf Jahren einen Absatzrückgang von rund 37 Prozent. Entsprechend sind auch die Umsatzzahlen für Zigaretten rückläufig. Zudem wächst der Marktanteil von preisaggressiven Handelsmarken stetig. Erschwerend kommt hinzu, dass sich die Qualität von Zigaretten zunehmend angleicht – mit der Folge, dass eine Differenzierung des eigenen Angebots gegenüber der Konkurrenz auf Basis von sachlichen Unterschieden kaum noch möglich ist.

Parallel zu diesen Entwicklungen werden die gesetzlichen Einschränkungen bei der Vermarktung von Zigaretten stetig ausgebaut. Die EU-Richtlinie regelt ein Verbot der Bewerbung von Tabakerzeugnissen in Printmedien, im Hörfunk und im Internet. Ausnahmen gibt es nur für Publikationen, die sich an den Tabakhandel wenden und für so genannte Rauchergenussmagazine. Weiterhin erlaubt ist die Bewerbung von Tabakerzeugnissen im Außenbereich (Plakate usw.) und in Kinos (nur nach 18 Uhr). Die Tabakwerbung in Rundfunk und Fernsehen ist bereits seit Anfang der 1990er Jahre untersagt. Auch das Sponsoring ist durch die neue Werberichtlinie betroffen. Der Tabakindustrie ist es künftig verboten, Sponsoringveranstaltungen zu sponsern, die über die

Ländergrenzen hinausgehen. In Deutschland wurde die EU-Vorgabe am 29. Dezember 2006 in nationales Recht übertragen.

Darüber hinaus sieht sich die Zigarettenindustrie mit einer zunehmenden kritischen Öffentlichkeit konfrontiert. Insbesondere in den vergangenen Jahren hat die öffentliche Ächtung des Rauchens zugenommen. Der Tabakindustrie wird zudem vorgeworfen, zu wenig über die Abhängigkeit des Nikotins und die Gesundheitsschäden des Rauchens aufzuklären. Darüber hinaus werden werbetreibende Tabakunternehmen immer wieder angeprangert, das Rauchen für Jugendliche in ein attraktives Licht zu stellen – entgegen der Selbstverpflichtung der Tabakindustrie, jugendbezogene Werbung zu unterlassen.

Schließlich ist auch bei Zigaretten eine zunehmende Fragmentierung der Konsumenten durch Individualisierung zu beobachten, d.h., die Konsumbedürfnisse der Raucher werden zunehmend differenzierter.

Erläutern Sie am Beispiel des Marktes für Markenzigaretten, mit welchen kommunikativen **Problemfeldern** Kommunikationstreibende zunehmend konfrontiert werden und zeigen Sie **Lösungsansätze** auf, mit denen Anbieter von Markenzigaretten den kommunikativen Herausforderungen begegnen können. Illustrieren Sie ihre Ausführungen – sofern möglich – durch **Beispiele** aus der Praxis.

Kapitel 12
Entwicklungstendenzen und Zukunftsperspektiven der Kommunikationspolitik
(Lösungshinweise)

Lösungshinweise Aufgabe 12-1

📖 Bruhn (2009), S. 549-559

Medien- und Kommunikationsmärkte sind durch eine **hohe Entwicklungs- und Wettbewerbsdynamik** geprägt. Um im heutigen Kommunikationswettbewerb erfolgreich zu sein, bedarf es einer ständigen Anpassung an die sich verändernde Unternehmensumwelt. Der Wandel der kommunikativen Rahmenbedingungen lässt sich am Beispiel des Marktes für Markenzigaretten veranschaulichen.

Anbieter von Markenzigaretten sehen sich mit einer **verschärften Wettbewerbssituation** konfrontiert. Insgesamt handelt es sich beim (deutschen) Zigarettenmarkt um einen gesättigten Markt (Käufermarkt); das Marktpotenzial ist weitgehend ausgeschöpft. Umsatzzuwächse sind primär auf Kosten von Wettbewerbern möglich. Neben der Konkurrenz zwischen den etablierten Anbietern von Markenzigaretten sehen sich die Markenunternehmen dem Preiswettbewerb von Handelsmarken ausgesetzt. Der Konkurrenzdruck ist dementsprechend hoch. Auf derartigen saturierten Märkten stehen die Unternehmen vor der Herausforderung, bei aktuellen und potenziellen Kunden Aufmerksamkeit zu erlangen und von ihnen differenziert wahrgenommen zu werden, um Präferenzen für die eigenen Produkte zu erzeugen. Die Generierung von strategischen Wettbewerbsvorteilen auf Basis von sachlichen Produkteigenschaften (z.B. Geschmack, Qualität, Preis) im Sinne einer Unique Selling Proposition gestaltet sich jedoch für Anbieter von Markenzigaretten aufgrund der hohen Angleichung der Produkte schwer. Hier kommt der kommunikativen Differenzierung, d.h. dem **Aufbau einer Unique Communication Proposition**, eine entscheidende Bedeutung zur Wettbewerbsabgrenzung bzw. -profilierung zu. So ist bei Anbietern von Markenzigaretten zu beobachten, dass diese ihre Kommunikationsanstrengungen verstärkt auf die Vermittlung eines emotionalen Zusatznutzens ausrichten. Beispielsweise strebt die Marke

GAULOISES nach einer Differenzierung von den amerikanischen und deutschen Konkurrenten über französische Imagefacetten wie Individualismus, Selbstbewusstsein, Stil und sozial akzeptierten Nonkonformismus (vgl. Schaubild 12-1).

Schaubild 12-1: Printmotive der Anzeigenkampagen von GAULOISES-Zigaretten

Ferner hat die Europäisierung verschiedener rechtlicher Regelungen Konsequenzen für die Kommunikationspolitik von werbetreibenden Unternehmen. Insbesondere für Tabakunternehmen sind diese Entwicklungen gravierend. Die **gesetzlichen Einschränkungen** bei der Vermarktung von Zigaretten werden massiv ausgebaut. Folge dieser Entwicklungen sind erschwerte Bedingungen für die kommunikative Ansprache von (potenziellen) Rauchern. Anbieter von Markenzigaretten reagieren hierauf insbesondere mit einer Verlagerung ihrer Kommunikationsanstrengungen **von Above-the-line zu Below-the-line**. So fließt ein Großteil der Werbeausgaben in Promotions und Events am und außerhalb des Point of Sale. Beispiel hierfür ist die Marke *GAULOISES*, die den Einsatz nutzbarer klassischer Medien auf ein Mindestmaß beschränkt. Dem Image der Marke entsprechend (Individualismus, Selbstbewusstsein, Stil und sozial akzeptierten Nonkonformismus) steht auch der Individualismus in der Markenbegegnung im Vordergrund. Durch viele kleine Promotionaktionen (z.B. in Studentenkneipen) und flächendeckende Direktkontakte wird versucht, trotz der bedeutenden Marktstellung, die Marke als „gefühlte Nischenmarke für Nonkonformisten" zu etablieren und den direkten Kontakt zur Zielgruppe zu suchen. Auch *Philip Morris* setzt verstärkt auf Direktkontakte mit der Zielgruppe. Kern der Marketingaktivitäten ist eine Datenbank mit Adressen von 26 Mio. Rauchern. Ihnen werden regelmäßig Werbegeschenke, Coupons und Kataloge zugeschickt. Die Kontakte werden durch spezielle Scouts generiert, die im Nachtleben der Städte Raucher ansprechen und Adressen sammeln. Außerdem werden Anrufer der Unternehmenshotline erfasst. Darüber hinaus sponsert das Unternehmen Konzerte, stattet Bars aus und veranstaltet Gewinnspiele im Internet.

Auch die **Multioptionalität** und die **zunehmende Fragmentierung der Konsumenten durch Individualisierung** bleiben nicht ohne Konsequenzen für die Marketingpolitik im Allgemeinen und die Kommunikationspolitik im Speziellen. In Folge dieser Entwicklungen sind kommunikationstreibende Unternehmen zunehmend darauf angewiesen, feinere Zielgruppenanalysen vorzunehmen und ausgewählte Zielgruppen entsprechend zu bearbeiten. Anbieter von Markenzigaretten versuchen diesem Trend Rechnung zu tragen, indem sie zum einen ihr Produktsortiment differenzieren, zum anderen eine individualisierte Zielgruppenansprache praktizieren.

Die **Differenzierung des Produktsortiments** ist beispielsweise bei der Zigarettenmarke *Marlboro* zu beobachten. *Marlboro* – die zu den wertvollsten Marken weltweit zählt – ist seit Jahrzehnten die meistverkaufte Zigarettenmarke der Welt. Zur *Marlboro*-Produktfamilie gehören in Deutschland neben der klassischen *Marlboro Red, Gold, Silver, MX4* (früher Medium) und *Menthol* auch die Marken *Marlboro Blend 29* und *Marlboro WIDES*. Unter dem Label *Marlboro Blend 29* vermarktet der Weltmarktführer seit 2004 Zigaretten mit stärkeren Tabaken als bisher. Mit der neuen *Blend 29* wird beabsichtigt – ähnlich wie anfangs die *Gauloises*-Zigaretten – vor allem jüngere Großstadtbewohner anzusprechen. Bei der *Marlboro WIDES*, die im Jahre 2007 eingeführt wurde, handelt es sich hingegen um eine neue Premiummarke. Der Premiumcharakter der Zigaretten wird von einem neuen Verpackungsdesign unterstrichen. Der Clou: die Verpackung wird auf der Seite geöffnet. Die *WIDES* sind kürzer und etwas breiter als herkömmliche *Marlboro*-Zigaretten, dafür aber mit mehr Tabak gefüllt. Als Zielgruppe stehen erwachsene Genussraucher im Fokus. Die Anzeigenbeispiele in Schaubild 12-2 veranschaulichen, wie die Zielgruppenerschließung für die beiden neuen Tabakmarken kommunikativ unterstützt wird.

Die **individualisierte Zielgruppenansprache** ist – wie bereits im Rahmen der Konsequenzen der zunehmenden rechtlichen Einschränkungen bei der Vermarktung von Zigaretten erläutert – integrativer Bestandteil der Kommunikationspolitik von Markenzigarettenherstellern. Durch den Einsatz von dialogorientierten Kommunikationsmaßnahmen dient die Kommunikation nicht mehr der reinen Informationsdistribution, sondern schafft einen eigenen Zusatznutzen für die Kommunikationsrezipienten, indem auf das Informations- und Interaktionsbedürfnis des einzelnen Kunden eingegangen wird. Hierdurch wird auch der Entwicklung Rechnung getragen, dass das Transaktionsmarketing zunehmend durch das Beziehungsmarketing (Relationship Marketing) abgelöst wird. Die Sättigung vieler Märkte sowie die damit verbundene Verstärkung der Wettbewerbsintensität erschweren die Akquisition neuer Kunden und zwingen die Unternehmen, nicht in kurzfristig angelegten Transaktionen zu denken, sondern den Schwerpunkt auf langfristige Kundenbeziehungen (Kundenbindung) zu legen. Im Rahmen der Beziehungsorientierung ist Kommunikation nicht mehr als reiner Erfüllungsgehilfe der Produktpolitik anzusehen; vielmehr kommt der Kommunikation die Aufgabe zu, die Anbieter-Kunde-Beziehung durch wechselseitige Dialogkommunikation zu moderieren.

Schaubild 12-2: Anzeigenmotive von Marlboro Blend 29 und Marlboro WIDES

Anbieter von Tabakunternehmen sehen sich schließlich mit einer zunehmend **kritischen Öffentlichkeit** konfrontiert. Die öffentliche Ächtung des Rauchens sowie der Vorwurf der zu geringen Aufklärung und gezielten Beeinflussung von Jugendlichen stellen Tabakunternehmen zunehmend in ein schlechtes Bild – mit der Folge eines massiven Vertrauens- und Reputationsverlustes. Tabakunternehmen haben auf diese Entwicklung zu reagieren, um am Markt dauerhaft bestehen zu können. Die Tabakunternehmen haben die Interessen der Öffentlichkeit anzuerkennen und sich mit ihnen auseinander zu setzen. Das bedeutet, dass eine Fokussierung der Kommunikationspolitik auf die Zielgruppe „Kunde" heute nicht mehr ausreicht. Vielmehr haben Unternehmen, die in öffentlichen Spannungsfeldern stehen, den **Dialog mit der Öffentlichkeit** zu suchen. Beispiele aus der Praxis zeigen, dass sich die Tabakunternehmen ihrer Verantwortung stellen und eine gesellschaftsorientierte, proaktive Kommunikation mit ihren Stakeholdern führen. So hat *British American Tobacco (BAT)* schon lange die Bedeutung der verschiedenen Anspruchsgruppen für den Unternehmenserfolg erkannt. Das Unternehmen sucht proaktiv den kritischen Diskurs mit der Öf-

*Schaubild 12-3: Anzeigenkampagne von British American Tobacco
(Quelle: www.bat.de)*

fentlichkeit, sei es über Mediawerbekampagnen (vgl. Schaubild 12-3), die Unternehmenshomepage (vgl. Schaubild 12-4) oder den persönlichen Dialog.

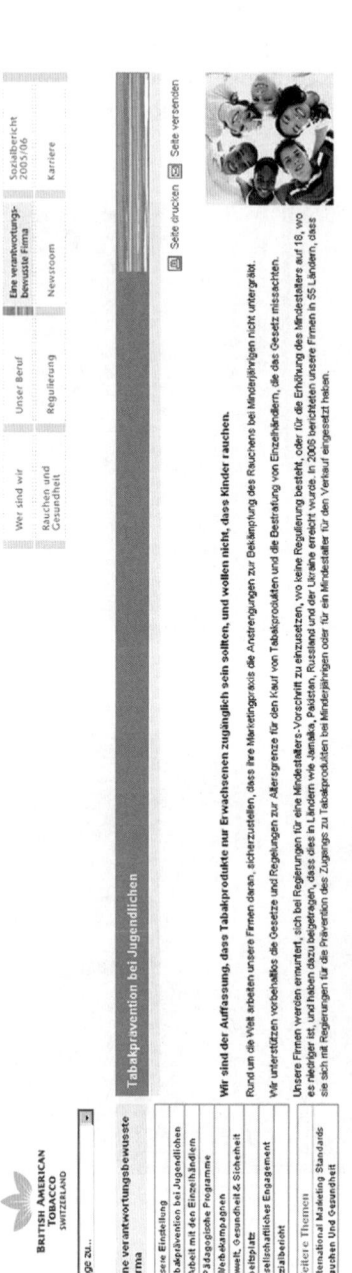

Schaubild 12-4: Gesellschaftsorientierte Kommunikation auf der Unternehmenshomepage von British American Tobacco
(Quelle: www.bat.ch)

Insgesamt zeigt sich, dass Anbieter von Markenzigaretten die Entwicklungstendenzen und Zukunftsperspektiven der Kommunikationspolitik erkannt haben. Der permanente Wandel wird in den Medien- und Kommunikationsmärkten auch weiterhin eine Konstante sein, sodass Tabakunternehmen auch zukünftig ihre Kommunikationspolitik an den (zukünftigen) Erfordernissen des Marktes auszurichten haben.